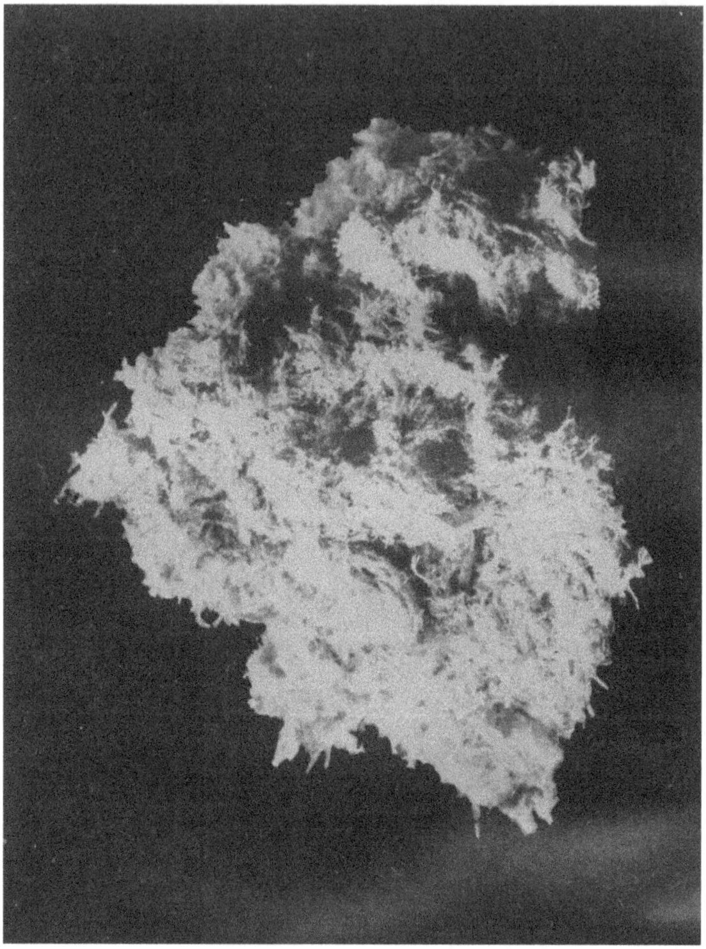

Rohes Asbestgestein.

Weniger, Asbestzementschiefer-Fabrikation. II. Auflage.
Verlag M. Krayn, Berlin W 10.

DIE ASBEST-ZEMENTSCHIEFER-FABRIKATION

PRAKTISCHES HANDBUCH
FÜR DIE ASBEST-, ZEMENT-, PAPPEN- UND BAUINDUSTRIE, SOWIE ZUM UNTERRICHT AN FACHSCHULEN

VON

FABRIKDIREKTOR K. A. WENIGER
OBER-INGENIEUR UND VEREIDIGTER SACHVERSTÄNDIGER DES MASCHINENBAUES

*

MIT 78 ILLUSTRATIONEN, 4 TAFELN UND 35 BERECHNUNGSBEISPIELEN

ZWEITE VERBESSERTE UND VERMEHRTE AUFLAGE

VERLAG VON M. KRAYN / BERLIN W 10
1926

MEINEM LIEBEN FREUNDE

HERRN BÜRGERMEISTER
RUDOLF KRAUS

ZUGEEIGNET

DER VERFASSER

DRUCK VON SIEGFRIED SCHOLEM, BERLIN-SCHÖNEBERG

INHALTS-VERZEICHNIS.

VORWORT ZUR ERSTEN AUFLAGE.

Das vorliegende Buch, das als erstes die verhältnismäßig noch neue Fabrikation von Asbestzementschiefer literarisch behandelt, ist auf Grund langjähriger, praktischer und theoretischer Erfahrung entstanden. Als Ingenieur und Konstrukteur der Maschinen für das nasse und trockene Verfahren, hatte ich Gelegenheit, mich speziell in die Systeme zu vertiefen, die auf der Rundsiebmaschine gearbeitet werden können, und ich habe in diesem Werke die bisher erreichten Errungenschaften der Technik an Hand von Zeichnungen der Öffentlichkeit übergeben, mit der besonderen Absicht, den Angehörigen der Industrie, insbesondere der Asbestzement- und Baubranche, eine erschöpfende Abhandlung über das Wissenswerteste der bekanntesten und best bewährten Systeme zu geben. Lediglich zu beschreiben war dabei nicht mein Vorhaben, vielmehr habe ich mich bemüht, auf die Vor- und Nachteile der einzelnen Verfahren sachlich aufmerksam zu machen, um hierdurch das tiefere Verständnis für diese Materie zu fördern. Heute stehen wir erst am Anfang der Ausbreitung des Asbestzementschiefers und die Zukunft wird unstreitig neue Anwendungsarten bringen, an welche man derzeit noch gar nicht denkt.

Es ist eine bekannte Tatsache, daß fast alle der jetzt florierenden Asbestzementschieferfabriken in den ersten Jahren ihres Bestehens große Fabrikationsschwierigkeiten, die mit großen Unkosten verbunden waren, zu überwinden hatten, bis die maschinelle Anlage glücklich und nach Wunsch arbeitete und nach vielen und mühseligen Versuchen endlich ein brauchbares Material zeitigte. Da viele Verfahren heute noch zum Teil ängstlich gehütete Geheimnisse der einzelnen Erfinder sind, so war es mir nicht immer leicht gemacht, in alle Betriebe hereinzukommen, teilweise mußte ich meine Studien auf mühsam gesammelten Erfahrungen und Forschungen aufbauen, die ich nach und nach aus den betreffenden Fachleuten in Wort und Tat herausholte.

Mit dem Geiste der Erfindungen schreitet auch die Technik rüstig vorwärts und werden in Zukunft neue oder zum mindesten verbesserte Verfahren aus den bisherigen sich folgern, zu welchem Zwecke auch der Inhalt dieses Buches mit beitragen möge.

Den zahlreichen Firmen, die durch Überlassung von Druckstöcken es mir ermöglichten, das Gesagte durch Bilder zu veranschaulichen, sei auch an dieser Stelle mein verbindlichster Dank ausgesprochen.

Schweinfurt, im Januar 1914.

Der Verfasser.

VORWORT ZUR ZWEITEN AUFLAGE.

Nachdem der rührige Verlag M. Krayn, Berlin W 10, mich aufgefordert hat, die zweite Auflage für das vorliegende Buch zu schreiben, bin ich dieser Aufforderung gern nachgekommen, zumal der Asbestzementschiefer in der Zwischenzeit trotz der langen Kriegs- und Inflationszeit sich immer mehr als ein hervorragendes Baumaterial durchzusetzen vermochte.

Wir stehen heute trotz der Stabilisierung des Geldes immer noch am Anfang der großen Bauperiode. Die Enttäuschung, welche die große Masse des Volkes und mit ihr auch die Unternehmer erfahren mußte, ist in der Schwierigkeit der Geldbeschaffung zu suchen. Die hohen Bankzinsen und die direkte Unmöglichkeit ohne mehrfache Sicherheiten Geld zu bekommen, das Versagen des Staats- und Gemeindezuschusses für Bauzwecke, sowie die behördlichen Mietschutzbestimmungen, nach welchen heute noch nicht einmal die Friedensmietsätze erreicht werden, obwohl der Lebenshaltungsindex nahezu doppelt so hoch ist, wie vor dem Kriege, lassen eine normale Entfaltung der Bautätigkeit nicht aufkommen, obwohl die Wohnungsnot nicht nur in Deutschland, sondern auch in den anderen Staaten ihren Höhepunkt erreicht haben dürfte.

Trotz dieser, alles hemmenden finanziellen Schwierigkeiten, haben sich aber die Möglichkeiten der Beschaffung von Rohmaterialien, wie Asbest und Zement und auch deren Qualität ganz wesentlich gebessert. Die Asbestschieferfabriken sind heute in der Lage, auf ausgesprochene Qualitätsware hinarbeiten zu können und der heute in den Handel kommende Asbestzementschiefer ist besser und begehrter als je zuvor. Das hat seinen Grund nicht zuletzt in den technischen Neuerungen und in den Erfahrungen, welche man seit Herausgabe der ersten Auflage dieses Buches gemacht und gesammelt hat.

Die Asbestzementschieferfabriken sind heute wieder voll beschäftigt, viele haben große Erweiterungsbauten vorgenommen und rüsten sich auf den Beginn der großen Bauperiode, in welcher der Asbestzementschiefer zweifelsohne eine besondere Rolle zu spielen berufen sein wird.

Von den vielen in diesem Buche beschriebenen Verfahren, hat sich dasjenige nach Hatschek auf der Rundsiebmaschine am besten bewährt, und nachdem das Patent Hatschek in den meisten Staaten abgelaufen ist, haben viele Fabriken ihren Betrieb auf das System Hatschek umgestellt.

Es sind über 25 Jahre her, seit der erste Asbestschiefer auf den Markt kam. Dem vorliegenden Werk blieb es vorbehalten, bis heute das erste zu sein, welches diesen Fabrikationszweig literarisch, theoretisch und praktisch behandelt und es soll somit die zweite Auflage als Festausgabe zum 25 jährigen Bestehen des Asbestschiefers dienen in der Hoffnung, noch zur rechten Zeit zu erscheinen, um am „Wiederaufbau" des deutschen Vaterlandes im ausgesprochenen Sinne des Wortes teilnehmen zu können.

Haltingen (Baden), im Frühjahr 1926.

Der Verfasser.

A. EINLEITUNG.

I. Geschichtliches.

Seit Menschengedenken hat man zum Bau von Häusern als Baumaterialien Natursteine und Holz verwendet und diese für den betreffenden Zweck zugerichtet und bearbeitet. Mit diesen Materialien werden auch heute noch hauptsächlich da billige Bauten errichtet, wo Holz und Steine zu billigem Preise zu bekommen sind. Da aber die Zellulose- und Holzstoffindustrie den Konsum der Nadelhölzer beständig erhöht und die Preise wegen dem immer geringer werdenden Waldbestand im Steigen begriffen sind, ist die Bautechnik von Natur aus darauf angewiesen worden, einen dem Naturstein bzw. Holz ebenbürtigen Ersatz zu schaffen, der billiger zu bekommen ist, ohne jedoch bezüglich seiner Festigkeitseigenschaften minderwertiger zu sein. So entstanden die Kunststeine, wie Ziegelsteine (Backsteine), Zementschiefer und andere mehr. Namentlich ist der Ziegelstein bis in die letzten Jahrzehnte des vorigen Jahrhunderts der einzige künstliche Stein gewesen, der allgemeine Verwendung gefunden hat. Dies kommt daher, weil in keiner Fabrikation so günstige Verhältnisse vorlagen, wie gerade in der Ziegelbrennerei. Aber weiter und weiter schreitet die Technik und mit ihr die Kombinationen ihrer Erfindungen, und es war der bisher in der Pappen- und Papierfabrikation bestbewährten Rundsiebmaschine vorbehalten, durch die Erzeugung des Asbestzementschiefers mit etwas Wertvollerem, als obige Kunststeine es sind, auf den Weltmarkt zu kommen. Der Rundsiebmaschine gebührt das Verdienst, zuerst Asbestzementschieferplatten erzeugt zu haben und sind erst nach ihr die anderen Verfahren entstanden, die alle darauf ausgingen, durch Umgehung des patentierten Verfahrens (das im Prinzip demjenigen der Papierfabrikation entspricht), ein ähnliches Produkt zu fabrizieren.

Der Erfinder Ludwig Hatschek in Vöcklabruck in Oberösterreich hat im Jahre 1900 in Deutschland und zum größten Teil in allen Kulturstaaten die Fabrikation von Asbestzementschiefer mit Hilfe der Rundsiebmaschine zum Patent angemeldet und dem Fabrikat den Namen „Eternit", d. h. ewig dauernd, gegeben. Seine Werke und zum Teil auch diejenigen, die von ihm die Lizenz erworben haben, heißen daher „Eternitwerke". Für Deutschland war dasselbe in Händen der Asbest- und Gummiwerke von Alfred Calmon, A.-G. in Hamburg. Mit dem 29. März

1915 war das Patent für Deutschland abgelaufen und es ist somit das Verfahren der Allgemeinheit freigegeben.

II. Verwendbarkeit des Asbestzementschiefers und seine Vorzüge vor anderen Kunststeinen.

Asbestzementschieferplatten sind wasserbeständige, unverbrennbare, steinähnliche Tafeln, welche auf der Rundsiebmaschine, auch durch ein besonderes Preßgießverfahren oder durch zweckentsprechende Mischung und Bindung hergestellt werden können. Die bekanntesten und bestbewährten Systeme sind in diesem Buche beschrieben, welche in Deutschland, Österreich-Ungarn, Holland, Belgien, England, Schweden, der Schweiz, Rußland, Italien und Amerika im Betriebe sind. Man konnte seinerzeit in den Fachzeitschriften lesen, daß die betreffenden Fabrikanten zur Verteidigung ihrer Urheberrechte teilweise recht langwierige und kostspielige Prozesse zu führen hatten. — Die Asbestzementschieferplatten dienen hauptsächlich als Ersatz des natürlichen Schiefers, zum Decken der Dächer von Wohnhäusern sowohl, als auch als Isoliertafeln für Wände und Decken. In neuerer Zeit werden diese auch zu leicht zerlegbaren Wohnstätten, besonders für die Tropen, sowie zu großen Schulwandtafeln verwendet. Auch die Kriegsministerien aller modernen Länder interessieren sich lebhaft für dieses vorzügliche Material, gibt es doch schon eine ganze Reihe von Luftschiffhallen, die vollständig aus Asbestzementschiefer hergestellt sind. In Manchester steht ein großes Bibliothekgebäude, dessen Wände, Decken und Dächer vollständig in Asbestzement errichtet sind. Die Asbestzementschiefertafeln werden in eisernen Rahmen befestigt; das Material ist leicht zu bearbeiten (sägen und stanzen) und widersteht sozusagen allen Witterungseinflüssen, wie Regen, Schnee, Hitze, Kälte und dem Frost. Die Innenräume der Asbestzementhäuser sind tagsüber bei großer Hitze angenehm kühl und während der Nachtkälte behaglich warm. Neuerdings werden viele und große Ausstellungsgebäude aus feuersicheren Gründen ebenfalls nur aus Asbestzementschiefer hergestellt. Auf der Bauausstellung 1913 in Leipzig hatte die Eternitgesellschaft einen Pavillon aus Asbestzementschiefer in wunderschöner Farbenpracht errichtet, der die Bewunderung aller Besucher erweckte. Seitdem es gelungen ist, den Asbestschiefer mit einer Glasur zu versehen, ist seine Verwendungsmöglichkeit beinahe unbegrenzt geworden. Auf der Mustermesse 1924 in Basel hatten die schweizerischen Eternitwerke, Niederurnen, glasierte Asbestschieferplatten ausgestellt, die allgemeines Interesse fanden. — Unstreitbar verdrängt der Asbestzementschiefer, der jetzt eigentlich erst populär wird, immer mehr die übrigen Kunststeine. Der Asbestzement ist eine Kunststeinmasse, die sich im wesentlichen nur aus einer Mischung von Asbestfasern und Zement zusammensetzt, welche bezüglich der Wirtschaftlichkeit im günstigsten Verhältnisse steht.

Die erste Verwendung zu Dachdeckungszwecken fand der Portlandzement durch die Zementplatten, welche aus Zement und Sand hergestellt wurden. Dieses Dachdeckungsmaterial konnte aber wegen seiner unvollkommenen Eigenschaften, besonders wegen seinem schweren Gewicht und großen Zerbrechlichkeit der Platten, keine größere Bedeutung erlangen. Mit dem Asbestzementschiefer ist unstreitig ein Bedachungsmaterial entstanden, das alle Vorzüge der anderen Dachdeckungsmaterialien in sich vereinigt, ohne deren Nachteile zu besitzen. Die Asbestzementplatten werden auf Maschinen und Apparaten hergestellt, die weiter unten ausführlich beschrieben sind. Die nasse Schieferplatte wird einem enormen hydraulischen Drucke ausgesetzt, um nachher eine zweckentsprechende Abbindung und Erhärtung zu erfahren. Die Zug- und Biegungsfestigkeit dieser Platten ist gegenüber Zementplatten bedeutend höher, zumal die Platten aus einzelnen Schichten bestehen, in welchen nach allen Richtungen zerstreut, eine große Anzahl von feinst verteilten Asbestfasern liegen, die durch die hydraulische Pressung auf das innigste mit dem sie umgebenden Zement verbunden werden. Durch diese Herstellungsart wirken diese Asbestfasern in den erhärteten Platten auf eine ganz ähnliche Weise wie das Eisen in den Baukonstruktionen (Eisenbeton), indem sie die Festigkeit dieser Platten gegenüber den reinen Zementplatten bedeutend erhöhen. Nur hierdurch ist die ungemein große Unempfindlichkeit dieser Platten gegen Stoßwirkungen erklärlich, nachdem die Asbestfasern diese vollständig aufnehmen. — Die wesentliche Vergrößerung der Festigkeit und der Wasserundurchlässigkeit wird durch die hohe Pressung bewirkt, indem hierdurch der dicht gelagerte Zement die beiden genannten Eigenschaften hervorruft. Da somit der Zementasbestschiefer ein Kunststein ist, welcher aus dem gegen Witterungseinflüsse unempfindlichen Portlandzement und dem wegen seiner hervorragenden Eigenschaften bestbekannten Asbest hergestellt wird, so ist ohne weiteres klar, daß das aus diesen Materialien hergestellte Produkt allen Anforderungen entspricht, die man an ein wetterbeständiges Dachdeckmaterial stellen kann. Aus dem Zusatz der Asbestfasern ergibt sich ferner auch die Feuersicherheit gegenüber der Schindel-, Stroh- und Pappdächer. Der Asbestschiefer ist in seinem Aussehen dem Naturschiefer ähnlich und läßt sich, da er viel elastischer und zäher ist, als der spröde und leicht zerbrechliche Naturschiefer, viel besser bearbeiten und auch ohne vorherige Lochung direkt auf die Schalung oder Latten des Daches nageln. Diesen beiden erwähnten Eigenschaften verdankt auch der Asbestschiefer seine außerordentlich sichere Transportfähigkeit gegenüber anderen Kunststeinen. Die große Festigkeit des Asbestzementes läßt es zu, daß die Platten in einer Stärke von 3—4 mm hergestellt werden können und beträgt das Gewicht von einem Quadratmeter nur 8—10 kg. Der Naturschiefer wiegt hingegen 30 bis 40 kg pro Quadratmeter, Dachziegel sogar 45—120 kg. Hierdurch können leicht gebaute und daher billigere Dachkonstruktionen zur Verwendung kommen. Es fallen aber auch fast alle Reparaturunkosten, welche bei den sonst üblichen Deckungsmaterialien jährlich oft eine ansehnliche Höhe erreichen, fort, nachdem das mit oben erwähnten vorzüglichen Eigenschaften ausgerüstete Material Reparaturen nur in den allerseltensten Fällen nötig macht.

Die in Baden-Oos vor dem Kriege errichtete Zeppelin-Luftschiffhalle, die in der Zwischenzeit durch die Reparationskommission abgebaut werden mußte, war vollständig aus Asbestzementschiefer hergestellt. Die Leser erinnern sich, daß seinerzeit durch die Unvorsichtigkeit eines Monteurs in der Halle, beim Benzinbehälter des Luftschiffes, eine Explosion entstand, durch welche das stolze Schiff vollständig zerstört wurde. Die Halle aus Eternitschiefer (Asbestzement) hatte jedoch soviel wie gar nicht gelitten. Nur durch den Luftdruck wurden auf dem Dache einige Platten herausgeschleudert. Die Reparatur war mit einigen Mark behoben. Andere Baumaterialien hätten eine Feuersbrunst oder zum mindesten eine größere Demolierung des Gebäudes herbeigeführt. Ein glänzender Beweis der Vorzüglichkeit des Zementasbestes.

Während des Krieges wurden von der deutschen Militärverwaltung gegen 20 derartiger Luftschiffhallen errichtet, die ihren Zweck in jeder Weise erfüllten.

B. DIE ROHMATERIALIEN.

I. Geschichtliches über den Rohasbest und seine Verwendung.

Die früher mit Schwierigkeiten mancherlei Art verknüpfte Asbestzementschieferfabrikation hat in den letzten 25 Jahren einen gewaltigen Aufschwung erfahren. Die große Nachfrage nach diesem Erzeugnis, so u. a. zur Herstellung von feuersicheren Möbeln bzw. ganzen Innenausstattungen von Kriegs- und Handelsschiffen, sowie Theatern und Wohnhäusern usw. hatten im In- und Auslande Neugründungen erstehen lassen und man kann behaupten, daß heute der Asbestschiefer in allen Ländern der Welt eingeführt ist. Der aus Kanada, Südamerika, Afrika, Indien, China und Rußland importierte Asbest wird zu mancherlei Zwecken verwendet.

Nach Gutachten der Geologen soll der Asbest in tertiärer Vorzeit durch Erdverschiebungen zwischen den sogenannten Serpentinschichten durch den Einfluß des Wassers entstanden sein, und zwar sollen die Erdspalten durch aufgelöste Serpentinlaugen ausgefüllt und diese sich in fester Faserstruktur abgesetzt haben. Dem so entstandenen Produkt hat man den Namen Rohasbest gegeben. Dieser Rohasbest hat somit die gleichen chemischen Eigenschaften wie das Serpentingestein. Mit diesen Ansichten der Geologen müssen wir uns vorerst abfinden, es sei denn, daß die Wissenschaft in das Geheimnis der Rohasbestentwicklung tiefer einzudringen vermag und eingehendere und bestimmtere Analysen schaffen kann. Selbst über den Begriff des Wortes „Asbest" bestehen heute noch gewisse Zweifel, wie der Aufsatz von Dr. C. Reidemeister „Über sogenannten Asbest" in der „Cöthener Chemikerzeitung" zeigt. Nach diesen Erörterungen soll z. B. der Chrysolithasbest aus Kanada gar kein wirklicher Asbest im Sinne der Mineralchemie sein. Reidemeister sagt, daß man ihn als faserigen Serpentin bezeichnen müßte und daß der Name Asbest als solcher ein irrtümlicher wäre. Dieser Name „Asbest" stammt aus dem Griechischen „Asbestos" und heißt auf deutsch unverbrennlich.

Erwiesen ist dagegen, daß der Rohasbest als solcher eine uralte Vergangenheit aufzuweisen hat. Eingehende Studien führten mich dazu über diesen Rohasbest, welcher erst in den 80er Jahren des vorigen Jahrhunderts zur vollen Würdigung gelangte, einige Hauptdaten seiner geschichtlichen Entwicklung festzuhalten. So lesen wir in Professor Dr. L. Darmstädters Handbuch der Geschichte der Naturwissenschaften und der Technik, daß bereits im Jahre 430 v. Chr. nach dem Berichte des Pausanias der Bildhauer Kallimachos an dem Standbilde der Athene auf der Akropolis von Athen eine goldene, mit Öl gespeiste Lampe anbrachte, deren Docht aus Asbest hergestellt war. Also schon 430 Jahre v. Chr. erkannte man das Charakteristikum des Asbestes, seine Unverbrennbarkeit, und brachte sie zur praktischen Nutzanwendung.

Bekannter ist die Tatsache, daß im Altertum bereits Tischtücher aus Asbest angefertigt wurden und in Plinius „Historia naturalis“ wird berichtet, daß im Jahre 77 n. Chr. diese Tischtücher durch Ausglühen im Feuer gereinigt wurden. Diese Asbesttücher wurden zudem als Totenkleider bei Feuerbestattungen benutzt, um so die Asche des Toten von der Holzasche zu trennen und es ist bemerkenswert, daß unsere Vorfahren gerade ihre toten Helden auf diese Weise feuerbestatteten. Nach der Geschichte ist somit der Rohasbest erstmals in verwobener oder gestrickter Form den Menschen nutzbar gemacht worden und es darf daher die Asbestweberei auf eine Urgeschichte zurückblicken, wie selten ein anderer Industriezweig.

Weitere geschichtliche Daten über die Entwicklung der Asbestverarbeitung, die an das Jahr 77 n. Chr. anschließen, konnte ich trotz eifriger Forschung in der einschlägigen Literatur nicht finden und erst viel später hören wir wieder, daß auch Kaiser Karl V. ein Tischtuch aus Asbest gehabt haben soll, welches er nach eingenommenen Mahle zur Belustigung seiner Gäste ins Feuer werfen ließ, ohne daß es Schaden erlitt. Auch hier verläßt uns der Geschichtsschreiber und erst nach einer weiteren großen Zeitspanne eröffnet uns die Erfindung des Pfarrers Jakob Christian Schäffer in Regensburg neue Verarbeitungsmöglichkeiten dieses eigenartigen Minerales. Schäffer verwendete im Jahre 1765 zum ersten Male Asbest zur Herstellung von Asbestpapier, welches als Wäsche und Kleiderstoffe in Benützung kam; Schäffer wurde somit zum Begründer der heute hoch entwickelten Asbestpappe- und Asbestpapierfabrikation, wie diese in des Verfassers Buche „Die Herstellung von Asbestpappe und Asbestpapier“, Hartlebens Verlag, Wien, erstmals eingehend beschrieben ist.

Allmählich befaßte sich auch die Wissenschaft mit den physikalischen und chemischen Eigenschaften des Asbestes und Torpern Bergmann gibt in einer Abhandlung „De Terra Gemmarum“ in den Jahren 1777—1782 bekannt, wie die Härte und das spezifische Gewicht der Mineralien ermittelt wurde. Ebenso wird von ihm versucht, die Mineralien nach chemischen Gesichtspunkten auf Grund zahlreicher Analysen zu klassifizieren, wobei auch das Serpentingestein und somit der Asbest Erwähnung findet.

Mehr und mehr befaßte sich die Chemie mit der Nutzanwendung des Asbestes und Thomas Jullion machte im Jahre 1846 Versuche mit Asbest für das Schwefelsäurekondaktverfahren, wobei er den reinen Platinschwamm durch Asbest vollkommen ersetzen konnte. Auf den Erfahrungen von Jullion aufbauend, entwarf im Jahre 1875 Clemens Winkler eine Studie über die Einwirkung des platinierten Asbestes in Mischung von schwefliger Säure mit Sauerstoff und Luft und stellte fest, daß der Asbest nicht nur feuerbeständig ist, sondern auch gegenüber Säuren eine gewisse Immunität aufzuweisen vermag, wodurch seine Eigenschaften weitere wichtige Nutzanwendung fanden. Um das Jahr 1879 führte dann der französische Artillerieoffizier De Bange sein von ihm erfundenes Geschütz in der französischen Armee ein, welches mit einer aus Fett und Asbest hergestellten Verpackung versehen war. Hier finden wir zum ersten Male den Asbest als Dichtungsmaterial angewandt, die später zur Ausnützung seiner Hauptvorzüge führten und als bestes und unübertroffenes Dichtungsmaterial insbesondere bei Dampfmaschinen Verwendung fand.

Da der Asbest in verschiedenen Arten und in verschiedenen Ländern erschürft wurde, lag es nahe, ihn auch verschiedenen Zwecken nutzbar zu machen. So erfand F. A. Gooch im Jahre 1880 den Asbestfilter, indem er Niederschläge auf einem Asbestfilter sammelte, welcher auf dem durchlöcherten Boden eines Platintiegels angebracht war. Der gereinigte Niederschlag mit Tiegel und Asbest wurde geglüht und abgewogen und das Gewicht des Niederschlages durch Abziehen des Gewichtes vom Tiegel und Asbestfilter ermittelt. Gooch war somit der Erste, welcher die hervorragenden Filterationseigenschaften des Asbestes praktisch anwendete und dadurch den Asbest weiteren Industriezweigen, insbesondere der Wein- und Spirituosenbranche zugängig machte.

Die Erfindung des Pfarrers Schäffer gab Gaspart Meyer in Paris Veranlassung, im Jahre 1883 mit einem verbesserten Asbestpapier von hoher Feuerbeständigkeit herauszukommen, welches aus Asbestfasern und Papiermasse bestand und mit Natronwasserglas geleimt war. Dieses Asbestpapier fand insbesondere Anwendung für feuerfeste Dokumente, Tapeten usw. Damit auf diesem Asbestpapier auch die Tinte feuerbeständig blieb, führte er eine feuerfeste Tinte ein, die aus Glyzerin, Ultramarin und Wasserglas hergestellt wurde.

Wir haben also bisher den Asbest in Anwendung gefunden, als Lampendocht, Tischtuch, Asbestpapier, zur Säureisolation, Asbestdichtung und Asbestfilter und auf diesen Verwendungsmöglichkeiten aufbauend, entwickelte sich die Asbestverarbeitung zu großen und selbständigen industriellen Unternehmungen. Wohl hat in der Neuzeit die Asbestverarbeitung weitere und ungeahnte Möglichkeiten gefunden, aber im Grunde genommen, bildeten obige sechs Anwendungsarten die Grundpfeiler der Asbestverarbeitung.

Wie unsere Vorfahren den Asbest zu Tischtüchern versponnen und verwoben haben, ist nicht bekannt geworden, ebensowenig die Herstellung des Asbestpapieres im großen, es ist jedoch anzunehmen, daß nur gute und lange Asbestfasern benutzt wurden.

Mit der Einführung der Spinnmaschine lag es nahe, auch Asbest auf Maschinen zu weben, spinnen und krempeln und es erhielt im Jahre 1884 Ephrain Hyde Rust in Boston Patent auf eine Asbestspinnmaschine, eine Erfindung, die insbesondere in England zu großen Geschäftsunternehmungen führte.

Mit den gewaltigen Fortschritten auf dem Gebiete der Chemie und der Technik der Neuzeit rückte auch der Asbest an bevorzugte Stelle und es blieb einem Max Rosenfeld vorbehalten, im Jahre 1888 ein Asbestpulvergemisch bei Platindrähten zu verwenden und über einen Schnittbrenner zu führen und gab somit den Anstoß zu der rasch entwickelten Industrie der Gasselbstzünder.

Im Jahre 1892 erfand A. Kühlewein den Asbestzement, welcher erstmals aus kanadischem Asbest hergestellt wurde und die hervorragende Eigenschaft besaß, vollkommen wasserdicht zu sein. Es muß daher Kühlewein als der eigentliche Erfinder der Asbestzementschieferfabrikation angesehen werden und nicht Hatschek, wie dies irrtümlicherweise immer wieder angenommen wird. Hatschek wurde lediglich zum Erfinder des Verfahrens, Asbestzementschiefer auf der Rundsiebmaschine herzustellen und ich verweise hier auf das vorliegende Werk: „Die Asbestzementschiefer-Fabrikation“, welches über diesen Industriezweig als erstes literarisches Werk erschöpfend Auskunft gibt.

Mit der Erfindung Kühleweins wurde mit einem Schlage die Verwendung des Asbestes in der Bauindustrie aktuell und es kam im Jahre 1896 die russische „Uralitgesellschaft mit einem Produkt Uralit“ an die Öffentlichkeit, welches als Ersatz für Holz, Stein und Metall diente und aus Asbest und anderen Mineralien hergestellt war. Dieses Uralit fand Anwendung, hauptsächlich im Schiffbau und zeichnete sich insbesondere durch seine Feuerbeständigkeit und seine Unempfindlichkeit gegen Säuren, Laugen, Frost und Hitze besonders aus.

Die Erfindungen gaben dann den kanadischen Asbestwerken zu Danville Veranlassung, eine Asbestfeuerschutzmasse herauszubringen, welche im Jahre 1901 von der bekannten Firma Alfred Calmon in Hamburg aufgenommen wurde und zur feuersicheren Isolierung von eisernen Säulen, Trägern, Scheidewänden usw. dienten. Ebenso ging Calmon zur Fabrikation von Asbestzementschiefer auf der Papiermaschine über, zwecks Herstellung von feuerfesten Asbesthäusern.

Somit bin ich bei der Geschichte der Asbestzementschieferfabrikation auf der Rundsiebmaschine angelangt, als deren Erfinder — wie bereits oben erwähnt — Ludwig Hatschek in Vöcklabruck anzusehen ist und da dieser Fabrikationszweig sich in allen Ländern der Welt zu gewaltigen Unternehmungen ausbaute, soll an dieser Stelle von dem genialen Erfinder Näheres gesagt sein, zumal auch Hatschek mit der Geschichte des Rohasbestes und seiner Entwicklung eng verknüpft ist.

Hatschek errichtete im Jahre 1889 in Vöcklabruck in Oberösterreich eine Asbestwarenfabrik, die im Jahre 1903 in eine moderne Asbestzementschieferfabrik umgebaut wurde. Das Produkt erhielt den Namen „Eternit“, auf deutsch „Ewigdauernd“ und seine Unternehmungen erhielten den Namen „Eternitwerke“. Als Erfindungsjahr ist das Zentenarjahr 1900 anzunehmen.

Die Art, Asbest und insbesondere Zement auf der Rundsiebmaschine zu verarbeiten, wurde bis dahin als ein Ding der Unmöglichkeit betrachtet und es erklärten selbst Fachleute von Ruf, daß das Hatscheksche Unternehmen aus physikalischen Gründen ein totgeborenes Kind bleiben müßte. Diese Widersacher gründeten ihr Urteil darauf, daß Zement mit Wasser in Maschinen zusammengebracht, abbinde und jedes Arbeiten dadurch verhindert werde. In Wirklichkeit war das Gegenteil der Fall und Hatschek wies praktisch nach, daß, wenn der Zement mit großen Mengen Wasser gemischt wird, jedes Zementteilchen für sich im Wasser getrennt bleibt und einer Erhärtung und Abbindung in jeder Weise vorgebeugt wird, ohne jedoch die Abbindungsfähigkeit illusorisch zu machen.

Ludwig Hatschek wurde am 9. Oktober 1855 in Tieschetitz bei Olmütz in Mähren als Sohn des Brauereibesitzers Hatschek geboren. Bis zu seiner Verheiratung war er im Geschäfte seines Vaters tätig und gründete dann im Jahre 1889 obenerwähnte Asbestwarenfabrik. Seiner unermüdlichen Tatkraft gelang es, bis zum Jahre 1914 in Österreich und Ungarn je eine große Eternitfabrik ins Leben zu rufen, welchen bereits im Jahre 1908 ein eigenes Zementwerk in Gmunden angegliedert wurde. Seine Erfindung ging ins Riesenhafte und es entstanden unter seiner fachkundigen Mitwirkung Eternitwerke in der Schweiz, Deutschland, Belgien, Frankreich, Italien, Rumänien, Schweden, Rußland, England, Norwegen, Holland, Afrika und Amerika, an welchen er bis zu seinem Tode als Aktionär oder Aufsichtsratsmitglied beteiligt war.

Infolge seiner großen Erfolge erhielt Hatschek im Jahre 1908 den Titel eines Kaiserlichen Rates verliehen und die Gemeinden Linz an der Donau, Regau und Vöcklabruck ernannten ihn zu ihrem Ehrenbürger. Schon über drei Jahre litt Hatschek an einem Blasenleiden, von welchem er vergeblich im Sanatorium Neuwittelsbach bei München trotz viermaliger Operation Heilung suchte. Hatschek starb am 15. Juli 1914 in Linz an der Donau als Begründer einer Industrie, die sich in der ganzen Welt durchsetzte und sich einen glänzenden Namen erwarb, welcher den Toten in Vergangenheit wie Zukunft ehren wird.

Das sind in kurzen Umrissen die Hauptdaten über die Geschichte des Rohasbestes und seines ursprünglichen Verwendungszweckes, welcher sich in der Neuzeit vervielfachte.

Ich habe mich bemüht, über alles Geschichtliche hier Bericht zu erstatten, um dadurch Anregung zu weiteren Verarbeitungsmöglichkeiten zu geben und das Interesse an diesem hervorragenden Naturprodukt zu fördern. Bei dieser Gelegenheit will ich nicht unerwähnt lassen, daß Kommerzialrat Heinrich Rosenberg in Wien auf diesem Gebiete schon vieles Anerkennenswerte geleistet hat und insbesondere mit seiner „Sammlung von Vorschriften über die Verwendung von Asbestpulver und von Talkum“, Wien 1919, bahnbrechend wirkte. Diese Sammlung gab mir Richtlinien, in meiner Arbeit zur Erforschung der Geschichte des Rohasbestes.

Der für die Asbestschieferfabrikation hauptsächlich in Betracht kommende Rohasbest wird in Rußland und in Kanada gewonnen. Durch die Asbesthandelsfirma Becker & Haag in Berlin SW 68, bin ich in die Lage versetzt worden, durch verschiedene photographische Aufnahmen von kanadischen und russischen Asbestgruben den Lesern einen Einblick in dieses eigenartige Gebiet der Gewinnung zu geben. (Abb. 1 bis 7.)

Die kanadischen Gruben sind ihrer quantitativen Förderung nach die bedeutendsten. Die dort bearbeiteten Felsenmassen sind harte Serpentingesteine, zwischen denen die Asbestadern sich eingeschlossen finden. Die besten Fundstellen der verschiedenen Gruben liegen dicht nebeneinander; die Gruben sind weniger weit, als wie tief im offenen Tagebau. Das Gestein wird ausnahmslos gesprengt, auf dem Boden der Grube sortiert in solches, welches genügend Asbestadern enthält, um durch die Mühle zur Aufbereitung zu gelangen, und in das leere Gestein, welches zur Halde geschafft wird. (Siehe die Abbildungen.) Bei dieser Sortierung werden mit dem Hammer die zum Vorschein kommenden breiten Adern abgehauen und in einer Handhämmerungszentrale sauber vom Felsen geklopft und nach der Länge sortiert. Das kompakte asbesthaltige Gestein kommt zur Mühle, zunächst in Zerkleinerungsmaschinen, die das Gestein bis zur Sandform zerkleinern, wobei der Asbest sich vom Gestein loslöst und durch Ventilatoren aspiriert wird, während der Sand weiterläuft. Der so gewonnene Asbest geht dann zwecks Sortierung nach der Länge über Siebe und ist damit versandfertig.

Die maschinellen Anlagen sind in diesen kanadischen Gruben sehr vervollständigt und ausgedehnt, weil die Arbeitslöhne sehr hoch sind und gute Arbeitskräfte vielfach sehr schwer erhältlich sind. Der Transport des Gesteines erfolgt überall auf ausgedehnten Geleiseanlagen.

In Rußland geschieht die Bearbeitung der Asbestgruben in völlig anderer Weise. Hier ist die Arbeitskraft billiger und in großer Anzahl zu haben. Die Bergwerksvorschriften gestatten indessen nur den Abbau in Terrassenform. Infolgedessen sind

Abb. 1. Aussortierung des Gesteines und dessen Hinaufschaffung auf den Boden einer Grube.

Abb. 2. Gesamtblick in eine Grube.

Abb. 3. Weitertransport des Gesteines am Grubenrande durch Feldbahnen zur Mühle.

Abb. 4. Gesamtansicht einer Filre-Mühle.

Abb. 5. Abbau des Gesteines in Terrassen.

Abb. 6. Transport von Gestein durch Gespanne.

Abb. 7. Gesamtansicht der Mühlen.

die russischen Gruben auf weit ausgedehnten Flächen errichtet und die Arbeiter auf die Terrassen verteilt. (Siehe die Abbildungen.) Das russische Gestein ist im Gegensatz zum kanadischen viel weicher und spröder und ist mit wenigen Ausnahmen leicht mit der Picke loszuschlagen. Hierbei werden mit der Hand die Asbestfasern herausgeholt und kommen diese, soweit es breitere Adern sind, direkt in die Mühle, während die schmäleren Adern, die bis zu 70 % noch mit Steinen vermengt sind, eine große Reinigung durch die Kollergänge und Siebe durchzumachen haben. Die vorbereitende Aufbereitung des Gesteines geschieht also auch hier zum größten Teil durch die Handbearbeitung, die eben durch die vorhandene billige Arbeitskraft ermöglicht wird, im Gegensatze zu Kanada, wo die Mahlwerke diese Arbeitsweise verrichten.

Über die produzierten Sorten läßt sich folgendes sagen: Kanada produziert in der Hauptsache:

1. durch Handhämmerung erhaltene Spinnware I und II,
2. durch maschinelle Behandlung erzeugte:
   lange Spinnfaser,
   mittellange Pappenfaser,
   Schieferfaser,
   kurze Asbestfaser,

wobei unter 2. aufgeführte Sorten weitaus die größte Produktion ausmachen.

Rußlands Produktion ist proportional höher in längeren Spinnfasern Nr. I, II und III, während kurze Sorten, wie Nr. IV, infolge der eigenartigen Aufbereitung viel weniger als in Kanada produziert werden können. Diese letztere Sorte ist als die bestgeeignetste Schieferfaser überall bekannt. Kanada bemüht sich indessen, dem Markte geeignete Qualitäten Schieferfasern zu bringen, welche als Ersatz für diese in relativ geringeren Quantitäten erhältliche russische Faser Nr. IV dienen können.

Die anliegenden Bilder veranschaulichen den Betrieb in kanadischen und russischen Asbestgruben und zeigen gleichzeitig die technischen Schwierigkeiten, wenn man berücksichtigt, daß der Gehalt an Asbest in den betreffenden Felsmassen zwischen 3 und 8 % variiert, sowohl in Kanada, als in Rußland. Die gewaltigen Lager in Kanada und Rußland sichern eine unerschöpfliche Lieferung dieses eigenartigen Materials. Es dürfte interessieren, daß in den drei Sommermonaten in den russischen Gruben bis zu 15 000 Arbeiter mit dem Loslösen und Sortieren des Gesteines beschäftigt werden, um so für die ganze übrige Zeit des Jahres genügend Rohmaterial für die Mühle vorzubereiten. Der kanadische Asbest ist etwas talghaltig, was nicht gerade als ein Vorzug anzusehen ist. Der russische Asbest hat den Nachteil der Talghaltigkeit nicht und gibt eine vorzügliche Asbestzementplatte. Obgleich große Quantitäten russischen Asbestes also zu Schieferplatten verwandt werden (erzielt werden zirka 20 Pfd. Sterl. und mehr pro Tonne, gegen 8—10 Pfd. Sterl. des kanadischen), genügen solche nicht, daher wird vielfach russischer Asbest mit kanadischem gemischt.

Was nun den schönen blauen Kap-Asbest anbetrifft, der in Südafrika gewonnen wird, so findet er trotz seiner vorzüglichen Eigenschaften nur ausnahmsweise Verwendung. Das kommt daher, weil seine Gewinnung zu teuer ist, unter anderem der Transport vom Innern Afrikas bis zur Küste. Gleich ungünstige Verhältnisse existieren in anderen asbesthaltigen Ländern, so daß für die Asbestzementschieferfabrikation nur Kanada und Rußland in Betracht gezogen werden können.

Der eigentliche Asbest stimmt, wie bereits gesagt, nach seinen chemischen Bestandteilen mit der Hornblende überein und kann als eine langfaserige, meist eisenfreie, oder eisenarme Abänderung derselben gelten. Das spezifische Gewicht des Asbestes ist 2—3, der Härtegrad 5 und 5—6. Man unterscheidet Chrysolith- oder Serpentinasbest (Fundorte Kanada, Rußland, Afrika, Indien usw.) und Amphibolasbest (Fundorte Italien, Böhmen, Ungarn usw.). Ersterer läßt sich wie oben beschrieben zu spinnfähiger Faser aufschließen und widersteht einer Temperatur bis 500° C, letzterer zerfällt bei der Aufbereitung zu Pulver und widersteht Temperaturen bis zu 1200° C. Je nach dem Eisenoxydgehalt ist die Faser weiß, gelb, rötlich oder blau. Weißer Asbest wird in Kanada und Afrika, gelblicher in Rußland, rötlicher in Indien und bläulicher in Südafrika gewonnen.

Es blieb der Kriegszeit vorbehalten, auch in Deutschland nach Rohasbest zu schürfen, nachdem die Rohasbestquellen des Auslandes versiegten. Der einzige Fundort in Deutschland war der sogenannte „Kacholdsberg" in Thüringen, der sich im Reuser Oberland von dem Orte Klettingshammer bis Heberndorf erstreckt. Die Firma Feodor Burgmann in Laubegast hat während des Krieges den Abbau des Asbestes übernommen. Der deutsche Asbest kommt in der Natur im Gegensatz zu den anderen Rohasbestsorten in Form von Asbesterde vor. Der deutsche Rohasbest hat ein erdiges, gelbbraunes Aussehen und bei näherer Betrachtung findet man, daß dieses erdige Aussehen durch Vermengung mit Ockerfarberde entstanden ist. Der in dieser Asbesterde enthaltene Asbest besteht aus sehr schwachen Fasern, die viel Feuchtigkeit und viel Unreinigkeiten, wie Kieselsteine, Lehmbatzen, Erde, Sand u. dgl. aufzuweisen haben.

Große Schwierigkeiten verursachte es, diese Asbesterde in ihre einzelnen Bestandteile zu zerlegen, da die kanadischen und russischen Aufbereitungsverfahren hier keine Anwendung finden konnten. Beim deutschen Asbest mußte die Aufbereitung durch Trommel- und Siebmaschinen vorgenommen werden.

Für die Asbestzementschieferindustrie wird heute kein deutscher Asbest mehr verwendet, so wenig wie Tiroler oder finnischer Rohasbest. Alle diese Neuentdeckungen und Schürfungen nach Asbest in Deutschland, Tirol und Finnland gehören in der Hauptsache der Kriegs- und Inflationszeit an und man findet heute in fast allen Asbestzementschieferfabriken allgemein das Gemisch von russischem und kanadischem Asbest vor.

Im Gegensatz zum deutschen wird der finnische Steinasbest in großen und kleinen Steinblöcken geliefert. Das Gestein muß zuerst auf einem Vorbrecher zerkleinert werden und dann auf einer Walzenmühle oder dgl. zur Aufschließung gelangen. Das Gefüge ist kurzfaserig und in der Farbe unrein.

Der Tiroler Asbest wird in Höhen von über 1000 m gegraben, wodurch der Betrieb in schneereichen und kalten Wintern sehr gehemmt und erschwert ist. Die Festigkeit der Faser ist gering, während die Farbe schön weiß ist.

II. Der Zement.

Wir unterscheiden zwei Arten von künstlichem Zement:

Romanzement und Portlandzement.

Der Romanzement enthält freien Kalk in größerer Menge, weshalb er für die Asbestzementschieferfabrikation als Rohstoff fast gänzlich aufgehört hat zu existieren, zumal auch seine Erhärtung nur langsam und unter Wärmeentwicklung vor sich geht.

Der beste Zement für unseren Fabrikationszweig ist der Portlandzement, und auch dieser weist in bezug auf Güte verschiedene Variationen auf. Der Zement ist von ausschlaggebender Bedeutung für die Qualität, namentlich der Härte der fertigen Asbestzementschieferplatte. Hat der Asbestschieferfabrikant ein gutes Zementwerk gefunden, so ist anzuraten, die Bezugsquelle sich zu sichern, selbst wenn auch der Preis etwas höher als bei anderen Zementwerken sein sollte. Gute Festigkeit, schnelle Erhärtung, ohne große Wärmebildung und mit diesen Eigenschaften verbundene klangvolle Härte und schöne Farbe sind die Hauptererfordernisse, welche man an einen Portlandzement zu stellen hat.

Der Portlandzement wird gewonnen, indem man Kalk und Ton mischt, bis zur Sinterung brennt und dann pulvert. Als Rohstoffe dienen Kalkmergel und Kreide. Der Ton soll sandfrei sein oder von diesem durch Schlämmen befreit werden.

Die Lagerung des Zementes in der Asbestschieferfabrik soll möglichst lufttrocken erfolgen. Am besten hierzu eignen sich Holzbaracken, deren Fußböden ebenfalls aus Holz sind. Dieser Fußboden muß jedoch in 10—15 cm vom gewachsenen Boden auf Balken verlegt sein, so daß die Luft unter dem Boden durchstreichen kann. Nachdem heute Zement wieder leicht zu bekommen ist, braucht man ein allzu großes Zementlager, das nur ein Zinsfresser bildet, nicht mehr zu halten.

Die chemische Zusammensetzung des für die Fabrikation von Asbestzement hauptsächlich verwendeten Portlandzementes gibt folgendes Bild:

$S_i\ 0_2 = 20 - 21\ \%$
$R_2\ 0_3 = 10 - 11{,}5\ \%$
$C_a\ 0 = 62 - 63{,}5\ \%$
$M_g\ 0 = 1{,}5 - 2{,}5\ \%$
$S\ 0_3 = 1{,}5 - 2{,}5\ \%$
Unlösliches = ca. 0,5 %

Das spezifische Gewicht gut gebrannten Zementes soll nicht unter 3 sinken. 1 cbm Zement wird zu 1400 kg angenommen. 1 Liter Zement, erhalten durch langsames, ohne Rütteln des Gefäßes erfolgtes Eintragen, wiegt etwa 1,2—1,4 kg. Der Zement muß an trockenen Orten, zugfrei und im Schatten gelagert werden. Von besonderem Interesse ist es, die Festigkeitseigenschaften des reinen Zementes bezüglich Zug- und Druckfestigkeit zu kennen und zitiere ich folgende Prüfungsergebnisse, die an Portlandzement von einer größeren deutschen Zementfabrik vorgenommen wurden.

Prüfungsergebnisse.

Mahlfeinheit: Bei den Siebversuchen hinterließ der bei 105° C getrocknete Zement nach 6000 Schüttelungen im Apparate folgende Rückstände:

Auf dem Siebe von 900 Maschen für 1 qcm 1,40 %,
Auf dem Siebe von 4900 Maschen für 1 qcm 28,65 %.

Somit gingen 69,95 % des Zementes durch das feinste angewendete Sieb.

Raumbeständigkeit: Vier Kuchen aus reinem Zemente (Wasserzusatz 25 %) wurden, nach den Rändern flach auslaufend, auf Glasplatten ausgebreitet. Zwei davon erhärteten an der Luft, während die übrigen nach erfolgtem Abbinden unter Wasser von etwa 16° C aufbewahrt wurden. Nach einer Beobachtungsdauer von 28 Tagen waren die Kuchen eben, scharfkantig und rißfrei geblieben. Ein Treiben fand also nicht statt. Bei der Darrprobe verhielt sich der Zement einwandfrei; ebenso nach der Kochprobe (nach Michaelis), sowie nach der Kugelprobe (nach Heintze). Der Portlandzement ist sandfrei und wassersatt. Ein sieben Tage alter Probekörper ergab nach E. Hartig für den spannungslosen Zustand einen Elastizitätsmodul E = 141 000.

Untersuchungsanstalt	Wasserlagerung Zugfestigkeit kg qcm nach Tag. 3	7	28	Druckfestigkeit 3	7	28	Komb. Lagerung Tage 28	Siebrückstand auf Maschen 900	5000	Geglühter Zement Sp. Gw.
Material-Prüfungsamt Technische Hochschule Berlin	23,8	26,7	30,8	332	315	427	470	0,0	8,00	3,241
Sächs. Mech.-Techn. Versuchsanstalt der Techn. Hochschule Dresden .	21,0	24,4	28,4	220	330	463	517	0,60	6,01	3,237
Mech.-Techn. Laboratorium d. Techn. Hochschule München . . .	24,4	24,8	27,1	236	337	441	546	0,06	10,01	2,99
Material-Prüfungsanstalt der Techn. Hochschule Stuttgart	28,0	31,0	35,6	274	363	471	511	0,10	7,10	3,186
Dr. Wilhelm Michaëlis, Berlin-Großlichterfelde	27,6	28,5	31,3	314	391	487	550	—	—	—
Eigenes Laboratorium .	22,5	26,8	33,5	296	388	491	548	0,10	6,20	3,126
Material-Prüfungsanstalt Nürnberg	21,3	23,4	26,6	207	294	412	443	0,10	8,57	3,245
Im Mittel	24,0	26,5	33,8	254	345	456	512	0,16	7,64	3,17

C. DIE EIGENTLICHE ASBEST-ZEMENTSCHIEFERFABRIKATION.

I. Verfahren zur Herstellung von Asbestzementschiefer auf der Rundsiebmaschine.

1. Herstellung von Asbestzementschiefer nach Hatschek (nasses Verfahren).

a) Allgemeines.

Mancherorts sind die Asbestzementschieferfabriken als ein Nebenzweig der Asbestspinnerei- und Weberei angegliedert, da aller in letzteren Abteilungen entstehender Faserabfall in der Asbestzementschieferfabrik zur weiteren Verwendung kommt. Die Asbestfaser ist teuer und wertvoll, — man zahlt heute für 100 kg Faserabfall 20—25 M. und mehr — so daß mit den geringsten Quantitäten gerechnet werden muß. Aus diesem Grunde wird der im Stoffvorbereitungssaal (in Spinnerei und Weberei) entstehende Staub, welcher noch kurze kleine Faserteilchen enthält, durch einen Ventilator angesaugt und nach der Staubkammer befördert, wo die feinen Asbestteilchen in Kollektoren in einem Fangarm niedergeschlagen und dann zusammen mit dem übrigen Abfall im Holländer weiterverarbeitet werden. Abgesehen vom wirtschaftlichen, hat diese Ventilationsanlage auch hygienischen Vorteil und besteht die Gewerbeinspektion neuerdings auf deren Anschaffung. — Die meisten der existierenden Asbestzementschieferfabriken stehen jedoch gesondert für sich, ohne Kombination mit einer anderen Anlage, wie zum Beispiel auch Asbestpappen- und Papierfabriken, und wir wollen in diesem Buche diese separat und als unabhängige Betriebe behandeln. Diese unabhängigen Asbestzementschieferfabriken beziehen ihre Rohmaterialien direkt.

Beginnen wir zunächst mit der ältesten und bekanntesten Asbestzementschieferfabrik System Hatschek, so wird es zur Erzielung eines allgemeinen Überblickes das beste sein, uns an die Patentschrift vom 28. März 1900 zu halten und dann erst später sich mit den Details zu beschäftigen.

Die Hatschekschc Erfindung betrifft die Herstellung von Kunststeinen bzw. Kunststeinplatten aus hydraulischen Bindemitteln, d. h. aus solchen Bindemitteln, die, wie Portlandzement, Romanzement, hydraulischer Kalk mit und unter Wasser abbinden, und welche Kunststeine bzw. Kunststeinplatten eine große Widerstandskraft gegen die Atmosphärilien und namentlich gegen Wasser und Temperaturwechsel, so auch gegen Frost besitzen, sowie gegen mechanische Einflüsse (gegen Stoß oder Schlag) haltbar sind.

Dieser Zweck wird nun nach vorliegender Erfindung dadurch erreicht, daß man Faserstoffe, z. B. Asbest, zweckmäßig in den gebräuchlichen Mischmaschinen (Holländer) der Papier- oder Pappenfabriken in Gegenwart großer Wassermengen, wie solche z. B. bei der Verwendung solcher Maschinen in der Pappenfabrikation üblich sind, mit hydraulischem Bindemittel (wie Portland-, Romanzement, hydraulischem Kalk) innig mischt und durcharbeitet und das Gemenge auf Papier- und Pappenmaschinen in der für die Pappenfabrikation analogen Weise zu Platten von gewünschter Stärke verarbeitet. Diese Platten können dann weiter durch Anwendung von großem Druck bestimmte Formen oder ein gewünschtes Aussehen, glatte oder fassonierte Oberfläche erhalten.

Der Erfinder hat nämlich gefunden, daß bei Durcharbeitung eines hydraulischen Bindemittels mit großen Mengen Wasser unter Zusatz von Faserstoffen die Binde- und Erhärtungsfähigkeit des betreffenden Bindemittels nicht zerstört wird, sondern daß man ein solches Gemisch auf der Papier- und Pappenmaschine nach Art der Pappenfabrikation im Großbetrieb zu pappenartigen Platten formen kann, die steinhart werden. Wenn z. B. die zweckmäßig gut zerteilte Fasermasse in dem Holländer mit dem Wasser durchgearbeitet und das hydraulische Bindemittel (z. B. Portlandzement) allmählich dazugegeben wird, so tritt bei der weiteren Durcharbeitung der Masse in dem Holländer trotz der großen Wassermenge (und selbst wenn die Zementmenge z. B. das Vier- bis Neunfache des Fasergewichtes beträgt) nicht eine Entmischung, ein Absondern des Zementes, sondern eine sehr innige Vereinigung ein. Das Wasser wird bzw. bleibt klar, die Mischung scheint sogar aufzuquellen und nimmt das Aussehen einer mehr oder weniger kolloidalen, stärkekleisterähnlichen Masse an. Es scheint eine Quellung des hydraulischen Bindemittels einzutreten, vielleicht unter zeitweiser Abspaltung von gallertartiger Kieselsäure, welche bei dem späteren Erhärtungsprozeß mit dem Kalk bzw. der Tonerde usw. in Wechselwirkung treten mag. Hieraus erklärt sich vielleicht auch, daß diese Masse die Verarbeitung auf der Pappenmaschine vertragen kann, ohne daß ein Abbinden oder Erhärten während derselben eintritt, und daß die erzeugten, zunächst pappenartigen Platten nach dem Verlassen der Pappenmaschine einem hohen hydraulischen Druck unterworfen werden können, ohne daß Plattensubstanz außer im wesentlichen klares Wasser an den offenen Seiten nach außen entweicht (die Platten behalten übrigens sogar, abgesehen von der durch den Druck verminderten Dicke, hierbei ihre ursprüngliche Größe bei), und bei dem hierauf folgenden Lagern der Platten erst der Erhärtungsprozeß eintritt. Es ist, was sich aus Vorstehendem auch erklären läßt, sogar möglich, die auf der Pappenmaschine durch Beschneiden usw. resultierenden Abfälle zur Wiederverarbeitung mit der neuen Materialmischung wieder in den Holländer zurückzugeben, ohne daß eine schädliche, vorzeitige Abbindung stattfindet. Die erzielten Platten bedürfen zu ihrer Erhärtung keines Tränkungs- oder Zusatzmittels und zu ihrer Haltbarkeit keines Anstriches oder Schutzes. Nach genügend langer Erhärtungszeit sind solche Platten derart hart und zugleich zähe, daß sie bei etwa 4 mm Stärke nicht zerbrechen, wenn sie z. B. aus Manneshöhe auf den Fußboden fallen gelassen werden; sie sind frostfest, saugen nach dem Trocknen nur ganz geringe Mengen Wasser auf, so daß sich z. B. bei Benutzung als Dachmaterial bei nasser Witterung ihr Gewicht nicht erheblich vermehrt, auch Wasser nicht durchgelassen wird; sie sind überhaupt gegen die Einwirkung von Wasser widerstandsfähig. Sie zeigen also ganz erhebliche Unterschiede von Platten, die mit Hilfe von Magnesia, Zinkoxyd bzw. aus dem Sorelzement gleichem oder ähnlichem Material hergestellt sind.

Zur Ausführung des Verfahrens wird nach vorliegender Erfindung die gewünschte Menge Fasermaterial (z. B. Asbest) zerkleinert und mit Wasser verarbeitet, so daß sie gewissermaßen aufgeschlossen, d. h. in ihre einzelnen Fasern zerlegt wird. Hierauf wird die erforderliche Menge des hydraulischen Bindemittels (z. B. Zement) zugegeben, gut untermischt, mit großen Mengen Wasser durchgearbeitet und dann sofort diese Mischung auf der Papier- oder Pappenmaschine in der für die Pappenfabrikation gebräuchlichen Weise verarbeitet. Bei dem Verfahren kann man auch gewünschtenfalls einen Farbstoffzusatz (z. B. Zementschwarz) benutzen.

Es ist auf solche Weise möglich, ein Produkt zu erzielen, welches auf 80 bis 90 % Zement 20 bis 10 % Faserstoff enthält.

Der Werdegang geht folgendermaßen vor sich. Man trägt in einen mit Wasser gefüllten Holländer von ungefähr $3^{1}/_{2}$ cbm Inhalt 50 kg Fasermasse ein. Die Fasermasse, welche zweckmäßig vorher in einer Kollermühle zerteilt war, wird der Behandlung in dem Holländer solange unterworfen, bis sie genügend aufgeschlossen ist, d. h. bis jede Faser möglichst freigelegt ist. Sobald dieses vollständig erreicht ist, wird die erforderliche Menge (z. B. 250 kg) des hydraulischen Bindemittels zugegeben und das Ganze einem gründlichen Durchmischen unterzogen. Unmittelbar hiernach wird das so vorbereitete Material in einen Behälter gebracht, welcher vorteilhaft den fünf- bis sechsfachen Fassungsraum des erwähnten Holländers hat, und wird hier auf das Fünf- bis Sechsfache mit Wasser verdünnt. In diesem mit einer Rührvorrichtung versehenen Behälter wird dafür gesorgt, daß sich nichts zu Boden setzt. Von hier aus wird dieser dünne Brei unter Vermeidung jeden Aufenthaltes in die Plattenbereitungsmaschine (Rundsiebmaschine) eingelassen, wobei zweckmäßig alle toten Ecken und Winkel vermieden werden und möglichst Rührvorrichtungen angebracht sind, um das Stagnieren der Flüssigkeit in irgendeinem Punkte zu vermeiden.

Um eine Verstopfung des Zylinders durch Zement und ein Unbrauchbarwerden des Filztuches durch zurückbleibende und nachher abbindende Zementteilchen nach Möglichkeit zu vermeiden, ist es zweckmäßig, den Siebzylinder leicht auswechselbar zu gestalten und die Waschvorrichtungen der Maschine soweit als irgend tunlich, zu vermehren, damit keine Störung in der Arbeit der Maschine eintritt.

Wenn auch das Fasermaterial das feinkörnige hydraulische Bindemittel möglichst festhält und infolge der Durcharbeitung und wohl auch des anscheinenden Aufquellens eine Entmischung und so ein Verlust an hydraulischem Bindemittel möglichst vermieden erscheint, kann man der größeren Sicherheit wegen etwaigen Verlusten dadurch noch begegnen, daß man möglichst feinmaschige Siebe wählt und daß man das durch das abfließende Wasser etwa fortgeführte Material von demselben möglichst trennt und ungesäumt wieder in die Fabrikation zurückführt, so daß also etwa weggeführter Zement bzw. Fasermaterial wieder zu dem Herstellungsmaterial gelangt und so Ersatz für das etwa Verlorengegangene schafft. Daß diese Wiederverwendung solchen verlorengehenden Materials und somit auch eine Regelung des gewünschten Zementgehaltes möglich ist, liegt eben an der oben erläuterten Tatsache, daß wohl infolge der Durcharbeitung mit den großen Wassermengen das hydraulische Bindemittel vielleicht eine intermediäre Zersetzung erleidet, aber nach der beschriebenen Behandlung doch noch einen wirkungsvollen Erhärtungsvorgang in sich vollzieht.

Das von der Pappenmaschine erhaltene Plattenmaterial bildet gewissermaßen ein Halbfabrikat, welches durch Schneiden, Pressen und Formen zu den gewünschten Artikeln gestaltet wird, die alsdann in die Räume gebracht werden, wo sie, der Ruhe überlassen, den Abbindungs- und Erhärtungsprozessen unterliegen.

Auf solche Weise ist man imstande (indem man nur einen Holländer beschickt und den Inhalt desselben auch sofort verarbeitet) in einer Stunde die angegebene Menge auf der Pappenmaschine zu verarbeiten, wobei etwa 250 bis 300 hl Wasser verbraucht werden, wozu allerdings noch die Zeit für die Arbeit in dem Holländer und für das Schneiden und Pressen der Platten und der Transport in die Erhärtungsräume zuzurechnen ist; die sich hierbei ergebende Gesamtzeit ist kurz genug, daß eine Abbindung des Zementes nach Fertigstellung des Plattenmaterials noch nicht begonnen zu haben braucht. Die Wassermenge für diese Fabrikation ist im allgemeinen eine größere, als bei der Papier- oder Pappenerzeugung.

b) Die Kraft- und Aufbereitungsmaschinen.

Gehen wir nun zur ausführlichen Beschreibung der Asbestzementschieferfabrik nach System Hatschek über. Zur besseren Orientierung und Erzielung eines bildlichen Überblickes über eine vollständig maschinell ausgerüstete Anlage liegt dem Texte ein Dispositionsplan Nr. 1 bei, den ich (wie auch die übrigen Zeichnungen) in der Eigenschaft als Ingenieur der Firma C. Joachim & Sohn, Schweinfurt a. M., die bekanntlich Spezialfabrik ist, ausgearbeitet und als Anlage in St. Petersburg und Rochdale (England) seinerzeit montiert und in Betrieb gesetzt habe.

Als Energie zum Betriebe der Fabrik wähle ich Elektrizität. Ist jedoch solche an Ort und Stelle nicht zu bekommen, so diene als Kraftmaschine eine Heißdampfmaschine (oder auch Lokomobile) von 150 bis 200 PS., um bei etwaigen späteren Erweiterungen nicht in Verlegenheit zu geraten. Der Dampf wird erzeugt in zwei großen Dampfkesseln, von welchen der eine als Reserve dient. Jeder Dampfkessel hat eine Heizfläche von

150 bis 200 qm und da die Dampfentnahme eine konstante ist, dürfte bezüglich des Systems der Cornwall-Flammrohrkessel immer noch zu bevorzugen sein. Ist jedoch elektrische Kraft zu billigem Preise zu erhalten, wie dies z. B. in Tafel 1 der Fall ist, so erhält jede Arbeitsmaschine separaten Motorenantrieb. Gerade bei der Asbestzementschieferfabrikation, wo man keinen Trockendampf, wie bei der Asbestpappen- und Papierfabrikation benötigt, dürfte dem elektrischen Antrieb der Vorzug als rationellstem gehören. Über diverse Vorteile, die der elektrische Antrieb vor anderen hat, sei weiter unten, unter besonderem Abschnitt, Eingehendes gesagt.

Die Tafel 1 stellt eigentlich zwei komplette Asbestzementschieferfabriken dar. Auf der Maschine I werden Asbestzementschieferplatten zum Bedecken der Dächer, auf Maschine II solche für Wandverkleidungen hergestellt, d. h. erstere Maschine arbeitet kleinere Formate, während letztere große Platten erzeugt. Beide Maschinen arbeiten also getrennt voneinander, während jedoch die Arbeitsweise im Prinzip vollständig übereinstimmend ist. Es genügt daher, den Fabrikationsgang von Maschine I und somit von Asbestzementschieferplatten als Bedachungsmaterial erläutert zu sehen, zumal diese am gebräuchlichsten sind und am meisten verlangt werden.

Der importierte Rohasbest ist in dem eigens errichteten Asbestwarenhaus aufgespeichert. Neben diesem befindet sich auch der Lagerraum für den Zement. Beide Schuppen müssen trocken und luftfrei angelegt sein. Die Rohmaterialien (wie Asbest und Zement) werden direkt auf Eisenbahnwagen bis unmittelbar an das Warenhaus gefahren. Neben den Lagerräumen auf ebener Erde sind nun die sogenannten Aufbereitungsmaschinen montiert, so daß mittels Rollwagen der Asbest diesen leicht zugeführt werden kann. Asbestaufbereitungsmaschinen sondern das Gestein von den kompressen Rohfasern, mittels der Flug- und Schwerkraft. Sie werden in Tafel 1 von einem Elektromotor von 25 PS. angetrieben. Aufbereitungsmaschinen für den Portlandzement gibt es eigentlich nicht, da der Zement in pulverisierter Form aus der Zementfabrik bezogen wird.

Der Kollergang.

Wie unter Abschnitt „Der Rohasbest“ schon erwähnt, geschieht die erste Aufschließung des Asbestgesteines in Fibremühlen in den Asbestminen. Der von diesen Mühlen zum Versand gelangende Asbest hat aber zum Teil noch unaufgeschlossene Faserteilchen, die an kleinen Steinen hängen. Um den Asbest verarbeitungsfähig zu machen, muß derselbe also nochmals einen mechanischen Aufschließungsprozeß durchmachen, was im sogenannten Kollergang geschieht. Abb. 8 zeigt eine solche Mahlmaschine mit Schleppkurbelkonstruktion, Granitläufersteinen von 1350 mm Durchmesser und 400 mm Breite, mit ebensolchem Bodenstein von 1750 mm Durchmesser und 300 mm Breite. Läufer aus Gußeisen sind wegen ihrer geringen Schwere gegenüber Granitläufern für die Verarbeitung von speziell sibirischem Asbest vorteilhafter, ist doch dieser letztere sehr empfindlich und daher der Gefahr des Totmahlens ganz besonders ausgesetzt. Dieser Kollergang, wie ihn Abb. 8 zeigt, benötigt ungefähr 6 bis 8 PS. an Kraft und die Steine, welche durch ein konisches gußeisernes Rädergetriebe in Bewegung gesetzt werden, rotieren mit 8 bis 10 Touren in der Minute. Der Antrieb kann je nach den örtlichen Verhältnissen von oben oder von unten erfolgen. In Abb. 8 hat der Kollergang Untenantrieb unter der Annahme, daß dieser in der ersten Etage montiert ist. — Die Schleppkurbel besteht aus starken Brillen aus Stahlguß, die wiederum warm eingesetzte und verkeilte bzw. verstiftete schmiedeeiserne Zapfen haben. Diese Kurbeln sind geführt in einem gußeisernen Kreuzkopf, welcher auf der Königsachse zweifach aufgekeilt ist. Ein schmiedeeiserner Beistreich- und ein Ausstreichschaber sorgen dafür, daß der Stoff periodisch unter bzw. von den Steinen gestrichen wird. Diese Schaber sind an besonderen gußeisernen Schabearmen befestigt, welche wiederum stabil mit dem Kreuzkopf in Verbindung stehen. Der Ausstreichschaber kann durch einen Hebel mit Gewicht augenblicklich entlastet werden. — Durch die Quetschung wird das taube Gestein und der Serpentinsand von den Faserteilchen losgelöst und diese letzteren freigelegt. Eine gute Sortierung mit teilweise unterbrochenem Betriebe ist notwendig, da sonst die bereits aufgeschlossene Faser totgemahlen werden könnte. Viele Kollergänge sind daher neuerdings mit einer Vorrichtung versehen worden, um die genügend aufgequetschten und vom Gestein befreiten Fasern aus der Schale des Kollerganges während der Funktion der Maschine abzuleiten, so daß zur weiteren Verarbeitung nur das Gestein zurückbleibt. Wie aus Plan Nr. 1 ersichtlich ist, wird der Kollergang, der Holländer und die anderen Nebenmaschinen der Stoffaufbereitungsabteilung durch einen separaten Motor, der Parterre mon-

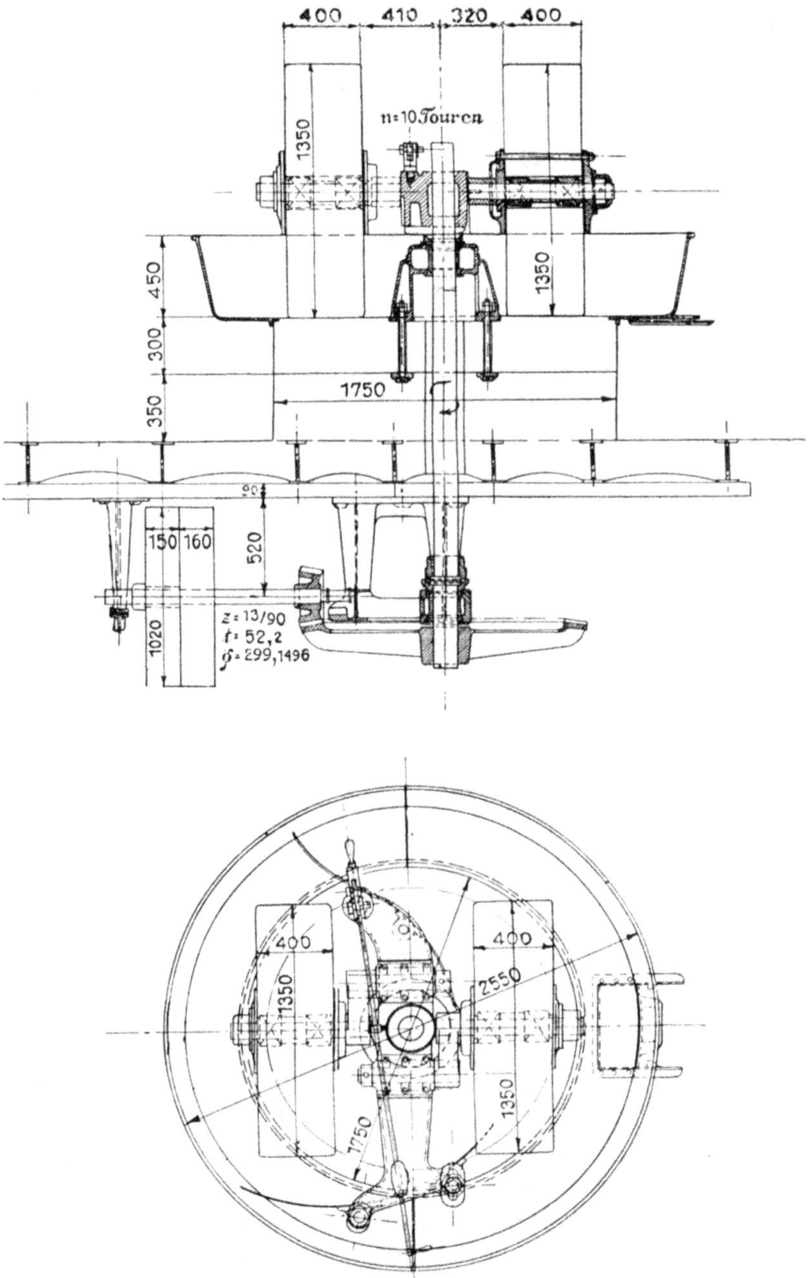

Abb. 8. Kollergang mit Granitläufern, Antrieb von unten.

tiert ist, angetrieben. Jede einzelne Maschine hat Voll- und Leerlaufscheibe, um je nach Bedarf die Maschine in oder außer Betrieb setzen zu können. Da der Kollergang z. B. seine Arbeit früher vollendet hat als der Holländer, so wird dieser mehr Stillstand haben. Ist das Asbestmaterial genügend gelockert, so wird dasselbe durch Öffnen des Kollergangschiebers in einen unter der Entleerung befindlichen Kasten oder betonierte Grube geworfen, um dann die Sortiertrommel zu passieren.

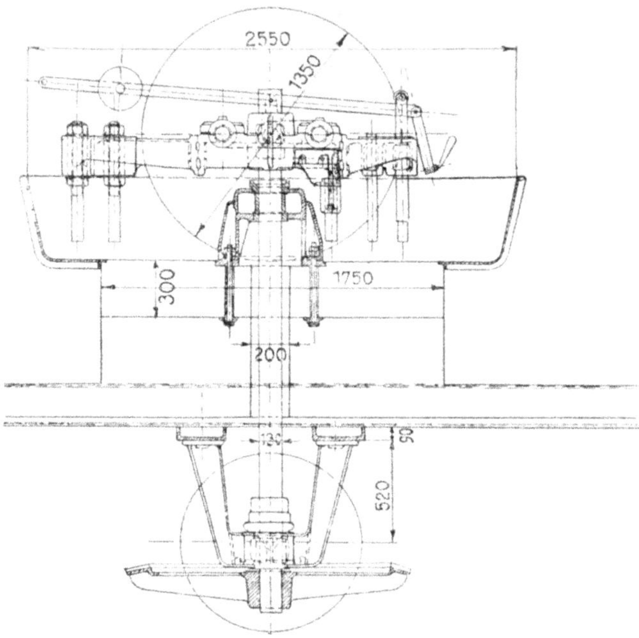

Abb. 8. Kollergang mit Granitläufern, Antrieb von unten.

Die Sortierung.

Die Sortiertrommel ist ein mit $n = 30$ bis 40 Touren rotierendes Rundsieb, welches dazu dient, etwaige Unreinigkeiten, Asbestklumpen usw. zurückzuhalten. Das rotierende Sieb hat Gefälle, d. h. bildet eine schiefe Ebene dergestalt, daß die bei der kleineren Öffnung eingetragene Asbestmasse durch ihr Eigengewicht den Innenmantel des Siebes passiert. Die feinen Faserteile gehen durch die Maschen des Siebes, während die gröberen Teile das Rundsieb an seiner großen Öffnung verlassen und zur Wiederverarbeitung in den Kollergang eingetragen werden. Der gesiebte Asbest fällt auf eine unter der Siebtrommel befindliche, betonierte schiefe Ebene, die im Fußboden vertieft angebracht ist und die in der Elevatorgrube endigt (s. Tafel Nr. 1 u. 2). Der Elevator schafft das Asbestgut auf den Holländerboden; der Elevator rotiert mit $n = 40$ Touren minutlich. Der Kraftbedarf von Siebtrommel und Elevator dürfte kaum mehr als 2 bis 4 PS. zusammen betragen. Viele Fabriken arbeiten statt der Siebtrommel mit einem sogenannten Vertikalöffner oder auch mit einem Desintegrator. Beide Maschinen sind beim Oesterheldschen Verfahren ausführlich beschrieben.

Arbeiten die Maschinen so nach abgetrennten, geschlossenen Räumen, so ist die größte Reinheit der Faser garantiert. Auf keinen Fall lasse man die Asbestfaser vom Kollergang auf den Fußboden fallen, da diese zertreten, klumpig und beschmutzt würde.

Der Holländer.

Der oder die Holländer befinden sich zirka 2½ bis 3 m vom Fußboden auf erhöhtem Podest, das auf I-Trägern errichtet ist. Der Holländer ist die Seele der ganzen Fabrikation. In ihm wird naß gemahlen, gemischt und gefärbt, darauf fußt auch das Hatscheksche Prinzip, daß im Holländer Asbest mit Zement gemengt und naß gemahlen wird. Daher heißt dieses Verfahren im Gegensatz zum Oesterheldschen Verfahren, das „nasse Verfahren".

Die Stoffmischung für Asbestzementschiefertafeln enthält weder animalischen noch vegetabilischen Leim; denn Asbestzementschiefer darf von vornherein keine Bestandteile enthalten, welche den Einflüssen der Witterung nicht standhalten können. Leime würden durch Regen oder Feuchtigkeit zersetzt und dadurch wäre der Zusammenhalt des fertigen Fabrikates unmöglich. Als Bindemittel muß also ein Material dienen, das gegen alle Atmosphärilien immun ist und wenn auch die Mischungsrezepte der verschiedenen Asbestzementschieferfabriken etwas voneinander abweichen, alle haben sie doch das gemeinsam, daß der Masse als Bindemittel Zement zugesetzt wird. Man rechnet auf 100 kg Portlandzement 18 bis 25 kg reine Asbestfaser, kanadischen und russischen Ursprunges, sowie je zur Erzielung einer gewissen Farbe zirka 5 bis 10 kg Farbe. In manchen Asbestzementplatten sind auch Mika, Magnesit, Chlormagnesium, Wasserglas und andere Mineralien und Chemikalien enthalten, die alle im Holländer zugesetzt werden.

Im Holländer werden also die oben erwähnten Materialien mit Wasser zu einem gleichmäßigen Brei gemahlen. Abb. 9 zeigt einen solchen Holländer, mit Trogdimensionen von 4000 mm lichte Länge und 2000 mm lichte Breite, sowie 580 mm Tiefe. Die Messerwalze hat 800 mm Durchmesser und 900 mm Breite und ist mit 65 Messern aus bestem Tiegelgußstahl von je 8 bis 10 mm Stärke und 130 mm Breite armiert. Alle Messer haben eine zirka 30 mm breite Wate. Zwischen den Messern sind Beilagen aus Eichenholz, um bei der Mahlung eine leichte Federung zu ermöglichen. Der jeweilige Abstand der Messer voneinander soll nicht über und nicht unter 50 mm sein, auch sollen diese nicht über 50 mm über den Holzkörper hervorragen. Dieser jeweilige Raum zwischen den Messern von 50×50 mm hat den Zweck einer guten Schöpfung des Stoffes über den Kropf im Holländertrog. Ist nun noch der Abstand zwischen Außenkante Trommelmesser und der Kropfwand nicht größer als höchstens 20 mm, so sind die Vorbedingungen für einen flotten Zug des Holländers erfüllt. Der Abstand der 65 Stück Walzenmesser ist gleich groß. Messer in Bündeln von je zwei oder drei Stück haben sich bei dieser Fabrikationsart nicht gut bewährt. Unter der Mahlwalze befindet sich in einem seitlich aus dem gußeisernen Holländertroge herausnehmbaren gußeisernen Kasten das sogenannte Grundwerk. Dasselbe ist mit 10 bis 12 Gußstahlmessern, jedoch ohne Wate armiert, und die Messer haben ebenfalls Holzbeilagen; der jeweilige Zwischenraum, in welchem diese Holzeinlagen verkeilt sind, beträgt jedoch hier nur 5 bis 8 mm. Zum Zwecke der besseren Scherrung, zum Regulieren der Mahlung und zum besseren Entweichen der Luft haben die Grundwerkmesser zu den Walzenmessern eine geringe Schrägstellung. Die Holländerwalze ruht in Ringschmierlagern, die wiederum auf drehbaren gußeisernen schwingenden Tragbalken verschraubt sind, die von Hand durch Schnecke und Schneckenrad je nach Bedarf tief oder hoch gestellt werden können. Dadurch ist es ermöglicht, den Abstand zwischen Walzenmessern und Grundwerk enger oder weiter zu stellen, wodurch eine reinere oder gröbere Mahlung erzielt wird. Die Holländertrommel wirft den Stoff über den gußeisernen Kropf oder Sattel des Troges hinaus, der dann auf einer schiefen Ebene durch natürliches Gefälle nach der tiefsten Stelle des

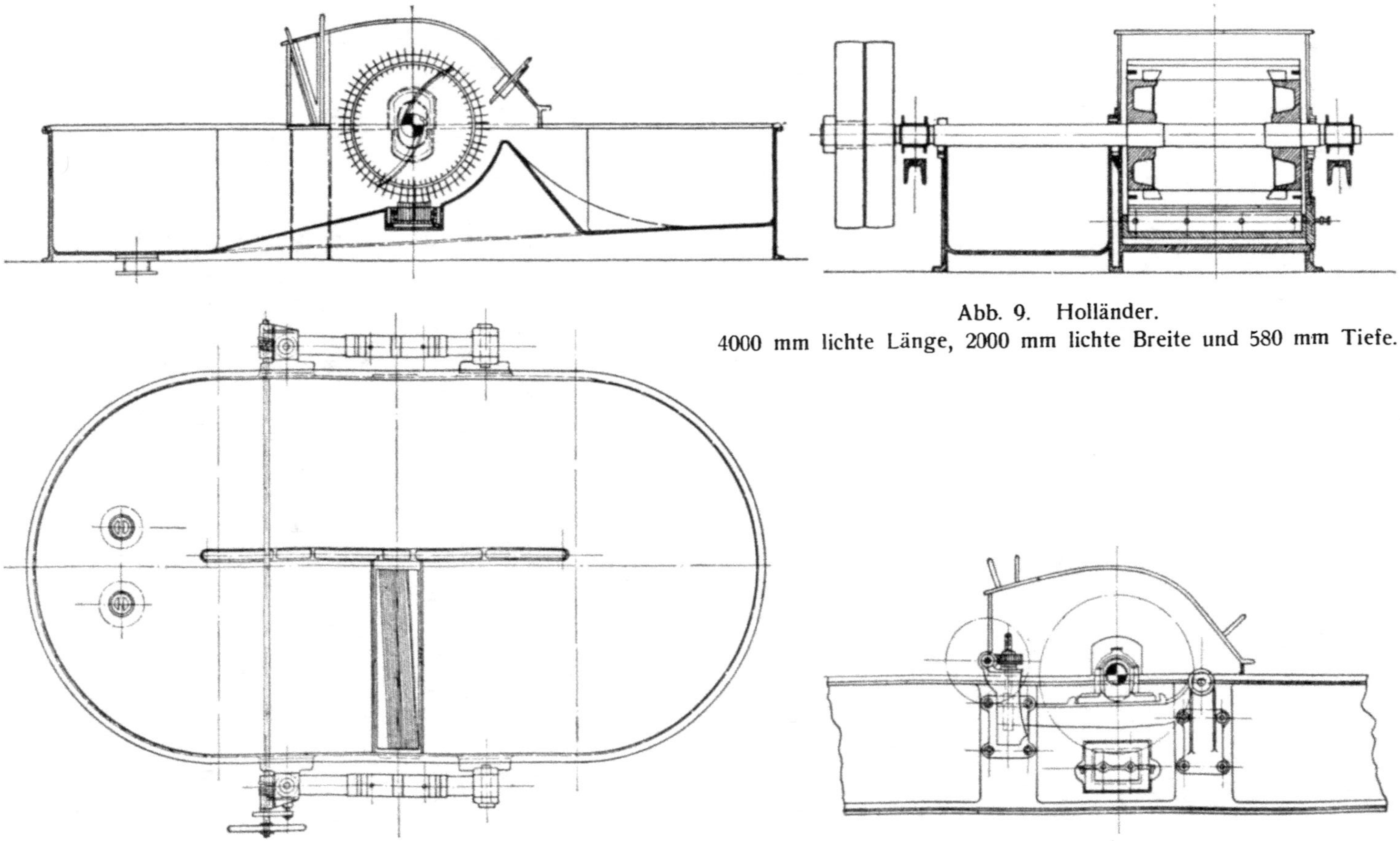

Abb. 9. Holländer.
4000 mm lichte Länge, 2000 mm lichte Breite und 580 mm Tiefe.

Troges, nach den Auslaufventilen bzw. wieder nach dem Grundwerk fließt. Der Stoff macht also einen Kreislauf durch. Bezüglich des Sattels ist noch zu bemerken, daß derselbe in der Regel nicht höher als die Mitte der Holländerachse sein soll. Ist er niedriger, so wird die Geschwindigkeit der Stoffmassen herabgesetzt, ist er höher, so wird durch die Zentrifugalkraft der Walze der Stoff nicht über den Kropf geworfen, vielmehr wird derselbe wieder vor das Grundwerk gelangen, ohne den Sattel überhaupt passiert zu haben. Die Trommelwalze hat die Eigenschaft, durch ihre Rotation und seitliche Abdichtung den Stoff von der tiefsten Stelle im Troge bis zum Grundwerke anzusaugen. Damit durch die Zentrifugalkraft der Holländertrommel der Asbestzement nicht über den Trog herausgeschleudert wird, ist über ihr eine hölzerne Walzenhaube angebracht. Letztere hat eine Scheibe, die mit drilliertem Kupfer-, Bronze- oder Messingsieb Nr. 8 (Spezialsieb) überzogen ist, und welche eine Entwässerung bzw. Eindickung des Holländerinhaltes bezweckt. Durch einen zweiten Schieber (oder Scheibe), der entgegengesetzt dem Entwässerungsschieber und unmittelbar nach dem Sattel in der Haube angebracht ist, kann der von der Walze ausgeworfene Stoff aufgehalten und abgestreift werden. (Siehe Abb. 9.) Dieser Schieber ist verstellbar angeordnet, und man hat es in der Hand, mehr oder weniger stark entwässern zu können. Will man nicht entwässern, so kommt an Stelle der Siebscheibe eine Blindscheibe.

Den Holländerwalzen gibt man zweckmäßig eine Umfangsgeschwindigkeit von $v = 8$ bis 10 m in der Sekunde. Der Kraftbedarf eines solchen Holländers beträgt zirka 12 PS. Der gußeiserne Trog ist innen vollkommen glatt und hat zwecks flotten Zuges große Abrundungen an den Stellen, wo Boden- und Seitenwand zusammenstoßen. Dieser Holländer hat sich für diese Art Stoffverarbeitung sehr gut bewährt. Alle Holländer eignen sich nicht zur Asbestverarbeitung. Die Erfahrungen, welche man z. B. mit Unterlaufholländer gemacht hatte, bedeuten ein Fiasko für dieses System. — Da die Mahlung bei Asbest verhältnismäßig angestrengt vor sich geht, ist es zweckentsprechend, wenn der Riemenzug der Trommel in die Lager fällt, das will heißen, der Antrieb soll von unten oder von der Seite erfolgen, da bei Antrieb von oben eine einseitige Ent- bzw. Belastung der Walze hervorgerufen wird, die ein Warmlaufen der Holländerwalzenachse nicht ausschließt. Der Holländer für die Asbestzementschieferfabrikation hat keinen Nagelfang, da dieser hier zwecklos wäre und sich bald mit Zement angefüllt hätte. Die Stoffgeschwindigkeit im Holländertroge beträgt zirka 8 bis 12 m in der Minute. Neuerdings werden auch Holländertröge aus Eisenbeton hergestellt und innen mit Monier ausgekleidet, und diese sind bei weiten Transporten und hohen Zollspesen vor gußeisernen vorzuziehen, zumal ein Fachmann solche an Ort und Stelle ohne besondere Schwierigkeit leicht ausführen kann. Ein Holländer aus Monier benötigt dann nur die Armatur.

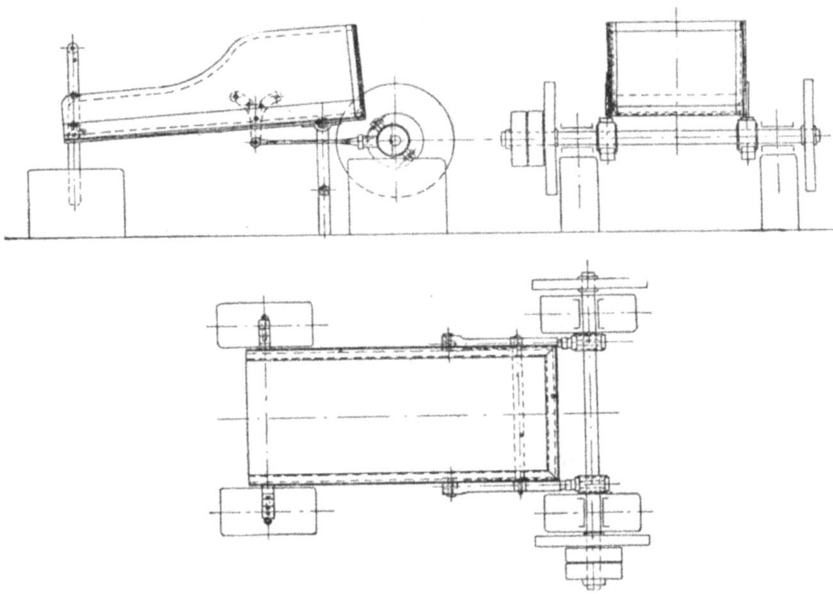

Abb. 10. Zementschüttelsieb mit Verstellbarkeit des Siebes.

Das Schüttelsieb.

Der Zement, welcher vom Zementwerk pulverisiert bezogen wird, hat trotz aller Sorgfalt der Sortierung noch manche Unreinigkeiten, wie Steinchen usw. in sich, die bei der weiteren Verarbeitung den Filztüchern und den Rundsieben der Zweizylindermaschine verhängnisvoll werden könnten. Mit Rücksicht hierauf wird der Portlandzement in einem besonderen Schüttelsieb nochmals gesiebt. Dieses Schüttelsieb befindet sich, wie aus den Tafeln 1 und 2 ersichtlich ist, in der über dem Holländer gelegenen Etage, hier im Erdgeschoß, um so den Holländer von oben selbsttätig beschicken zu können. Das lästige Stauben des Zements wird beseitigt, indem man den Beschickungskanal vom Schüttelsieb geschlossen bis unmittelbar Oberkante des Holländertroges führt. Der gesiebte Stoff fällt auf einer schiefen Ebene und durch sein Eigengewicht in den Beschickungskanal, während die gröberen Bestandteile über das Sieb hinwegrollen und im Dachgeschoß verbleiben. Abb. 10 zeigt einen solchen Zementschüttler in drei Ansichten. Das Sieb wird durch eine Exzenterwelle mit Kniehebelübertragung bewegt und die Welle rotiert mit $n = 140$ Touren in der Minute. Der Kraftbedarf ist äußerst minimal und beträgt kaum 0,50 PS. Das Sieb besteht aus einem perforierten, verzinktem Eisenblech von $1\frac{1}{2}$ mm Dicke, ist 1600 mm lang, 700 mm breit und hat 5 mm Lochweite. Von der Transmissionswelle der Aufbereitungsmaschinen erhält auch das Schüttelsieb seinen Antrieb. Wie aus Abb. 10 ersichtlich ist, hat das Siebblech nach vorne Gefälle. Dieses Gefälle kann an den vorderen Bewegungshebeln durch Schrauben und Schraubenschlitze tiefer oder höher gestellt werden. Diese Schrägstellung des Siebbleches richtet sich nach der Reinheit des Zementes, und es wird Sache des Arbeiters sein, das richtige Stellmaß auszuprobieren. Das Sieb selbst lagert in einem schmiedeeisernen Rahmen, der hinten bei der Zementeintragstelle geschlossen ist. Die hinteren Rahmenteile sind zirka 500 mm hoch, während sie sich nach vorne auf 250 mm verjüngen. Die Exzenterachse ist 70 mm stark und rotiert in Ringschmier- oder Kugellagern von 65 mm Bohrung. Ein gußeisernes starkes Schwungrad dient dazu, die toten Punkte zu überwinden und die Schüttelung gleichmäßig zu gestalten. Der Schüttler hat Fest- und Losriemenscheibe. Je nach den örtlichen Verhältnissen ist das Schüttelsieb auf betonierten oder hölzernen Fußboden zu montieren. In einer Asbestschieferfabrik konnte ich sehen, daß der maschinelle Antrieb des Schüttlers durch Handbetrieb ersetzt wurde, der zweckmäßiger sein soll.

c) Die eigentlichen Fabrikationsmaschinen.

Die Rührbütte.

Ist nun der Holländerinhalt klar gemahlen bzw. gemischt, was gewöhnlich nach einer Stunde geschehen ist, so wird durch starke, über dem Holländer befindliche Röhren Frischwasser und auch evtl. Siebwasser beigegeben. Der Wasserverbrauch bei der Asbestzementschieferfabrikation ist ein großer und man rechnet pro Kilo fertiger Ware zirka 250—300 Liter. Durch Öffnen des an tiefster Stelle im Holländertroge angebrachten Ventiles aus Metall wird nun die Stoffmilch in die zu ebener Erde gelegene Rührbütte abgelassen, wie sie Abb. 11 veranschaulicht. Da der Zement sich gern absetzt, sind Bogenstücke und Winkel in der Rohrleitung soviel als irgend möglich zu vermeiden. Am besten ist es, wenn die Rührbütte direkt unter dem Holländer steht, Rohrleitungen daher nicht benötigt werden, doch man muß sich hier nach den örtlichen Verhältnissen richten. Die Rührbütte ist 3,5 bis 4 m lang, 2 m breit und 2½ m hoch und ist aus 100 bis 150 mm starken Eisenbetonmauern oder auch gewöhnlichem Ziegelmauerwerk von 300 mm Stärke hergestellt. Die Größe der Bütte richtet sich nach dem Holländerinhalt; auf jeden Fall soll diese mindestens vier- bis fünfmal größeres Volumen haben als der Holländer. Der Boden der Bütte hat nach dem Schöpfrad hin 150 bis 200 mm Gefälle (siehe Abb. 11), damit das Schöpfrad die Bütte vollends ausschöpfen kann. Da der schwere Zement das Bestreben hat, sich auf dem Boden niederzuschlagen, muß die Bütte äußerst kräftige Rührwerkzeuge haben. Die Welle wird gewöhnlich mit einem Durchmesser von 100 bis 110 mm ausgeführt. Die auf ihr aufgekeilten zweiteiligen Rührarme sind aus Schmiedeeisen oder Gußeisen und haben schraubenförmige Stellung, so daß die an die Arme verschraubten schmiedeeisernen Latten sich in den Asbestzementstoff leicht durcharbeiten können. Die Welle lagert an den Stirnseiten der Bütte in zweckentsprechend konstruierten gußeisernen Mauerkästen, mit angegossenen Stopfbüchsengehäusen und Lagerkonsolen. Die Schmierung der leicht zugänglichen Fettschmierlager mit Metallbüchse erfolgt jeweils von der Stirnseite aus. Durch das natürliche Gefälle der Butte erhält das Rührwerk konische oder kegelförmige Form. An tiefster Stelle läuft das auf der Rührerwelle aufgekeilte zweiteilige gußeiserne Schöpfrad. Dasselbe besteht aus einem Radkranz, an welchen Lappen gegossen sind, welche die abschraubbaren gußeisernen Schöpfbecher tragen. Die Zahl dieser Schöpfbecher richtet sich nach der auf der Maschine benötigten Stoffwassermenge. Hier genügen 8 bis 10 Stück von je 2 bis 3 Liter Inhalt. Die Form der Schöpfbecher ist derartig getroffen, daß möglichst wenig Stoffwasser während der kreisenden Bewegung des Rades verloren geht. Diese Schöpfbecher fördern nun den Rührbüttenstoff in den zweckentsprechend konstruierten gußeisernen Auslaufkasten, der in Höhe von 1830 mm vom Fußboden in die Stirnwand der Rührbütte eingebaut ist. Um den Stoffaustritt im Auslaufkasten regulieren zu können, hat derselbe einen schmiedeeisernen Schieber,

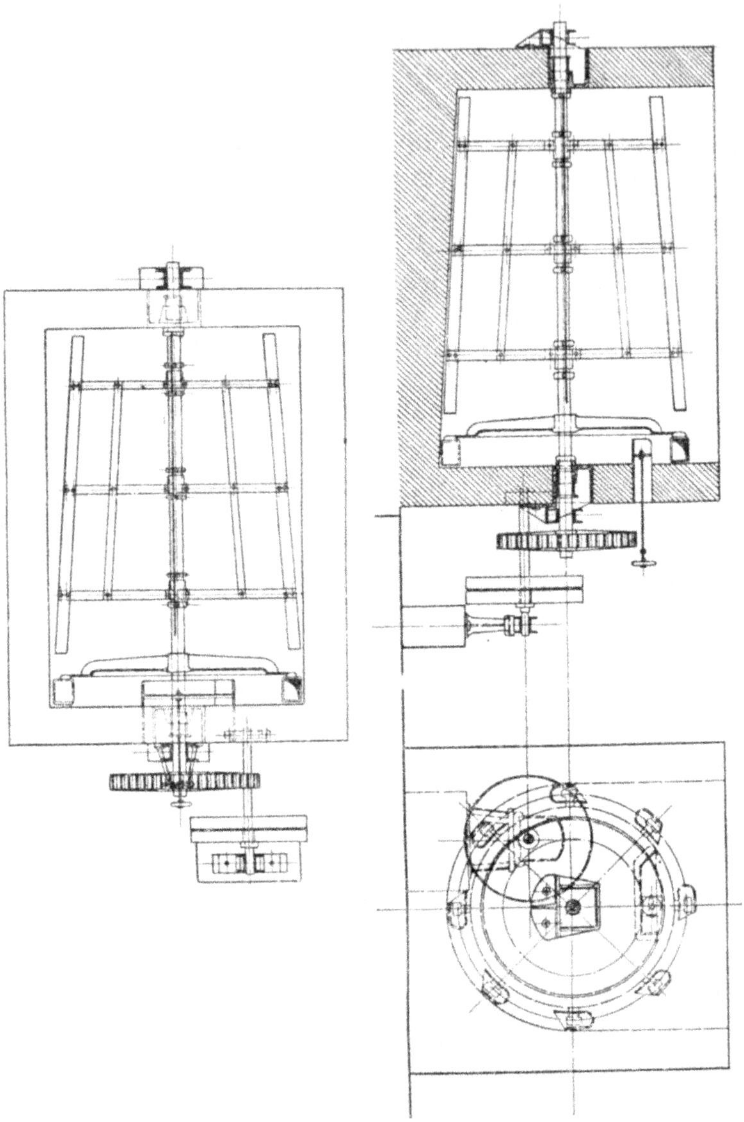

Abb. 11. Rührbütte.
3500 mm lichte Länge, 2000 mm lichte Breite und 2500 mm Tiefe.

der mittels Handrad und Spindel von außen leicht betätigt werden kann. Je nach der Stellung des Schiebers wird viel oder weniger Stoff aus der Bütte ablaufen. Der überschüssige Stoff fällt wieder in die Rührbütte zurück. — Der Antrieb der Stoffrührbütte wird in Tafel 1 und 2 durch ein konisches gußeisernes Räderpaar bewirkt, kann aber, je nach den örtlichen Verhältnissen, durch ein Stirnrädervorgelege erfolgen. Die Rührerwelle rotiert mit $n = 6$ bis 7 Touren minutlich; der Kraftbedarf beträgt 2 bis 3 PS. Damit die Bütte je nach Bedarf gründlich gereinigt werden kann, ist an deren tiefster Stelle ein Rohrstutzen mit Ventilhahn oder mit gewöhnlichem Blindflansch montiert, um das Spülwasser ableiten zu können. Eine jeweilige gründliche Reinigung ist beim Wechseln der Stoffarbe unbedingt vonnöten. — Rührbütten aus Holz oder Eisenblech finden heute im Zeitalter des Eisenbetons keine Anwendung mehr.

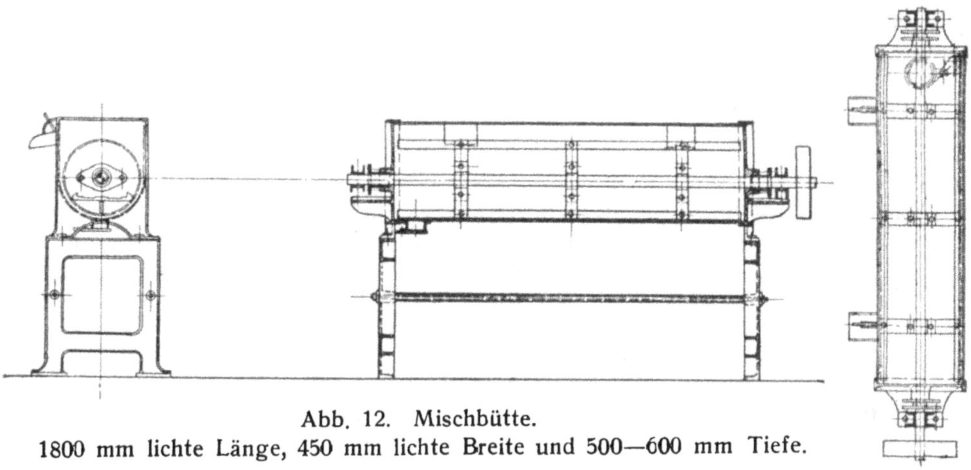

Abb. 12. Mischbütte.
1800 mm lichte Länge, 450 mm lichte Breite und 500—600 mm Tiefe.

Die Mischbütte.

Von der Rührbütte gelangt die Stoffmilch durch einen Kanal von Schmiedeeisenblech in die sogenannte Mischbütte, wie sie Abb. 12 zeigt. Die betreffende Stofflaufrinne muß konische V-Form haben, und zwar oben 150 mm breit mit einer Höhe von 120 mm. Um einen flotten Abzug zu erzielen, müssen alle Zulaufkanäle natürliches Gefälle haben. Wegen der Gefahr der Zementerhärtung sollen diese Rinnen ohne Ausnahme aus Schmiedeeisenblech von 2 mm Stärke hergestellt sein. Die Auslaufkanäle von der Mischbütte nach den Rundsiebzylinderkästen sind von viereckigem □ Querschnitt, und zwar mit Rücksicht auf Biegungen, die je nach den örtlichen Verhältnissen bei diesen Zulaufrinnen sich notwendig machen. Die Mischbütte steht zirka 250 bis 300 mm tiefer als der Auslauf der Rührbütte, damit der Stoff ersterer leicht und flott zufließen kann. Die Mischbütte dient dazu, den Zement mit dem Asbest vor unmittelbarem Eintritt in die Zylinderkästen nochmals intensiv zu mischen. Es gibt Werke, die auch ohne Mischbütte arbeiten, dann muß aber der Stoffzulauf zwischen Rührbütte und der eigentlichen Asbestzementschiefermaschine recht kurz sein, um etwaige Ablagerstellen des Zements zu verhüten. Die Mischbütte besteht aus einem halbrunden geschlossenen Trog aus Eisenblech von 1800 mm Länge, 450 mm Breite, zirka 500 bis 600 mm Höhe und 3 mm Blechstärke. Das Bodenblech ist auf beiden Enden in gußeisernen Stirnwänden befestigt und durch besondere Winkeleisen oben versteift. Im Troge rotiert mit $n = 50$ bis 70 Touren ein Rührer mit 65 mm starker schmiedeeiserner Welle. An die drei schmiedeeisernen vierarmigen Kreuze sind die schmiedeeisernen Rührerlatten verschraubt. Der Abstand zwischen Rührerlatten und Trogboden soll nicht mehr als höchstens 3 mm betragen, um der Mischung nirgends Gelegenheit zum Absetzen zu geben. Die Stirnwände haben angegossene Grundbüchsen mit gut eingepaßten metallenen Stopfbüchsen. Ebenfalls an die Stirnwände angegossene Lagerkonsolen dienen zur Aufnahme der Stehlager. Das ganze ist auf zwei gußeisernen Untergestellen (siehe Abb. 12) von je 700 bis 800 mm Höhe montiert und durch Gasrohrtraversen versteift. Da die Asbestzementschiefermaschine System Hatschek mit zwei Rundsieben arbeitet, daher jeder Siebzylinder eine besondere Stoffzuführung erhalten muß, hat die Mischbütte in der Oberkante je zwei Einschnitte von 200 m Tiefe, die als Auslauföffnungen dienen. Der Asbestzementbrei muß also in der Mischbütte recht hoch stehen, um ablaufen zu können. Die Auslauföffnungen können durch je eine in vertikaler Ebene bewegliche schmiedeeiserne Drosselklappe geöffnet oder geschlossen werden. Die Klappen dienen insbesondere dazu, den Stoffaustritt zu regulieren, und hat man ein für die Asbestzementschiefermaschine günstiges Quantum ausprobiert, so kann die Drosselklappe in der betreffenden Lage durch eine Stellschraube in einem zweckentsprechend geformten Bügel mit Schlitz festgeschraubt werden. Um die Mischbütte im Bedarfsfalle vollständig entleeren zu können, befindet sich unten, außerhalb des Trogbodens ein gußeiserner, verschließbarer kleiner Stutzen, der während des Betriebes durch Stellschraube fest verschlossen ist. Viele Betriebe setzen das Wasser zur Verdünnung des Stoffes erst in der Mischbütte bei. Dieses Verdünnungswasser ist in der Regel das Abfallwasser der beiden Filter, das ununterbrochen der Mischbütte zugeleitet wird. Das überschüssige Wasser fließt durch ein besonderes Überlaufrohr wieder der Siebwasserpumpe zu, macht somit einen Kreislauf. Durch diese Anordnung wird an Fabrikationswasser gespart.

Die Rundsiebmaschine.

(Konstruktion und Bedienung.)

Wie oben erwähnt, gelangt der in der Mischbütte nochmals intensiv gemischte Asbestzementstoff durch natürliches Gefälle vermittels der konischen Blechkanäle auf die eigentliche Asbestzementschiefermaschine, die wie auch ihre Hilfsmaschinen von dem auf dem Holländerboden befindlichen Elektromotor angetrieben wird (siehe Tafel 1 u. 2). Diese Asbestzementplattenmaschine ist eine zweizylindrige Rundsiebmaschine, im Prinzip derjenigen der Asbestpapier- und Pappenfabrikation gleich, jedoch hat dieselbe diverse konstruktive Änderungen, die äußerlich nicht wesentlich auffallen, für die richtige Arbeitsweise aber von ausschlaggebender Bedeutung sind. Auf dieser Maschine können in zwölf Arbeitsstunden 1500 bis 1800 qm Asbestzementschieferplatten in Stärke von 3½ bis 4 mm hergestellt werden. Aus Abb. 13 (Tafel III) ist eine Zementasbestmaschine modernster und bestbewährtester Art zu ersehen, wie sie die Firma C. Joachim & Sohn in Schweinfurt a. M. auf den Markt bringt. Besonders erwähnt sei, daß von dieser Maschine die Arbeitsweise und der Ausfall des fertigen Produktes abhängig ist, und es hat langer und kostspieliger Versuche bedurft, bis man endlich soweit war, um anstandslose Platten zu erzeugen. Diverse Konstruktionsänderungen an der Maschine und zum Teil auch die Stoffmischung sind heute noch von vielen Fabriken ängstlich gehütete Geheimnisse, trotzdem das Prinzip bleibt. Wir gehen auf den Fabrikationsgang und Beschreibung der Maschine ein.

Die Asbestzementschiefermaschine besteht aus drei Abteilungen, und zwar einer Sieb-, Sauger- und Naßpreßpartie. Die Siebpartie gliedert sich in zwei Kästen mit zwei rotierenden Rundsiebzylindern. Diese Rundsiebzylinder sind die Seele der Asbestzementmaschine, und ist weiter unten der bestbewährten Konstruktion eingehend Würdigung getan. — Die Kästen bestehen aus je zwei gußeisernen mit schmiedeeisernen Rohrtraversen verbundenen Seitenwänden, an welche die sogenannten gußeisernen Auslaufkästen *d* verschraubt sind. Der Trog, welcher zwischen den Seitenwänden liegt, ist aus 3 mm starkem Eisenblech. Damit der in diese Kästen von der Mischbütte geleitete Asbestzementstoff sich nicht am Boden ablagern kann, sind im Troge (links und rechts vom Siebzylinder) zwei Rührer *c* montiert, die mit $n = 120$ Touren minutlich rotieren. Die Rührer sind durch jeweiliges Abschrauben der gußeisernen Stopfbüchsendeckel seitlich leicht herausnehmbar. Damit die metallenen Stopf- und Grundbüchsen (die im übrigen auch aus Gußeisen sein können) der Deckel entlastet werden und weniger früh auslaufen, sind die Rührerwellen beidseitig der Zylinderkästen in besonderen Lagerböckchen gelagert. Die Rührerwellen nützen sich an den Lagerstellen verhältnismäßig rasch ab, und damit nun diese ersteren nicht vollständig erneuert werden müssen, hat man die Wellen an den Abnützungsstellen mit gußeisernen gedrehten Büchsen überzogen, so daß man nur diese zu erneuern braucht. Die Rührer haben je zwei schmiedeeiserne vierarmige Kreuze, an welche die schmiedeeisernen Rührerplatten verschraubt sind. Die Rührer erhalten ihren Antrieb durch Ketten und Kettenräder. Die Siebzylinder *d* und d_1 sind entweder außen oder innen am Zylinderkasten in Metall- oder Pockholzlagern, Fettschmier- oder Kugellagern leicht beweglich gelagert. Auf den Siebzylindern ruhen die aus Rotbuchenholz bestehenden Abgautschwalzen *e* und e_1, die zur besseren Erfüllung ihres Zweckes mit Filz umwickelt sind. Diese Gautschwalzen sind in horizontaler Ebene verschiebbar und in gußeisernen Lagern mit auswechselbaren Metallbüchsen gelagert. Die Lager sind in schmiedeeisernen Hebeln seitlich geführt. Zwischen Gautschwalze und Siebzylinder ist der Transportfilz *f*, der von der Preßpartie aus in Bewegung gesetzt wird und durch die Reibung (bzw. Druck des Eigengewichtes der Gautschwalzen) die Siebzylinder in Drehung versetzt. Der Asbestzement tritt also durch die schmiedeeisernen Laufzungen *g* und g_1 in die Zylinderkästen. Damit die Stoffmilch nicht direkt auf den jeweiligen Siebzylinder hereinfällt, ist zwischen dem Einlauf und dem Zylinder eine hölzerne Scheidewand *h* eingebaut. Sobald nun der Stoff (Asbestzement) im Kasten so hoch gestiegen ist, daß er den mit $v = 18$ bis 35 m minutlich rotierenden Siebzylinder berührt, bzw. dieser letztere im Stoffe watet, wird durch die Niveaudifferenz, die zwischen dem jeweiligen Stoffstand im Kasten in den seitlichen Auslaufkästen besteht, ein flotter Abzug hervorgerufen. Es muß also das Stoffwasser zwangsweise durch die

Mäntel der Siebzylinder hindurchdringen, um zum seitlichen Auslauf zu gelangen, von welchem das sogenannte Sieb- oder Abwasser in dem im Fundament unter der Maschine betonierten Kanal läuft, um dann von der Siebwasserpumpe zur Wiederverwertung aufgenommen zu werden. Nun sind aber die Rundsiebzylinder mit feinen Metallsieben überzogen, d. h. der Zylindermantel ist ein Sieb, und werden somit die mit dem Zement innig verbundenen Asbestfasern in den Maschen dieser Siebe hängen bleiben, während nur das Wasser durch die Siebzylinder abströmen kann. So bildet sich die für das Rundsieb charakteristische Stoffschicht. Das jeweilig rotierende Sieb trägt nun diese Stoffschicht bis zu der Stelle, wo die Gautschwalze den Transportfilz auf den Rundsiebzylinder drückt. Die Folge ist nun, daß durch die größeren Auflageflächen bzw. der größeren Adhäsion des Filzes zum Stoff im Gegensatz zum Sieb die Asbestzementbahn vom Filze aufgenommen wird. Damit nun die Abgautschung so vollkommen als nur möglich vor sich geht, werden die Abgautschwalzen durch gußeiserne Gewichte belastet (siehe Abb. 13 — Taf. III). Der Fabrikationsgang ist also bei beiden Siebzylindern der gleiche. Es bilden sich durch die Hintereinanderschaltung der zwei Rundsiebe zwei Stofflagen. Ich will jedoch an dieser Stelle ausdrücklich bemerken, daß die Praxis gezeigt hat, daß drei oder mehr Rundsiebe nicht kombiniert werden können — wie dies z. B. in der Papier- und Pappenfabrikation der Fall ist, — da die schweren Stofflagen am Transportfilze zur Übertragung nach dem dritten Zylinder nicht mehr halten würden.

Mit Rücksicht auf eine gute Verfilzung der Stofflagen haben die beiden Abgautschwalzen verschiedene Größen, und zwar hat die Abgautschwalze beim ersten Zylinder 250 mm Durchmesser, beim zweiten und letzten Zylinder 300 mm, das will nun besagen, daß der Gautschwalzendruck und dessen Fläche beim zweiten Zylinder naturgemäß größer sein müssen als beim ersten Rundsieb. — Das von den Gautschwalzen ablaufende Rundsiebstück ist nach obiger Beschreibung ohne Stoffschicht. Durch den großen Druck, welchen die Gautschwalze auf das Rundsieb ausübt, kommt es aber vor, daß Asbestfasern in die Maschen des Siebes gewaltsam eingedrückt werden und dann haften bleiben, welche einer neuen Stoffbildung bezüglich der Egalität ihrer Oberfläche hinderlich werden können. Um nun eine Reinigung in der Laufbahn des Siebes von der Gautschwalze ab zu erzielen, ist an geeigneter Stelle in der Kastenwand ein kupfernes, sich hin- und herbewegliches Spritzrohr *i* montiert, das eine gute Spülung des blanklaufenden Siebes auch vom Zement hervorruft. Die Bewegung der Spritzrohre wird durch je eine einseitig unegale gußeiserne Scheibe, die auf einer der Rührerwellen aufgekeilt ist, betätigt. Zur gründlichen Reinigeng der Zylinderkästen ist in jedem Trog an tiefster Stelle ein Ventil montiert, das durch Hebelgewicht von außen geöffnet oder geschlossen werden kann. Damit an den beiden Stirnseiten der rotierenden Siebzylinder und den feststehenden, an die Seitenwände innen verschraubten Gußringe kein Stoffwasser durchdringen kann, sind diese Zwischenräume durch je ein messingenes Dichtungsband blind gemacht. Diese messingenen Dichtungsbänder schließen mit den Zylinder- und Kastenringen hermetisch ab. Der Nachteil dieser Dichtungsbänder liegt darin, daß bei zu starkem Anzug derselben der rotierende Siebzylinder abgebremst wird. Um bei geringerem Anzug eine gute Abdichtung zu erzielen, werden vielerorts die Messingbänder mit Filztuch umkleidet.

Wie oben schon erwähnt, wirken die Gautschwalzen mit starkem Drucke auf die Siebzylinder ein. Dieser Druck ruft nun bei sonntäglichem Stillstand eine einseitige Belastung der Siebzylinder hervor, und die Folge ist, daß der oder die Zylinder bei Wiederinbetriebsetzung unrund laufen, was einem ungleich dicken Fabrikat gleichkommt. Zur Verhütung dieses Übelstandes und vor allem auch mit Rücksicht darauf, daß die Zylinder zur gründlichen Waschung leicht herausnehmbar sein müssen, hat man die schmiedeeisernen Führungshebel der Abgautschwalze auf zwei U-Eisen *k* montiert, die am einen Ende in je einem schmiedeeisernen Zapfen drehbar gelagert sind. — Über der Siebpartie an der Decke des Gebäudes ist eine Winde angebracht, mittels welcher nun die U-Eisen und mit ihnen die Gautschwalzen hochgezogen und somit die Zylinder entlastet werden können (siehe Tafel I). Über die Siebzylinderauswechslung und Waschung sei weiter unten berichtet, und wir folgen nun dem Fabrikationsgange der Platten wieder.

Der Transportfilz *f* trägt die beiden von den Siebzylindern abgenommenen Stofflagen mit Hilfe der hölzernen Filzleitwalzen nach der Saugerpartie. Diese Saugerpartie besteht im wesentlichen aus einem gußeisernen Trog, welcher in der Mitte am Boden eine Öffnung hat. Durch eine schmiedeeiserne Rohrleitung ist der Innenraum des Saugertroges mit der dreizylindrigen

Saugerpumpe verbunden. Zwecks Erzielung eines besseren Vakuums in diesem Raum ist der Trog oben mit einer perforierten stählernen Saugerplatte verschlossen. Bei jeweiligem Filzwechsel muß der Saugerkasten, der, wie aus Abb. 13 (Tafel III) ersichtlich ist, im Filze liegt, immer demontiert werden. Es ist daher der Sauger derartig zweckmäßig zwischen beiden gußeisernen Gestellen zu befestigen, daß die Saugerplatte die genaue Parallelstellung zum Filze wieder einnimmt. Der Sauger hat den Zweck, eine bessere Entwässerung der Stoffbahn herbeizuführen. Daß dies durch diese Vorrichtung erreicht wird, ist zweifelsohne, jedoch ist nicht zu verkennen, daß diese auf der anderen Seite wieder Nachteile hat, welche hier nicht gering zu veranschlagen sind. Abgesehen davon, daß durch die starke Ansaugung des Filzes auf der Saugerplatte eine Bremsung des Filzes und somit der Maschine hervorgerufen wird, die in erhöhtem Kraftaufwand sich geltend macht, besteht der weit größere Nachteil darin, daß die Saugerpumpe den Zement durch den Filz hindurch abzieht, wodurch die Qualität des fertigen Produktes in der Festigkeit beeinträchtigt wird. Durch die Bremsung des Filzes auf der Saugeplatte wird aber auch der Filz stark gescheuert und abgenützt. Es gibt daher Fabriken genug, die ohne Saugerpartie arbeiten und lieber den Nachteil der längeren Trockenbehandlung der Platten mit in den Kauf nehmen, als ihn auf das Konto der Qualität der Ware schreiben zu müssen. Ferner ist zu berücksichtigen, daß durch die starke Reibung des Filzes auf der schmiedeeisernen Saugerplatte eine frühere Abnützung des Filzes verursacht wird, da die Wolle gewaltsamer Abscherrung unterworfen ist. Einen Vorteil haben meines Erachtens die Sauger namentlich in Fabriken, die ohne hydraulische Nachpressung der Platten arbeiten, vielmehr die Schieferplatten von der Formatwalze abgenommen durch Lufttrocknung fertigstellen und somit den Fabrikationsgang beenden.

Von der Saugerpartie gelangt nun die Stoffbahn auf dem Transportfilze nach der Naßpartie, bzw. zwischen gußeiserne Preß- und Formatwalze und wird von der letzteren durch die größere Adhäsion des Stoffes zur Formatwalzenfläche aufgenommen und somit aufgewickelt. Der leerlaufende Transportfilz geht nun mit Unterführung zurück zum ersten Rundsiebzylinder, um seine Tätigkeit von neuem zu beginnen. Der Arbeitsvorgang ist somit kontinuierlich. Die erste Etappe der Asbestzementerzeugung ist bei der Formatwalze beendet. — Wie der

Name schon sagt, bestimmt diese Walze das jeweils gewünschte Format. Größere Walzen geben größere Formate als kleinere. Auf der Oberfläche des Walzenmantels befinden sich je nach Wunsch eine oder zwei 4 mm tiefe und breite Nuten, welche das besondere Format bestimmen. Nach einmaliger Rotation der Walze ist die Asbestzementschicht geschlossen, und zwar in der Stärke der beiden von den Siebzylindern abgegautschten Lagen. Da jedoch mit einmaliger Rotation die verlangte Dicke der Asbestzementplatte nicht erreicht wird, ist es Sache des Führers, die Walze mehrere Male (6 bis 15mal) rotieren zu lassen; es entstehen dann mehrlagige Stoffschichten, d. h. dickere Platten. Man kann also auf der Rundsiebmaschine dicke und dünne Asbestzementschieferplatten herstellen. Ein sogenannter Signalapparat, der aus einer gußeisernen Friktionsscheibe besteht, die durch die auf der Formatwalze befindliche Stoffschicht bei der erreichten Stoffdicke in Bewegung gesetzt wird und dann ein Läutewerk betätigt, zeigt dem Maschinenführer an, daß nunmehr die Platte abgenommen werden muß. Mittels eines Beinmessers fährt nun der Führer längs der Nut entlang, teilt also die Stoffschicht und nimmt sie mit dem Gehilfen ab, um sie dann auf den in der Verlängerung der Maschine errichteten hölzernen Ablegetisch niederzulegen. Nach dem jeweiligen Format sind die Dimensionen der Ablegetische zu bestimmen. Die Abnahme der Platte von der Formatwalze muß vorsichtig geschehen, da der Asbestzementlappen recht schwer ist und durch sein großes Eigengewicht auseinander zu reißen droht. Will man ein doppelt so großes Format arbeiten, so ist die eine Teilnut durch Ausgießen mit Blei blind zu machen, für andere Maße sind neue Formatwalzen anzuschaffen, die leicht ausgewechselt werden können, ohne große Betriebsstörung zu verursachen. Soweit die Beschreibung des Fabrikationsvorganges, der somit im großen ganzen beendigt ist.

Zwecks sachgemäßer Bedienung der Maschine ist es jedoch notwendig, auch der Naßpreßpartie eingehendere Beachtung zu schenken. Beginnen wir mit der Formatwalze. Diese besteht aus einem gußeisernen Hohlzylinder mit seitlichen Armkreuzen mit Nabe und einer durchgehenden schmiedeeisernen Achse, die in den Schiebelagern ruht. Um Unfälle zu verhüten, sind die seitlichen Öffnungen der Walze mit Schwarzblech blind gemacht. Die Walze ist sauber gedreht und geschliffen und ist zum Zwecke des Nichtrostens mit einem künstlichen Rostschutzmittel imprägniert, das wegen seiner leichten Herstellung besonderer Erwähnung bedarf, zumal die später genannten Preßbleche, welche mit dieser Lösung behandelt werden, ebenfalls äußerst gute Dienste leisten. Das Rezept dieses künstlichen Rostes ist folgendes: Auf 1 Liter Regenwasser kommen 25 g Quecksilbersublimat, 10 bis 15 g Kupfervitriol, 25 bis 30 g Eisenchlorid, 20 g Salpetersäure und 10 bis 15 g Alkohol (35 %). — Bei großen Formatwalzen ist die Gefahr vorhanden, daß durch das Eigengewicht der Stofflagen diese von der Mantelfläche sich loslösen. Um dies zu verhindern, hat die Walze oben eine gußeiserne Anpreßwalze. Damit diese jedoch nicht auch die Stoffschicht aufnimmt, läßt man sie nur mit zwei seitlich erhöhten Bunden auf der Stoffschicht bzw. Formatwalze abrollen. Wird diese Anpreßwalze bei kleineren Formatwalzen nicht benötigt, so kann man sie ausheben und auf der besonderen am Pressengestell angegossenen Aushebekonsole lagern. Die Formatwalze ist — wie oben bereits erwähnt — in zwei Schiebelagern geführt, die wiederum im Pressengestell gleiten, und da die Walze leicht auswechselbar sein muß, um beim Formatwechsel einer anderen Platz zu machen, sind die Lager mit leicht auswechselbaren Metallbüchsen versehen, welche es ermöglichen, die Formatwalze augenblicklich frei zu bekommen. In dem Moment, wo die Platte abgenommen wird, fällt die Formatwalze auf die unter ihr liegende Preß- oder Brustwalze, um den vom Transportfilz neu zugeführten Stoff sofort wieder aufzunehmen. Der Schlag, der durch diesen Fall entsteht, wird aufgefangen durch Öl-, Gummi- oder Luftpuffer, die unmittelbar unter den Formatwalzenlagern ebenfalls verschiebbar montiert und mit diesen stabil verbunden sind. Durch eine jeweils seitliche Hebel- und Gewichtsbelastung, die durch gußeiserne Handräder reguliert werden kann, wird der Formatwalzendruck zur besseren Entwässerung der Asbestzementplatte erhöht. Der Trockengehalt der von der Formatwalze abgenommenen Platte beträgt zirka 70 % bei Saugerbenutzung, ohne Sauger vielleicht 50 bis 60 %; hiervon gehen beim Abbinden und Lagern nur zirka 15 % Wasser weg. Die anderen zirka 15 % bleiben mit dem Zement als Silikate gebunden. Das Produktionsergebnis ist gewichtsprozentual um zirka 15 % höher als der Verbrauch an Rohmaterialien. Unter der hydraulischen Presse werden je nach Druck zirka 10 bis 15 % Wasser entfernt. Ein Quadratzentimeter soll 300 kg Druck erhalten.

Fahren wir in der Beschreibung des Fabrikationsganges bzw. der Konstruktion weiter. Die Preßwalze, welche unter der Formatwalze in feststehenden Lagern montiert ist, trägt den Antrieb für die ganze Rundsiebmaschine (siehe Abb. 13, Tafel III). Der zwischen Format- und Preßwalze befindliche Transportfilz wird durch den Druck der Formatwalze mit der gleichen Geschwindigkeit der Preßwalze in Bewegung gesetzt und dieser Naßfilz überträgt seine Bewegung auf die Rundsiebzylinder. Die Führung des Filzes erfolgt durch Filzleitwalzen. Diese letzteren sind aus Fichten- oder Kiefernholz hergestellt und haben durchgehende schmiedeeiserne Achsen. Damit der Filz reguliert werden kann, d. h. um einem evtl. seitlichen Verlaufen zu steuern, ist bei der Rückführung des Filzes eine besondere Filzregulierung eingebaut, die aus Walze, verschiebbaren Lagern, Spindeln und Handrädern besteht. Wo der geeignetste Platz dieser Regulierung in der Maschine ist, darüber ist in der Praxis schon viel gestritten worden und gehen hierüber die Ansichten heute noch auseinander. Zweifelsohne ist von der richtigen Montage dieser Regulierung, wie auch von der Lage der nachbeschriebenen Filzspannung die Laufdauer des Naßfilzes abhängig. Bequeme und freie Führung sowie sachgemäße Regulierung sind für dauernd guten Lauf des Filzes von besonderer Wichtigkeit; hauptsächlich kommt es darauf an, wo und wie und unter was für einem Winkel die Regulierung vor sich geht. Diese letztere muß dort eingebaut sein, wo sie der Bedienung leicht zugänglich ist. Auch muß dieselbe unabhängig von der Filzspannung angelegt werden, damit der Regulierwinkel beim Spannen oder Erweitern des Filzes unbeeinflußt bleibt. Besonders zu bemerken ist, daß es nicht gerade vorteilhaft ist, wenn die Regulierung unmittelbar vor Einlauf des Filzes zwischen Format- und Preßwalze sitzt, da sich hier jedes Verlaufen des Filzes direkt auf die Stoffbahn der Formatwalze überträgt und an den Rändern unegale Stofflagen bildet. Es ist unbegreiflich, weshalb heute noch viele Leute absichtlich darauf bestehen, daß gerade die Regulierung vor der Formatwalze angebracht sein soll, zumal obige Gründe doch sachlich dagegen sprechen. In Abb. 13 (Tafel III) ist die Regulierung auf Wunsch des Werkführers an der beanstandeten Stelle verschraubt. Eine altbekannte Regel für die Leitung der Transportfilze lautet, daß die Regulierwalze mit dem Filze zu verschieben ist, wenn der Filz vorwärts, d. h. nach dem Standort des Regulierenden, also im allgemeinen der Führerseite zu gelaufen kommt, und umgekehrt ist die Walze dem Filze entgegen zu bewegen, wenn dieser nach hinten läuft. Es ist solange zu regulieren, bis die Filzbahn in der Mitte geht und sich hier hält, ohne nach der einen oder anderen Seite abzulaufen. Die Regulierwalze wirkt um so schneller, je spitzer der Winkel ist, in welchem der Filz darüber läuft. Je mehr sich dieser Winkel 180° nähert, um so langsamer folgt der Filz der Regulierung. Es ist nicht ratsam, den Winkel spitzer als 90° und stumpfer als 135° zu wählen. Innerhalb dieser Grenzen wirkt die Regulierung am besten, jedoch muß das Filztuch richtig eingespannt sein, was aus der Filznaht zu ersehen ist. Diese letztere soll entweder eine gerade Linie bilden, oder beidseitig gleichmäßig zurückbleiben. Da sich der Transportfilz nach und nach in der Längsrichtung streckt, sich also verlängert und locker wird, ist an geeigneter Stelle im Maschinengestell die Filzspannung montiert, die es ermöglicht, den Filz nachzuspannen. Damit der Filz in seiner Breite nicht zu sehr eingeht, vielmehr beständig auseinandergespannt wird, benutzt man gewöhnlich eine Schraubenwalze, die als Filzleitwalze der Maschine eingebaut ist. Die Windungen dieser Walze, die aus Seilen oder dickem Kupferdraht bestehen können, gehen von der Mitte aus in Rechts- und Linksdrehung nach beiden Enden der Walze. Nach der Regulierung passiert der Filz die Spannung. Diese letztere besteht aus Walze, verschiebbaren Lagersupporten, Spindeln und Handrädern. In der Maschine Abb. 13 (Tafel III) sind die Spindeln in das Maschinengestell derartig eingebaut, daß das Filztuchwasser nicht an dieselben gelangen kann, somit ein Rosten der Spindeln ausgeschlossen ist. Im Gegensatze zu der Regulierung muß der Filz die Spannung unter möglichst spitzem Winkel passieren. Unter keinen Umständen gehe man über 100° hinaus, da die Spannung dann nicht nur zur Geltung, sondern ein gewaltsames Zerreißen des Filzes im Gefolge haben wird. Nach der Spannwalze passiert der Filz die sogenannte Filzwäsche, eine Vorrichtung, die besonders wichtige Dienste leistet. Sie besteht aus einem besonders angetriebenen Filzschläger, welcher den Filz peitscht; der Schläger rotiert mit $n = 120$ bis 130 Touren minutlich. Die Schlägerlatten sind aus Holz und mit Messingblech umkleidet, um die durch Reibung am Filze entstehende Abnützung soviel als nur möglich zu verringern. Es ist erklärlich, daß je näher das Filztuch am Schläger liegt, um so stärker und größer die Abnutzung ist. Um nun die betreffende Distanz regulieren zu können, ist unten im Gestell verkleidet (in Verlängerung der Spannungsspindeln) eine besondere durch Handrad und Spindel regulierbare Filzleitwalze angebracht. Der Zweck der Filzwäsche ist, vor Eintritt des Transportfilzes auf die Rundsiebzylinder denselben von allen Unreinigkeiten, so namentlich Zement zu säubern, um nachher gut aufnahmefähig zu sein, d. h. die Stoffbahn abzugautschen und das Wasser, welches abgegautscht wird, durch seine Poren zu lassen. Auf beiden Seiten des Filzes (links und rechts), unterhalb und oberhalb des Filzschlägers, ist je ein kupfernes Spritzrohr, welche unter Druck von 1 bis 1½ Atmosphären reines Wasser auf den Filz spritzen. Die Spritzrichtung der Wasserstrahlen soll entgegengesetzt der Laufrichtung des Filzes sein, um gut in die Maschen des Filzes eindringen zu können. Die Wollfasern richten sich dann auf und das Spritzwasser schwemmt den Zement, der unter demselben sich angesammelt hat, heraus. Die beiden Spritzrohe sollen eine Lochung von 1 bis 1,25 mm und die Löcher je einen Abstand von 15 bis 20 mm haben. Diese Rohre benötigen bei der Arbeitsbreite der Maschine von 1300 mm pro Spritzloch und Minute zirka 2 Liter Wasser, das sind $1300:20 = 65 \times 2 = 130 \times 2 = 260$ Liter minutlich. Die Filzschläger-Spritzrohre müssen alle 1½ bis 2 Stunden durch eine Zylinderbürste aus Kupferdrähten gereinigt werden und ist nicht zu versäumen, diese jeden Tag mit Dampf auszublasen, da mineralische Bestandteile, die im Frischwasser enthalten sind, die kleinen Spritzöffnungen verstopfen und so die Waschung beeinträchtigen würden. Die beiden Spritzrohre an den Rundsiebzylindern mit einer Lochung von etwa ¾ mm und einem Lochabstand von 20 mm, benötigen pro Loch und Minute 1 Liter Wasser, das sind $1300:20 = 65 \times 2 = 130$ Liter minutlich. Diese Wassermenge bleibt zum Teil im Zylinderkasten, d. h. vermengt sich mit dem Siebwasser und fließt seitlich ab.

Der Filzschläger peitscht den Filz unter Einwirkung des Spritzwassers. Damit nun durch diese Peitschung das Wasser nicht seitlich herausgeschleudert wird, sind beidseitig des Gestelles gußeiserne Schutzplatten angebracht, die zugleich zur Lagerung der beiden Spritzrohre dienen. Vor unmittelbarem Eintreten des Filzes auf den ersten Rundsiebzylinder passiert dieser zwecks guter Entwässerung eine sogenannte Filzpresse, die aus zwei Walzen aus Gußeisen oder patentgeschweißten schmiedeeisernen

Rohren besteht, deren obere Walze Hebel- und Gewichtsbelastung hat.

Als Transport- bzw. Naßfilze kommen hier nur erstklassige Qualitäten in Frage. Diese müssen gut wasserdurchlässig sein, aber festes Gewebe haben; denn die im Asbest und auch teilweise im Zement vorkommenden groben harten Teilchen ruinieren feinere Filze sehr rasch. Ein guter Filz soll mindestens eine Lebensdauer von einer Woche haben. Die Firma Hutter & Schrantz in Wien hat mit der Zeit einen Spezialfilz unter der Berücksichtigung der eigenartigen Stoffmischung hergestellt, der ganz besonders für die Asbestzementschiefererzeugung vorteilhaft ist. Bei Bestellung der Filze sind die Maße des Filzes in kürzest und in längst gespanntem Zustande, ebenso die Körperlänge der Filzleitwalzen und der Preßwalze anzugeben, da die Filztuchfabrikanten sich bei Anfertigung der Filze besonderer Formeln bedienen, die dem Schwindmaß des Filzes Rechnung tragen.

Ich komme nun nochmals auf die Siebpartie zu sprechen. Wie aus Abb. 13 (Tafel III) zu ersehen ist, steht der zweite Rundsiebzylinder tiefer als der erste. Dies hat seine Begründung darin, daß durch diese Anordnung ein besserer Abfluß des von der Gautschwalze abgegautschten Wassers herbeigeführt wird, d. h. das Abgautschwasser fließt durch das natürliche Gefälle, welches die schiefe Laufbahn des Filzes ihm gibt, flott ab. Wären die Siebzylinder in gleicher Höhe montiert, so würde die Filzbahn vom ersten nach dem zweiten Zylinder ansteigen, das Abgautschwasser würde beim ersten Siebzylinder nicht nach vorn, sondern nach hinten resp. unter die Gautschwalze laufen und würde hier die Stoffaufnahme stark beeinträchtigen, durch gewaltsames Auseinanderdrücken derselben. Die Zylinderkastenwände sind aus einem Stück gegossen und haben in der Mitte große und tiefe Aussparungen, in welche die Auslaufkästen passen. Dem Siebwasserablaufe dürfen keine Hindernisse entgegenstehen; je kürzer der Auslauf ist, desto besser die Stoffaufnahme auf den Siebzylinder. Es fehlen daher bei dieser Fabrikation jegliche Regulierleisten, wie sie bei der gewöhnlichen Pappenmaschine zu finden sind, die Folge ist, daß der Siebzylinder nicht im Stoffbrei watet, sondern nur bis zu einem Viertel seines Umfanges mit demselben in Berührung kommt. — Auch an der Siebpartie und speziell an den Zylinderkastenwänden hat es Neuerungen gegeben, die besonderes Interesse wert sind. Bei oben beschriebenem System muß beim jeweiligen Zylinderwechsel — was bei dieser Fabrikation recht oft vorkommt — die Maschine abgestellt und die Gautschwalzen hochgezogen werden, was unliebsame Betriebsstillstände hervorruft. Der Neuerungsgedanke ging nun dahin, eine Vorrichtung zu treffen, welche die Siebauswechslung auch während des Betriebes zuläßt, ohne irgendwelche große mechanische Änderungen treffen zu müssen. Dies wurde nun erreicht, indem man die Zylinderkastenwand außen mit einem runden Deckel versah, der eine ebenfalls runde Öffnung in der Kastenwand verschloß, die etwas größer dimensioniert wurde, als der jeweilige Durchmesser des Siebzylinders. Auf den Deckel waren angegossene Lagerkonsolen zur Aufnahme der Zylinderlagerung. Auf diese Weise wurde erreicht, daß der Siebzylinder durch Losschrauben des einen Deckels seitlich herausgenommen werden konnte, ohne die Betriebsfähigkeit des anderen Zylinders zu beeinträchtigen. Es arbeitete dann der nichtdemontierte Siebzylinder nur mit einer Stofflage weiter. Diese Neuerung hat Vorteile, die bei Ankauf einer neuen Maschine mit in Betracht zu ziehen sind. Auch gibt es heute Rohplattenmaschinen, bei welchen der jeweilige Siebzylinder samt Kasten ausgewechselt werden kann. Von Zylinderkästen mit drei Rührern halte ich nicht viel und haben sich diese auch nicht eingebürgert, eher sind solche mit vier Rührern, bei entsprechender Wölbung des Zylinderkastenbodens, zu empfehlen, ähnlich der Strobelschen Maschine.

Die Saugerpumpe.

Für gutes Funktionieren des Saugers sorgt die Triplex-Saugerpumpe. Dieselbe ist an geeigneter Stelle im Gebäude auf besonderem Fundament montiert. Auf Tafel I und II befindet sie sich zwischen den beiden Asbestzementschiefermaschinen nahe den Rührbütten aufgestellt, da ihre Leistungsfähigkeit sich auf beide Maschinen übertragen läßt. Je nach den örtlichen Verhältnissen kann die Saugerpumpe auch in der ersten Etage montiert werden. Die Saugerpumpe ist eine Dreizylinder-Plungerpumpe und besteht im wesentlichen aus einer kräftigen gußeisernen Fundamentplatte, die gleichzeitig als Ventil- und Pumpengehäuse ausgebildet ist. In diesem Gehäuse sind die drei getrennt liegenden Saug- und Druckventile derartig angeordnet, daß jedes dieser sechs Ventile für sich leicht zugänglich ist. Die Ventile haben Bronzesitz, Gummiplatten und Bronzeausschlagkreuz und sind im Gehäuse durch runde gußeiserne Deckel mittels eines schmiedeeisernen Bügels luftdicht gemacht. Die Pumpenzylinder sind aus Gußeisen mit Bronzegrundbüchsen ausgefüttert und mit ebensolchen Stopfbüchsen versehen. Die drei Plungerkolben sind ebenfalls aus Gußeisen, haben je einen Durchmesser von 150 mm und je einen Kolbenhub von 240 mm. Der Angriffspunkt der Zug- und Druckstange ist jeweils im Schwer-

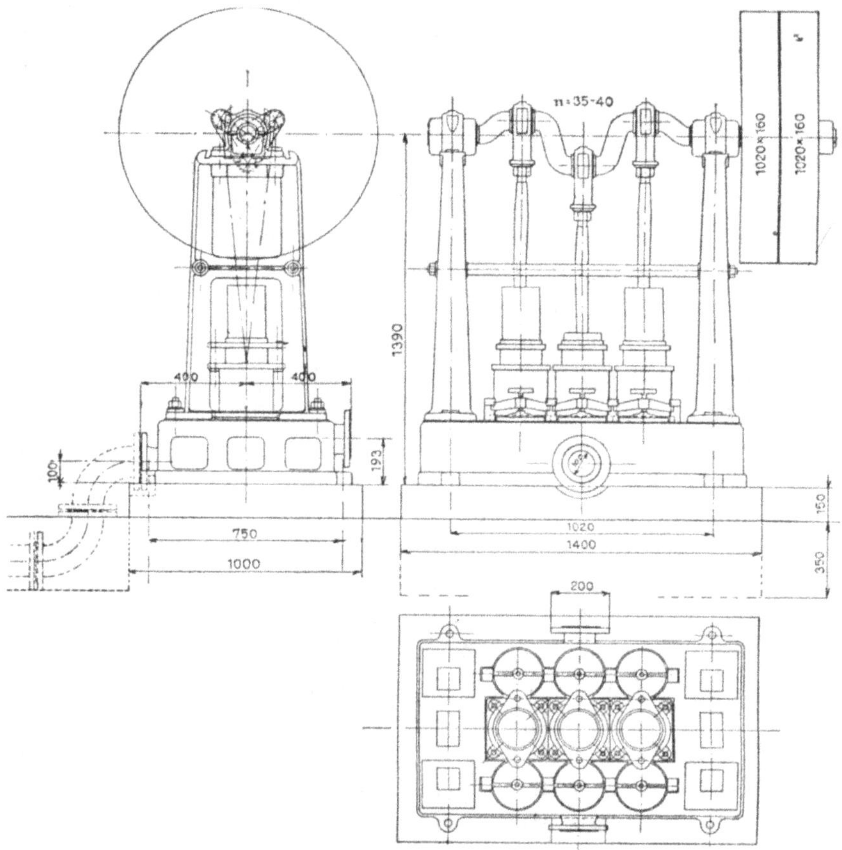

Abb. 14. Triplex-Saugerpumpe.

punkt des Plungers, so daß ein Ecken desselben sowie unregelmäßige Abnutzung ausgeschlossen ist. Die dreifach gekröpfte Kurbelwelle ist aus Stahl und ruht in Ringschmierlagern mit Metallschalen, die auf zwei gußeisernen, stabil gehaltenen Lagerböcken montiert sind. Diese Lagerböcke werden durch Schraubentraversen gut verbunden und auf der Fundamentplatte verschraubt. Abb. 14 zeigt eine solche Saugerpumpe. Diese rotiert mit $n = 40$ bis 45 Touren minutlich und benötigt an Kraft zirka 3 bis 4 PS.

Der Rundsiebzylinder.

Die Seele der Rundsiebmaschine ist bekanntlich der Rundsiebzylinder. Von seiner Konstruktion und von der Beschaffenheit der aufgezogenen Metallsiebe ist das richtige Funktionieren der Maschine abhängig. Der Siebzylinder besteht in der Regel aus zwei seitlichen gußeisernen Armkreuzen mit angegossenen Traversenaugen und fünfarmigen gußeisernen Versteifungskreuzen, die auf der Stahlachse aufgekeilt und mit den metallenen Tragringen zusammen durch fünf schmiedeeiserne Traversen vermittels Versteifungsröhrchen stabil verbunden sind. Auf den metallenen Tragringen liegt das aus 3 bis 4 mm starken Messingdrähten bestehende Gerippe, welches das metallene Unter- und Obersieb trägt. Abb. 15 (Tafel IV) zeigt einen solchen Siebzylinder. Da die Rundsiebzylinder für die Asbestzementindustrie unentbehrlich geworden sind (Hatschek, Oesterheld, Klee, Beck, Lucardi usw.) und auch wirtschaftliche Gründe zu deren Verbesserung bzw. Vervollkommnung nötigen, so sind in neuerer Zeit zahlreiche Neukonstruktionen der Gerippe sowohl als auch der Überzüge auf den Markt gekommen. Alle diese Neu- bzw. Rekonstruktionen bezwecken das gleiche Ziel einer flotten, betriebssicheren und rationellen, dauernden Arbeitsweise. Das Zylindergerippe hat denn auch die verschiedenartigsten Formen angenommen, und haben namentlich die Spezialmaschinenfabriken unter der Berücksichtigung, daß ein zweckentsprechend konstruiertes Gerippe die Stabilität des Zylinders und somit die Lebensdauer desselben erhöht, wirklich praktische Neuerungen in den Handel gebracht. Das alte Zylindergerippe mit Messingringen und angenieteten Lamellen (Laschen, siehe Abb. 15, Tafel IV) wurde schon lange insofern als unvorteilhaft empfunden, als durch das Nieten die Stabilität des Gerippes litt. Besser ist ein Gerippe, dessen Ringe und Lamellen in einem einzigen Stücke gegossen sind, die nicht nur weniger Arbeit erfordern, sondern dem Ganzen ein festeres Gefüge verleihen. Einen idealen Tragring nenne ich den von der Firma C. Joachim & Sohn in Schweinfurt hergestellten, der in einem einzigen Stück mit Lamellen aus Phosphorbronze gegossen ist. Allerdings ist dessen Herstellung in der Stärke von 4 mm mit gießereitechnischen Schwierigkeiten verknüpft, und gehören geübte Leute dazu, um nicht zuviel Ausschuß zu erzeugen, da der Bronzefluß, namentlich bei größeren Tragringen von z. B. 850 mm Durchmesser, in seinem Laufe oft erkaltet und stockt. Auch spielt die chemische

Zusammensetzung der Bronze oder des Rotgusses eine gewisse Rolle. — Meine Erläuterungen über den Rundsiebzylinder, als edelster Teil der Maschine, sollen zeigen, wie durch sachgemäße Behandlung und wie bei einer eventl. Reparatur durch wenig teuere Umänderungen die Lebensdauer des Rundsiebes, das in der Asbestzementfabrikation eine Existenzfrage bildet, verlängert werden kann. So erwähne ich betreffs der Versteifungsröhrchen, daß diese meistenteils aus verzinkten Gasrohrstücken hergestellt werden. Dies ist die einfachste und billigste Anfertigungsart. Besser ist, wenn die Röhrchen in Gußeisen mit erweiterten Auflageflächen ausgeführt sind, da diese Konstruktionsart ein stabileres Gefüge gewährleistet. Ganz besondere Beachtung ist den zweckentsprechend zu montierenden Längsstäben zu widmen. Diese werden vorteilhaft auf einem Ende mit Nietkopf, auf dem anderen mit Gewinde versehen. Unpraktisch ist es aber auf jeden Fall, beide Enden der Stäbe zu nieten, wie dies verschiedene Maschinenfabriken noch ausführen, da hierdurch ein Lockerwerden der Stäbe auf den Tragringen, in welche diese gut verstemmt sein müssen, unausbleiblich ist. Auch hat das beiderseitige Nieten den Nachteil, daß ungleiche Spannungen im Siebzylinder auftreten, die ein Ecken, bzw. Unrundlaufen desselben verursachen. Große Sorgfalt ist — wie erwähnt — dem Verstemmen der Stäbe auf den Tragringen zu widmen. Die Stäbe sollen nicht vollständig in den Tragringen eingebettet liegen, sondern sollen zirka 0,5 bis 1,5 mm, je nach Stärke derselben, aus der Tragringperipherie hervortreten. Auf diese Weise verteilt sich der Druck der Gautschwalze gleichmäßig auf Stäbe und Ringe, während sonst die Tragringe allein den Druck der Gautschwalze aufzunehmen haben, abgesehen davon, daß diese Ringe, auf letztere Art ausgeführt, die so gefürchtete Markierung hervorrufen würden. Es hat sich in der Praxis gezeigt, daß die Längsstäbe mit der Zeit defekt werden, bzw. brechen. Wenigstens hatten die meisten der mir zur Reparatur überwiesenen Siebzylinder diese Mängel aufzuweisen. Der Fehler lag nun einzig und allein daran, daß die Längsstäbe querschnittlich zu schwach waren. Man ging nun dazu über, stärkere Längsstäbe einzubauen, die auch soweit Abhilfe schafften, auf der anderen Seite jedoch insofern nachteilig wirkten, als durch den vergrößerten Querschnitt die Abstände der Stäbe verringert und somit die Saugfähigkeit des Zylinders beeinträchtigt wurde.

Man konstruierte daher einen doppelten Längsstab, wie ihn nachstehende Skizze zeigt (Abb. 16).

Zweifelsohne hat diese Stabform den Vorteil erhöhter Stabilität und der Möglichkeit eines besseren und vorteilhaften Verstemmens auf den Tragringen. Bei einem anderen Zylindersystem sind die Tragringe ohne Lamellen, dafür ist an Stelle des Untersiebes ein starker Kupfermantel mit Sechskantlochung, worüber das Obersieb gezogen wird.

Das Siebüberziehen.

Besondere Aufmerksamkeit ist dem Siebüberziehen zu widmen, zumal diese Arbeit alle zwei Wochen vorgenommen werden muß. Durch sach- und fachgemäße Ausführung dieser Arbeit kann viel Geld, Ärger und Verdruß gespart werden.

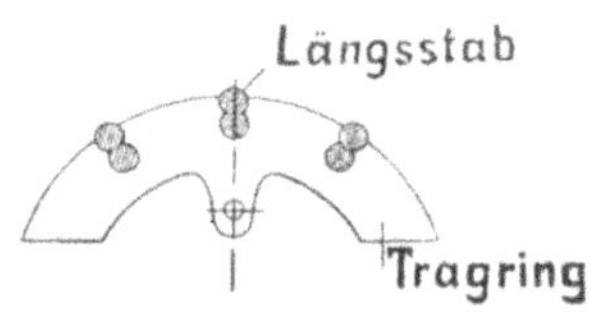

Abb. 16. Doppel-Längsstäbe.

Das Aufziehen von Ober- und Untersieb erfolgt in verschiedener Art und Weise. Die Manipulation mit neuem Unter- und Obersieb ist einfacher, als das Überziehen eines neuen Obersiebes auf ein altes Untersieb. Ich will hier eine Methode des Aufziehens schildern, die wegen ihrer Vorzüge besondere Beachtung verdient. — Am besten ist es, das Untersieb genau in der Breite (der Bahnlänge) des Zylinders fertig zu beziehen, da die von der Metalltuchfabrik angefertigten Ränder stets besser halten, als beschnittene Ränder. Der Umfang darf zirka 80 mm größer sein. Das neue Untersieb aus Messing soll vor dem Überziehen unter mittelmäßigem Drucke zwischen Preß- und Formatwalze der Plattenmaschine durchgeführt werden. Sollte die Formatwalze recht schwer sein, so ist sie durch Handrad und Spindel ein wenig zu heben. Die lose zusammengewebten Maschen des Siebes werden dadurch dichter aufeinander gepreßt, so daß auch eine Gautschwalze mit Hebeldruck das Untersieb nicht mehr verdrucken kann, so daß es Blasen bekommen könnte. Das Untersieb wird nun um das Gerippe des Siebzylinders gelegt und auf dem einen Ende die abgeschnittenen Messingdrähte des Siebes in Schleifen gezogen, bzw. zum Umbinden um den einen Längsstab umgebördelt, an welchem sich dann die beiden Siebenden treffen müssen. Das andere Ende wird auf beiden Seiten, wie in der Mitte, oder bei breiteren Sieben in jeweiligen Abständen von zirka 200 mm in Feilkloben festgeklemmt, diese mit endlosen starken Seilschlingen versehen, in welche zweckentsprechend an einem Querbaum aus Gasrohr oder Holz ein Holz- oder Eisenhebel gelegt wird, und nun wird mittels Hebelgewichtes von zwei bis drei Arbeitern das zweite Ende des Siebes stramm und straff über das Gerippe gezogen. Bei genügend starker Druckauflage wird das zweite Ende ebenfalls abgebunden, und zwar an dem gleichen Längsstabe, an welchem das erste Ende des Untersiebes schon befestigt wurde. Die beiden Enden des Siebes stoßen also in einer Nähnaht zusammen. — Das Obersieb wird fertig als Hüllenmantel gebunden, aufgestülpt. Seine Breite muß daher Bahnlänge des Zylinders plus 250 bis 300 mm sein, damit genügend Platz zum Anfassen beim Überziehen vorhanden ist. Die jeweilіgen Enden sind zuvor gut mit kupfernem Nähdraht zu säumen und dann mit gleichem Draht fest zu vereinigen, durch schlangenlinienförmiges Binden. Es ist hier besonders zu erwähnen, daß der Umfang des Obersiebes um zirka 10 bis 15 mm kleiner sein muß als der fertig aufgezogene Umfang des Untersiebes, da sich beim Überziehen der Schlauch des Obersiebes erweitert. Der Zylinder mit Untersieb wird mit der Achse senkrecht aufgestellt und nun die Hülle mit drei bis vier Gehilfen über den Zylinderkörper, bzw. über das Untersieb geschoben. Damit der Siebschlauch bei dieser Manipulation nicht geknickt wird, wird derselbe zuvor an einem Drahtreifen, der den gleichen Durchmesser wie der Schlauch hat, befestigt und dann mittels einer Rolle so hoch gezogen, daß die Unterkante der Hülle mit der Oberkante des senkrecht stehenden Zylinders übereinstimmend ist. Durch ruckweises und gleichzeitiges Ziehen wird nun der Siebschlauch aufgeschoben, was in einigen Minuten beendigt sein wird. Mit Nähdraht bindet man das Sieb auf der ganzen Oberfläche an den metallenen Tragringen fest. Ist dies geschehen, so wird das Übermaß der Ränder, die zum Anfassen dienten, abgetrennt und das Obersieb an den Stirnseiten, d. h. auf den gußeisernen seitlichen Armkreuzringen, verlötet. Zu diesem Zwecke sind die erhabenen Ränder der Armkreuzringe zu verzinnen. Diese Lötstellen werden verdeckt durch zwei Tuchbänder von je 25 bis 30 mm Breite. Die zwischen den Bändern liegende freie Siebfläche ist die nasse Arbeitsbreite des Zylinders. Je nach Bedarf kann diese durch Umkleidung der Ränder mit breiteren oder schmäleren Wachstuchgurten vergrößert oder verkleinert werden.

Das Überziehen eines neuen Obersiebes auf ein altes Untersieb ist insofern schwieriger, als letzteres durch den beständigen Druck der Gautschwalze blasig geworden sein kann. In diesem Falle schneidet man sich das Obersieb auf das richtige Maß, säumt beide Enden, legt dasselbe um das Untersieb und zieht es mit Lederriemen fest oder auch mit Feilkloben. Der Vorgang des Überziehens ist im Prinzip derselbe wie beim Überziehen des Untersiebes. Derartig überzogene Untersiebe halten bis zwei Monate, Obersiebe zwei bis drei Wochen. Besondere Beachtung ist dem Rundlaufen des Siebzylinders zu widmen und muß schon von Hause aus dafür gesorgt werden, daß das Gerippe vollständig zylindrisch ist. Es hat sich z. B. in der Praxis gezeigt, daß ein unrunder Siebzylinder, der in der Mitte ein wenig größer im Durchmesser war als an den beiden Enden, in der Mitte oder an der erhabenen Stelle einen früheren Verschleiß des Siebes herbeiführte. Dieser Übelstand hatte zur Folge, daß alle sechs bis acht Tage ein neues Obersieb aufgezogen werden mußte. Die Siebzylinder für das Hatscheksche Verfahren sind in der Regel mit Obersieb Nr. 50 aus Ia Phosphorbronze und Untersieb Nr. 5 halbrund aus Messing überzogen. In neuerer Zeit werden beide Siebe, Ober- wie Untersieb, in obigen Nummern in Phosphorbronze verlangt. Das Untersieb in Phosphorbronze ausgeführt, hat beim Überziehen den Vorzug, daß sich dieses nicht verzieht wie das dehnbare Messingsieb, daher fester und dauerhafter wirkt. Die Firma Ludwig Hatschek verwendet für ihre Zylinderbespannung als Untersieb Nr. 3¾ Messinggewebe aus halbrundem Draht, als Obersieb Nr. 45, Bronzegewebe aus rundem Draht.

Die Rundsieblagerung.

Nachstehend soll die Rundsieblagerung beschrieben sein. Die Achse des Zylinders muß mit Rücksicht auf die Durchbiegungsgefahr stark sein. Abgelaufene Lagerzapfen werden rasch, gut und billig dadurch repariert, daß man sie abdreht und dann Metall- oder Eisenbuchsen warm aufzieht. Die schmiedeeisernen Achsen durch hohle gußeiserne zu ersetzen, ist Projekt geblieben. Daß eine zweckentsprechende Lagerung für das fehlerfreie Arbeiten des Rundsiebes von besonderem Einfluß ist, zeigten schon die verschiedenen Arten der Zylinderlagerungen, mit welchen die Spezialfabriken auf den Markt kamen. Die älteste Zylinderlagerung lag, wie aus Abb. 17 ersichtlich, im Innern des Zylinderkastens. Die Schmierung erfolgte hier durch das Siebwasser selbst, hatte aber den Nachteil, daß feine, im Stoffwasser vorhandene Sandkörperchen (Serpentin, Zement) in die Lagerschalen gelangen konnten und ein Anfressen des Zapfens verursachten. Dieser Übelstand hatte den noch größeren

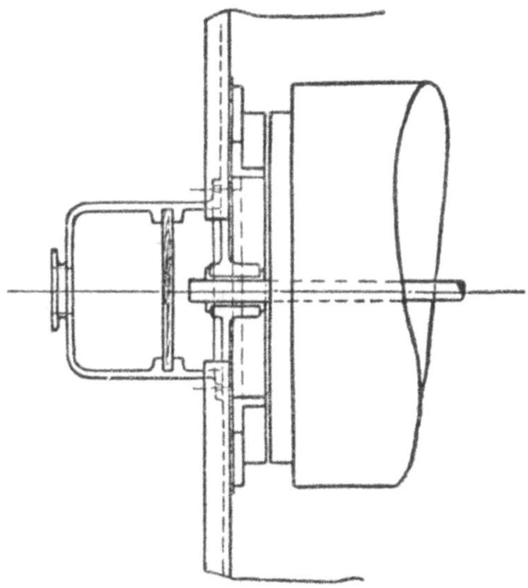

Abb. 17. Zylinderinnenlagerung.

Nachteil im Gefolge, daß die Ursache gewöhnlich nicht gleich erkannt wurde, zumal man die Lagerstellen beim Arbeiten nicht sehen konnte. Durch die ungewöhnlich hohe Zapfenreibung wurde der Siebzylinder gebremst und der Transportfilz konnte ihn nicht mehr gut mitnehmen. Ruckweises Arbeiten war die Folge, dessen Ursache man gewöhnlich im Filzschläger, in dem zu starken Spannen des Filzes zu finden glaubte. Diese Erscheinung trat um so früher ein, je mehr Sand das Fabrikationswasser enthielt.

In der Erkenntnis dessen hat man die Zylinder außerhalb des Kastens in Fettschmier-, Ringschmier- oder auch in Kugellagern gelagert. Die Abdichtung an der Stelle des Achsenaustrittes aus dem Siebwasserkasten erfolgt durch Grundring und Stopfbuchse (siehe Abb. 18). Ich finde jedoch, daß diese Anordnung den Nachteil hat, daß beim Herausnehmen, bzw. Auswechseln des Zylinders, wie dies in der Asbestzementschieferfabrikation täglich zu geschehen hat, die Stopfbuchsen und die übrigen Abdichtungsteile jedesmal demontiert werden müssen, was insofern nachteilig wirkt, als durch diese Stockung die Maschen des Obersiebes sich mit dem Zement versetzen, welcher bald erhärtet und das Sieb beschädigt.

Eine zweckentsprechende Lagerung, bei welcher die erwähnten Mängel nicht vorhanden sind, besteht nun darin, daß

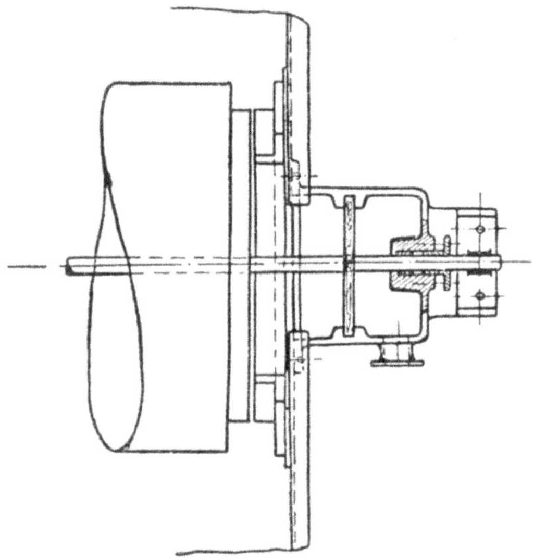

Abb. 18. Zylinderaußenlagerung in Fettschmier-, Ringschmier- oder Kugellager.

in den Auslaufkästen selbst je eine gußeiserne nach innen und außen verlängerte Buchse halbrund eingedreht ist, die zugleich als Staufferbuchse dient und über welcher der übliche Hartholzschieber hermetisch abschließt. Ein Auswechseln des Zylinders kann infolge dieser Anordnung rasch vor sich gehen, und zwar durch Lösen von je drei Muttern. Diese in Abb. 19 dargestellte Lagerung, welche vom Gesichtspunkte obiger Stoffverarbeitung aus, also für Stoffwasser mit mineralischen Bestandteilen konstruiert wurde, verdient wegen ihrer Vorzüge eingehendere Beachtung. Die einfachste Zylinderlagerung ist diejenige mit Staubdeckeln, die man beim Zylinderauswechseln nur abzuheben braucht.

Die Zylinderwaschmaschine.

Da der Zement die Maschen des Obersiebes verstopft und schnell erhärtet, werden die Siebzylinder nach jedem Arbeiten aus den Kästen herausgenommen und in einer besonderen Zylinderwaschmaschine gewaschen. Das Bad, in welchem die Siebzylinder im Waschtroge rotieren, besteht aus Salzsäure und Wasser. Diese verdünnte Salzsäurelösung hat die Eigenschaft, den Zement rasch aufzulösen, jedoch den Nachteil, die schmiedeeisernen und gußeisernen Materialien am Siebzylinder rasch zu zersetzen, wodurch ein frühzeitiger Verschleiß des Objektes herbeigeführt wird. Man verfertigt dieserhalb die Rundsieb-

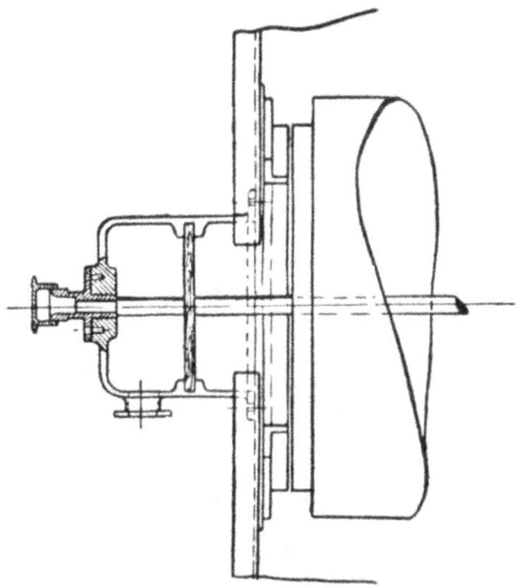

Abb. 19. Einfache Zylinderaußenlagerung mit Fettschmierbüchse.

zylinder in neuester Zeit vollständig in Metall (Messing), da dieses von der Salzsäure nicht angegriffen wird. Allerdings ist der Zylinder dann drei- bis viermal so teuer als ein solcher oben erwähnter Konstruktion.

Die Zylinderwaschmaschine besteht im wesentlichen aus einem hölzernen halbrunden Trog, der oben offen ist, mit einem Radius von zirka 600 mm, 40 mm Bodenstärke und 400 mm Troghöhe. Dieser Holztrog mit Stirnwänden von 50 mm Stärke ruht zwischen zwei gußeisernen Gestellen mit angegossenen halbrunden Rippen, an welchen der Trog mit Holzschrauben befestigt ist. Abb 20 zeigt eine solche Maschine. Die Gestelle endigen nach oben in Lagerkonsolen, auf welchen das jeweilige einfache Gußlager mit 50 mm Bohrung (gleich der Zapfenstärke des Zylinders) verschraubt ist. Zum leichten Auswechseln des Zylinders ist das Lager oben offen und kann durch einen schmiedeeisernen Stift verschlossen werden. Der zu waschende Rundsiebzylinder, der in Abb. 20 in der Waschmaschine liegt, erhält seinen Antrieb von einem besonderen separat montierten Parterrevorgelege mit Fest- und Losscheibe, vermittels einer Schalenkupplung, die bei jedem Auswechseln gelöst werden

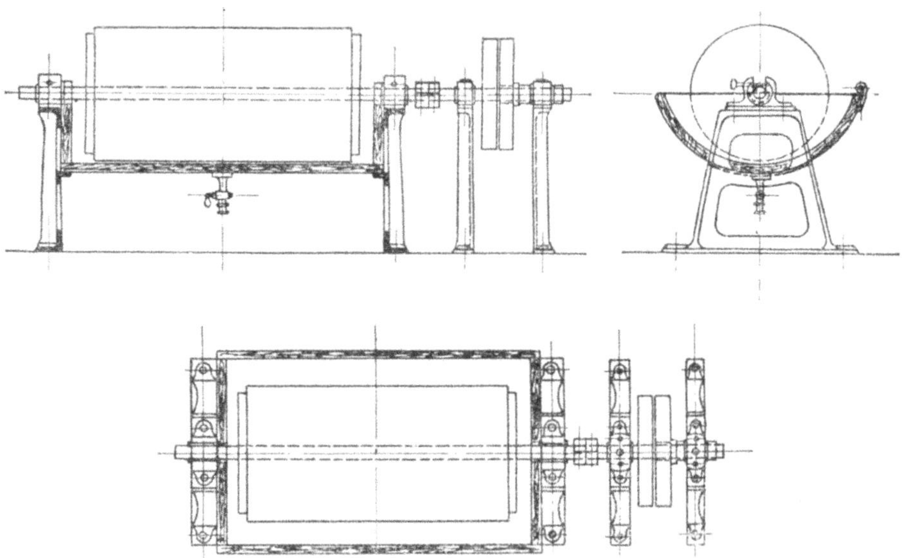

Abb. 20. Zylinderwaschmaschine mit eingelegtem Siebzylinder.

muß. Vielerorts wird diese Waschvorrichtung auf Rollen montiert, so daß die Maschine je nach Bedarf von einer Rundsiebmaschine zur anderen gefahren werden kann, nur das jeweilige Parterrevorgelege ist dann nötig.

Wiederverwertung des Siebwassers.
(Klärfilter.)

Nun komme ich auf das Sieb- oder Abwasser zu sprechen. Wie bereits oben erwähnt, fließt dasselbe einer zirka 1,5 m im Fußboden montierten Siebwasserpumpe zu, die eine Zentrifugal- oder Schraubenpumpe sein soll, welche dann das Abwasser nach zwei über den Holländern befindlichen Filtern pumpt (siehe Tafel I u. II), um da Wiederverwendung zu finden. Das Siebwasser der Rundsiebmaschine ist insofern für die Wirtschaftlichkeit einer Fabrikanlage von Bedeutung, als durch die Rückgewinnung desselben an Fabrikationswasser, wie auch an Faserstoffen gespart werden kann. Das Abwasser führt noch eine Menge Zement und winzig kleiner Asbestfäserchen mit sich, die sonst verloren gehen. Ein weiterer Vorteil der Wiederverwertung des Siebwassers liegt auch darin, daß Beanstandungen behördlicherseits wegen Einführung der faserhaltigen Abwässer in die Flußläufe vorgebeugt wird. Ich möchte an dieser Stelle bemerken, daß es verfehlt ist, wenn mit dem Siebwasser auch Spritzrohre gespeist werden, da der sogenannte Asbestfaserschleim und der Zement die kleinen Spritzöffnungen bald verstopft und somit die Waschung des Filzes und der Siebe beeinträchtigt. Nur gut filtriertes Siebwasser ist zu verwenden. Hiermit sind wir auch schon bei dem Nachteile angelangt, der durch eine direkte Wiederverwendung des Abwassers entsteht. Man muß also eine Vorrichtung haben, die Stoff und Wasser dekantiert. Die einfachste und mancherorts angewandte Stoffanganlage ist die aus Abb. 21 ersichtliche. Sie besteht aus zwei miteinander verbundenen schmiedeeisernen Trichtern von je 6 bis 7 m Gesamthöhe, mit je einem oberen lichten Durchmesser von 2 bis 2,5 m und je einem unteren lichten Durchmesser von 0,4 bis 0,5 m. In jedem der Trichter oder Filter befindet sich eine schmiedeeiserne Scheidewand *d*, die seitlich mit der Trichterwand wasserdicht genietet und unten beinahe in der Trichterspitze offen ist. Das Siebwasser wird nun direkt von der Maschine oder von einem kleinen Siebwasserreservoir (Stoffdämmbassin) in den Raum *a* geleitet. Der schwere Zement setzt sich unten ab und wird durch den natürlichen Druck in das Rohr *b* gedrückt, von wo aus der Stoff dann der Rührbütte oder dem Holländer zur Wiederverwertung zugesetzt werden kann. Das Wasser steigt im Raume *c* des Trichters empor und wird als Verdünnungswasser weiter verwendet. Das Stoffrohr *b* hat oben eine Öffnung zum Reinigen desselben mit einer Drahtbürste. Am unteren Ende des Filters befindet sich ein Ventil oder Schieber, der dazu dient, nötigenfalls den Filter vollständig und schnell entleeren zu können. Der Trichter wird auf Mauerwerk, Holz- oder Eisengerüsten montiert, mit wetterbeständiger Farbe gestrichen und kann unter Umständen auch außerhalb des Fabrikgebäudes aufgestellt werden (Abb. 21). Es ist vorteilhaft, wenn die Scheidewand nicht zu tief geführt wird,

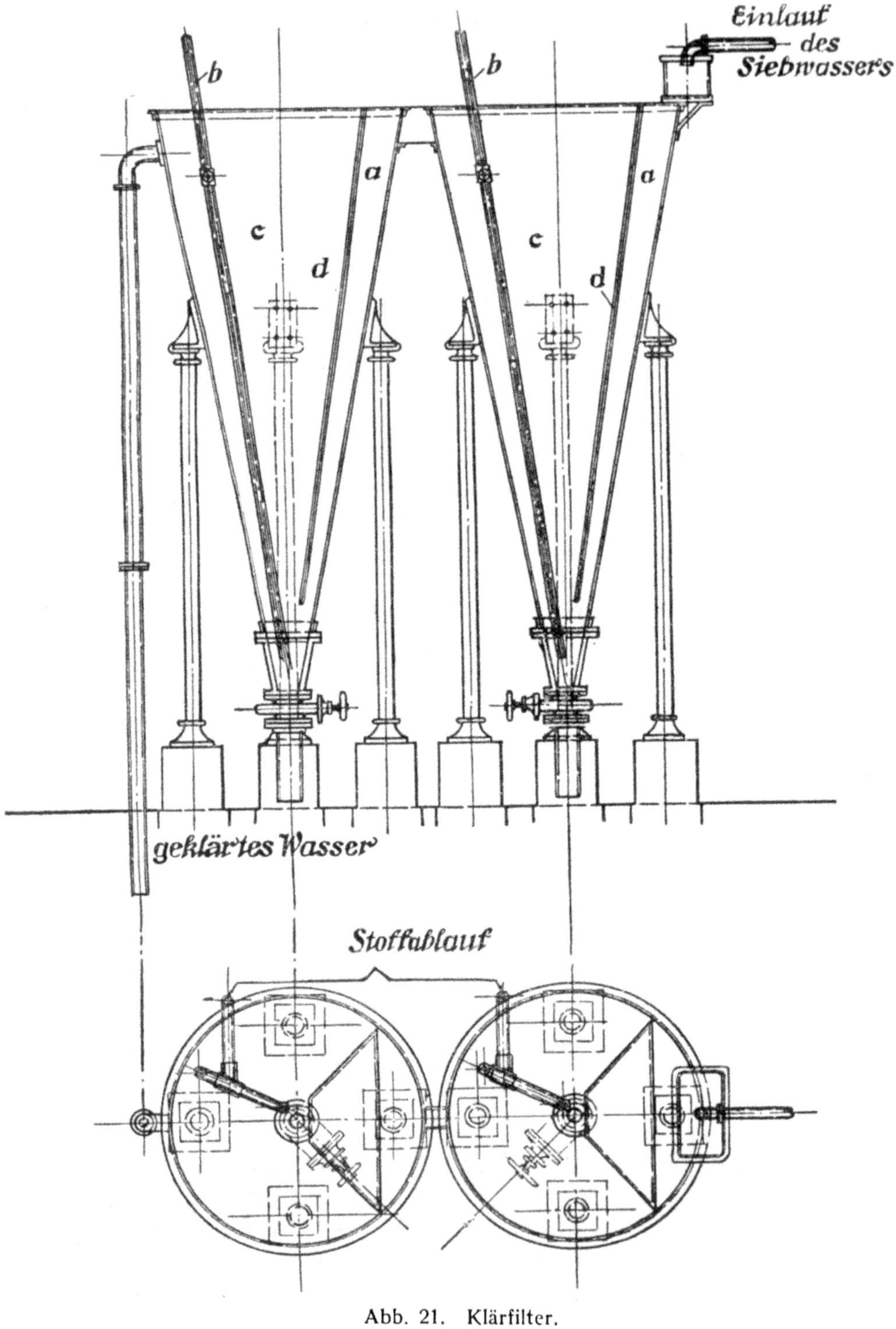

Abb. 21. Klärfilter.

da eine zu geringe Öffnung in der Trichterspitze bald verstopft würde.

Das Fabrikationswasser.

Da die Rentabilität einer Asbestzementplattenfabrik von der Wasserquantität und -qualität abhängig ist, so will ich nicht unberücksichtigt an diesem Faktor vorübergehen. Jedes Wasser eignet sich nicht zur Fabrikation. Ich hatte vor Jahren Gelegenheit, eine Asbestplattenfabrik in St. Petersburg einzurichten. Die Fabrik lag an der Newa, doch konnte das Flußwasser wegen zu großem Ölgehalt nicht Verwendung finden, es mußte das Fabrikationswasser vielmehr von der Stadt bezogen werden, wodurch natürlich das Gewinnkonto stark beeinträchtigt wurde. Auch das salzhaltige Meerwasser ist für die Fabrikation nicht geeignet, da das Salz die Feuchtigkeit der atmosphärischen Luft ansaugt und die Platten somit feucht bleiben würden, abgesehen davon, daß das Meerwasser die Metalle stark angreift und einen erhöhten Siebverschleiß zur Folge hätte. Ich hatte eine Anlage zu entwerfen und einzurichten, die am Meere gelegen war (Amsterdam). Da aus obengenannten Gründen jedoch das Meerwasser als Fabrikationswasser nicht benutzt werden konnte, mußten tiefe Brunnen gebohrt werden, die im Vergleich zur Gesamtanlage sehr teuer zu stehen kamen. — Der Wasserbedarf für die Asbestzementplattenfabrikation ist, wie bereits erwähnt, sehr hoch und beträgt derselbe für eine zehnstündige Leistung von zirka 1300 bis 1400 qm zum Verdünnen des Stoffes 250 000 bis 275 000 Liter. Die beiden Spritzrohre, zur Filzwäsche gehörig, gebrauchen zusammen minutlich zirka 250 Liter, das sind in zehn Stunden 150 000 Liter. Rechnet man für evtl. Kesselspeisung, zur Heizung der Räumlichkeiten im Winter, für Waschen usw. noch 50 000 Liter, so ergibt sich ein Gesamtwasserverbrauch von mindestens 450 000 Liter Wasser in zehn Stunden. Durch Anwendung der Siebwasserpumpe, welche das aus den Siebzylindern abfließende Wasser zur weiteren Verwendung auf den Holländerboden oder nach der Rührbütte schafft, wird obiges Wasserquantum um zirka 1/3 reduziert, so daß sich der effektive Wasserbedarf auf mindestens 300 000 Liter in zehn Stunden veranschlagt. Die zum Fördern des Fabrikationswassers benötigte Pumpe sei eine Kolben- oder Zentrifugalpumpe mit einer minutlichen Leistung von 2000 bis 2500 Litern. Die Pumpe schafft das Wasser in ein an höchster

Stelle im Gebäude befindliches Frischwasserreservoir. Dieses Reservoir kann auch zu einem Wasserturm ausgebaut sein, der im Hofe der Fabrik errichtet ist. In diesem Sinne ist die Wasserversorgung der Fabrik in Tafel I u. II gedacht. Mit Rücksicht darauf, daß das jeweilige Grundwasser oder Flußwasser aus örtlichen Gründen nicht der Zentrifugalpumpe zufließen kann, ist die Frischwasserpumpe mit einer Saugleitung, Seiher und Rückschlagventil zu versehen. Eine solche rotierende Pumpe benötigt bei 10 m Förderhöhe 8 bis 10 PS. und rotiert mit $n = 900$ Touren minutlich. Die Zentrifugalpumpen haben sich als Frischwasserpumpen wie als Siebwasserpumpen gleich gut bewährt und ist weiter unten über dieselben besonderes gesagt. Vom Frischwasserreservoir verteilt sich das Wasser mit natürlichem Drucke auf Holländer, Rührbütte, Rundsiebmaschine und evtl. Kesselhaus. Damit das Reservoir nicht überlaufen kann, ist an dessen Oberkante ein besonderes Überlaufrohr angebracht, welches das überschüssige Wasser nach dem Fabrikkanal oder nach sonstigem wegfließenden Gewässer leitet. Die Lage des Reservoirs dürfte in Höhe von 10 bis 15 m im Gebäude die zweckentsprechendste sein, da der Druck in den Parterre liegenden Spritzrohren dann zirka 1 bis 1,5 Atmosphären betragen würde. Von diesem Gesichtspunkte aus ist neben den örtlichen Verhältnissen das Frischwasserreservoir zu placieren. Vielerorts wird dasselbe in dieser Höhe um den Fabrikschornstein angelegt, was praktisch ist und dabei gefällig aussieht. Man erspart hierdurch den Wasserturm, bzw. das Eisengerüst.

d) Die Hilfsmaschinen.

Die Stanzmaschine.

Wie oben schon erwähnt, ist der eigentliche Fabrikationsgang beim Abnehmen der Asbestzementplatte an der Formatwalze beendet. Einige Fabriken arbeiten ohne weitere Verarbeitungsmaschinen. Die nassen Platten werden in Stapeln in einem Raum aufgeschichtet, der sich unmittelbar an den Raum der Rundsiebmaschine anschließt und verbleiben dort zirka vier bis fünf Monate bis zur vollständigen Trocknung liegen. Erst nach dieser können die Platten verschickt werden. Natürlich ist dies ein nicht rationell arbeitender Betrieb. Eine modern eingerichtete Asbestzementschieferfabrik hat daher noch diverse Hilfsmaschinen, welche die Platten auf genaues Maß stanzen, weiter entwässern, lochen und stutzen. Diese Hilfsmaschinen verdienen hier ausführlich behandelt zu werden, zumal sich diese zum größten Teil bei allen den nachbeschriebenen Verfahren

Abb. 22. Große Ausstanzmaschine, System „Krause-Komnick“. Fabrikant: F. Komnick, Maschinenfabrik, Elbing.

verschiedensten Systems wiederfinden. Die Hilfsmaschinen baut die Firma F. Komnick, Maschinenfabrik Elbing.

Die an der Formatwalze abgenommenen großformatigen Platten, die zu Schieferplatten umgearbeitet werden sollen, gelangen vom Ablegetisch auf die Stanzmaschine. Hierzu eignet sich besonders ein Modell, wie es Abb. 22 veranschaulicht. Auf dieser Maschine können die großen Platten in Quadrate von 400×400 mm oder 300×300 mm geteilt werden, wobei ein gleichzeitiges Zustutzen der Ecken erfolgen kann. Diese stark gebaute Spezialmaschine für Kraftbetrieb ist eine mit Kniehebelwirkung arbeitende Stanze, hat eine Druckfläche von 1200×1200 mm und zerteilt die auf dem Tische liegende Schieferplatte mittels Stanzeisen. Der Hub beträgt 30 mm, die Nachstellbarkeit des Tisches 25 mm, so daß auf dieser Maschine verschieden dicke Platten bearbeitet werden können. Der Tisch hat an den Schnittstellen Weichmetalleinlagen und wird durch Handkurbel mit Zahnrad und Zahnstange ein- und ausgefahren. Das Einrücken der Friktionskuppelung erfolgt entweder von Hand oder mit dem Fuß. Modell „CZ 5“ wird auch mit zwei Tischen ausgeführt; es kann dann abwechselnd auf beiden Seiten an- bzw. abgelegt werden. Falls es sich um ganz weiche Platten handelt und mit großer Vorsicht gearbeitet wird, können leichtere und billigere Modelle Verwendung finden. Der Kraftbedarf dieser Maschine beträgt zirka 4 PS. Wie alle übrigen Hilfsmaschinen, so erhält auch die Stanzmaschine ihren Antrieb von einem gemeinsamen Vorgelege, das mit $n = 120$ Touren rotiert (siehe Tafel I u. II). Ein Elektromotor von 10 bis 12 PS. mit $n = 400$ Touren minutlich treibt das Vorgelege an; der Betrieb der Hilfsmaschine ist daher vollkommen unabhängig von den übrigen Fabrikationsmaschinen.

Die hydraulische Presse.

Sind nun die Platten auf das gewünschte Format geschnitten, so erfolgt das Pressen in der hydraulischen Presse. Abb. 23 zeigt eine solche Presse, wie sie z. B. die Firmen Fried. Krupp A.-G. Grusonwerk Magdeburg-Buckau, Maschinenbaugesellschaft Karlsruhe, F. Komnick, Elbing und M. Häußer, Neustadt a. H., für besagte Zwecke liefern. Die Pressen für die Asbestzementschieferfabrikation werden bei kleinen Platten bis zu etwa 800×800 mm im Format in vier Säulen, für Formate 400×400 mm mit zwei schmiedeeisernen Säulen, für größere in Trägerkonstruktion ausgeführt. Die letztere bietet bei großen Preßflächen, neben verhältnismäßig geringem Eigengewicht und niedrigem Preise, infolge des eigenartigen Zusammenbaues größte Sicherheit gegen Bruch. — Der Druck ist je nach Art des

Materials und Größe der Platten sehr verschieden; er ist selten geringer als 100 kg pro Quadratzentimeter und steigt bis zu 800 kg für die gleiche Fläche. Zur bequemeren Beschickung

Abb. 23. Hydraulische Presse.

und bedeutenden Steigerung der Leistung werden die Pressen in der Regel mit zwei ausfahrbaren Preßtischen geliefert. Es wird dann der zweite Stapel gerichtet, während sich der erste unter der Presse befindet. Der Preßzylinder ist mit Doppelmanschettendichtung versehen, womit sehr lange Haltbarkeit der Dichtungen gewährleistet ist. Die eigentliche Pressung geht je nachdem, ob das Material mehr oder weniger abgebunden in die Presse gebracht wird, langsam oder schneller vor sich; auch ist hierauf die Größe der Platten und die Fabrikationsweise von Einfluß. Bei den kleinsten Platten genügt zumeist eine Pressung von einigen Minuten, während bei den größten eine solche bis zu drei Stunden Dauer nötig ist. Zur Beschleunigung des Kolbenrückganges können, wenn größte Leistung verlangt wird, die Pressen mit Hubzylinder für den Preßkolben versehen werden. Es wird dann eine zwangsläufige Steuerung eingebaut, die die falsche Leitung des Druckwassers und Überdrücken des Hubzylinders verhindert. Eine Überbeanspruchung des Druckzylinders wird durch die Preßpumpe unmöglich gemacht, weil diese nicht über den höchst zulässigen Druck hinausarbeitet. Zu Beginn der Pressung arbeiten sämtliche Kolben, meistens vier, bis bei 80 bis 100 Atmosphären der erste Füllkolben auslöst. Die Auslösung der anderen Kolben wird danach reguliert, wie das jeweilige Material die Pressung benötigt. Die Einsatzhöhe der Pressen wechselt von 1 bis 2 m. Als Zwischenlagen finden dekapierte Bleche von 3 bis 4 mm Dicke Verwendung. Gewöhnlich rechnet man auf jede Platte ein Blech.

Die Preßbleche der hydraulischen Presse können verzinkt sein, jedoch wird dies bei dem starken Drucke, dem die Bleche ausgesetzt werden, nicht hindern, daß die Verzinkung durchgescheuert wird und abblättert und dem Rosten der Bleche Vorschub leistet. Solche Stellen müssen im Entstehen schon mit Lötzeug behandelt werden. Wenn aber die Schäden schon groß sind, hilft nur die galvanische oder Feuerverzinkung. Schwarzblechpreßbleche sind noch empfindlicher, und man kann bei diesen ein Rosten nicht verhüten. Anstriche nutzen nichts; diese blättern schon bei 150 Atm. Druck ab, wenn sie trocken sind. Eingetretenes Rosten kann man nur dadurch beseitigen, daß man die Bleche (die absolut trocken sein müssen) abschabt mittels Flach- oder Stoßschaber, dann mit groben, alten Schmirgelleinen abreibt und schließlich nachwischt. Die gesäuberten und mit Tüchern abgeriebenen Bleche fettet man dann leicht ein. — Die besten Bleche sind Stahlbleche mit einer Festigkeit bis 90 kg, welche auch am meisten in der Asbestzementschieferfabrikation Verwendung finden, doch sind diese Bleche sehr teuer. Das Pumpwerk (Abb. 23a) zur hydraulischen Presse erhält seinen Antrieb vom gemeinschaftlichen Drehvorgelege der Hilfsmaschinen (siehe Tafel I u. II). Dasselbe ist in der Nähe der Presse aufgestellt und benötigt zirka 3½ PS. an Kraft.

Die Blechreinigungsmaschine.

Bezüglich des Rostens der Preßbleche bemerke ich noch, daß das sicherste Verfahren zur Verhütung der Rostbildung darin besteht, daß man die Bleche auf Schleifmaschinen, ähnlich dem Feilenabschleifen, sauber und blank abschleifen läßt und

Abb. 23a. Hydraulische Preßpumpe.

sie nachher mit einem künstlichen Rost überzieht, gleich demjenigen, mit welchem die Formatwalzen imprägniert werden. Alle Asbestzementschieferfabriken arbeiten jedoch heute mit mehr oder weniger gut konstruierten Blechreinigungsmaschinen. Diese Maschinen bestehen im wesentlichen aus einem oder mehreren Bürstenwalzenpaaren, deren unterste in Ölbehältern rotieren. Die untere Walze imprägniert das zwischen den Walzen befindliche Blech, die obere Walze bürstet und reinigt. Diese Blechreinigungsmaschinen sind ununterbrochen im Betriebe und leisten bezüglich der Haltbarkeit der Bleche gute Dienste. Wie die hydraulische Pressepumpe, so findet auch die Blechreinigungsmaschine ihren Platz in der Nähe der hydraulischen Presse; denn alle aus den Stapeln kommenden Preßbleche wandern zur Reinigung nach dieser, um dann von neuem verwendet zu werden. Abb. 24 zeigt eine kleinere Blechreinigungsmaschine, wie sie die Firma A. Krupp, Grusonwerk Magdeburg-Buckau, baut. Abb. 24a stellt einen Transportwagen für die Bleche dar.

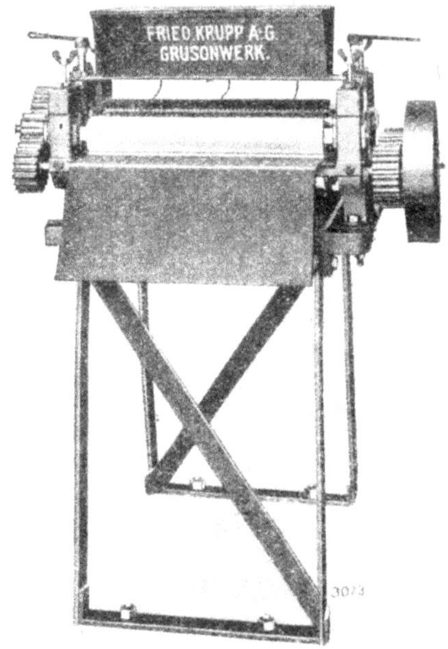

Abb. 24. Blechreinigungsmaschine.

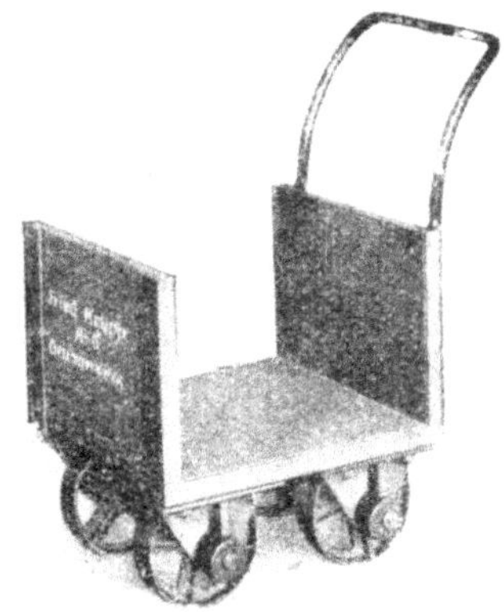

Abb. 24a. Transportwagen für Preßbleche.

Die Loch- und Stanzmaschine.

Das Auspressen des Wassers durch die hydraulische Presse hat eine Dickenverminderung der Platten von 20 bis 30 % zur Folge. Solche Formenänderungen können natürlich nicht vor sich gehen, ohne daß die Plattenränder etwas rauh und unregelmäßig werden. Deshalb empfiehlt sich ein Besäumen der gepreßten Platten, das zweckmäßig gleichzeitig mit dem beispielsweise für Dachdeckungsmaterial notwendigen Eckstützen und der Herstellung einiger Löcher auf einer geeigneten Spezialloch- und Stanzmaschine geschieht. Hierfür kommt die Stanzmaschine in Betracht, wie sie Abb. 25 veranschaulicht. Diese Maschine wird für

Antrieb sowohl durch Transmission, als auch direkt mit Elektromotor gebaut. Der feste Tisch liegt schräg; die Platten brauchen nicht sorgfältig eingelegt zu werden, da eine Vorrichtung vorhanden ist, welche die Platten vor dem Stanzen automatisch an die richtige Stelle schiebt. Nach dem Schnitt rutscht die gestanzte

Abb. 25. Schiefbettstanzmaschine. System Krause-Komnick. Zum gleichzeitigen Beschneiden, Stutzen und Lochen. Fabrikant: F. Komnick, Maschinenfabrik, Elbing.

Platte durch ihre eigene Schwere selbsttätig aus der Maschine, während der Abfall infolge eines besonderen Mechanismus die Maschine auf andere Art verläßt. Obiges Modell ist sehr kräftig konstruiert, hat Friktionskupplung und kann 20 Hübe und mehr in der Minute machen. Die Größe der Arbeitsgeschwindigkeit hängt demnach nur von der Geschicklichkeit des Arbeiters und der

Beschaffenheit der zu stanzenden Platten ab. Eine zentrale Stellbarkeit des oberen Messerbalkens bürgt für genauen Schnitt; die Stanzapparate (siehe Abb. 26) sind sehr schnell und bequem auswechselbar.

Abb. 26a. Spezialstanzmaschine. System Krause-Komnick.
Fabrikant: F. Komnick, Maschinenfabrik, Elbing.

Es können auch Stanzapparate verwendet werden, die beliebige Stutzungen und beliebige Lochentfernungen gestatten. Zweckmäßig werden auf ihnen auch diejenigen Platten besäumt, die man für Extraausführungen halbfertig vorrätig halten muß und die deshalb zunächst keine Stutzung erhalten.

Abb. 26. Stanzwerkzeug für Schuppensteine zur Universalstanzmaschine.
Fabrikant: F. Komnick, Maschinenfabrik, Elbing.

Größere Mengen anormaler Platten werden am besten auf der Stanzmaschine, Abb. 26 a, bearbeitet. Diese ist eine Exenterstanze von sehr einfacher Bauart; infolge ihrer großen Arbeitsbreite von 160 cm gestattet sie die gleichzeitige Bearbeitung von zwei Platten. Die auswechselbaren Stanzapparate (besonders für

Fassonschnitt, wie Biberschwänze, Bogenschnitte usw.) sind leicht einstellbar.

Die Schere.

Wie aus Tafel I ersichtlich ist, sind zwei Asbestzementschieferplattenmaschinen in diesem vorgesehen. Auf Maschine I wird, wie eingangs erwähnt, Asbestzementschiefer, d. h. Bedachungsmaterial fabriziert, dessen Werdegang eben erläutert worden ist. Auf Maschine II werden Wandverkleidungen, also bedeutend größere Formate gearbeitet. Der Arbeitsvorgang bei diesem Material ist bis zur Abnahme der Platten an der Format-

Abb. 27. Große Plattenschere. System Krause-Komnick.
Fabrikant: F. Komnick, Maschinenfabrik, Elbing.

walze der gleiche. Die Wandverkleidungsplatten gelangen jedoch vom Ablegetisch — so überhaupt einer vorhanden ist — in die Schere, wie sie Abb. 27 zeigt. Diese Schere schneidet die Wandverkleidungsplatten auf das jeweils gewünschte Maß. Sie hat Handbetrieb, wird mit einer Schnittlänge bis zu 255 cm eingerichtet und gestattet mit Hilfe einer verstellbaren Querleiste mit Messingmetermaß und eines verstellbaren Tischwinkels eine bequeme Einstellung der Streifenlängen. Zur Aufnahme der geschnittenen Platten ist ein Blechuntertisch vorgesehen. Geringere Mengen alter, harter Rohplatten werden auf der noch bedeutend stärker gebauten Plattenschere auf anormale Größen zugeschnitten.

Vielfach sind auch große Platten (etwa 250×125 cm) auf vier Seiten zu beschneiden. Hierzu dient die Vierseitenschere. Diese ist ebenfalls eine Handschere, besitzt jedoch an jeder der vier Seiten des Tisches je ein Messer. Das Schneiden erfolgt von Hand, und zwar erst auf den beiden Längs- und dann auf den Querseiten. Da die Schere mit einer Transportvorrichtung ausgestattet ist, braucht die beschnittene Tafel nicht vom Tisch heruntergezogen zu werden; sie ist somit vor Beschädigung geschützt. Die Transportvorrichtung wird durch Handkurbel betätigt.

Von der Plattenschere gelangen dann die beschnittenen Platten in die (zweite) hydraulische Presse, die bedeutend größer ist, als diejenige für Dachbedeckungsmaterial, d. h. die einen dem Formate der Platten entsprechenden Preßtisch hat. Der Arbeitsvorgang in der hydraulischen Presse ist der gleiche wie bei der hydraulischen Presse für die Asbestzementschiefererzeugung; auch hat dieselbe die gleichen Nebenmaschinen (siehe Tafel I u. II), weshalb sich eine besondere Beschreibung erübrigt. Um jedoch im Bedarfsfalle auf beiden Maschinen zusammen Asbestzementschiefer herzustellen, sind diese evtl. durch Geleise derartig miteinander verbunden, daß Platten, welche auf der Wandverkleidungsmaschine erzeugt wurden, ohne die Schere zu passieren, direkt nach der Stanzmaschine gebracht werden können, um dann in der hydraulischen Presse, bzw. Loch- und Stutzmaschine zu endigen. Es ist dann die Wandverkleidungsplattenmaschine mit der gleichen Formatwalze auszurüsten wie Maschine I.

Wie aus Tafel I u. II ersichtlich ist, erhalten die Hilfsmaschinen zu Maschine II ihren Antrieb ebenfalls von einem im Parterre montierten Elektromotor von 10 PS., so daß diese Maschinen unabhängig von den übrigen Teilen je nach Bedarf benutzt werden können.

Die Kreisschere.

Für das saubere Zerteilen trockener großer Platten (Wandverkleidungen) ist die Verwendung einer Maschine mit Kreismessern empfehlenswert, wie sie Abb. 28 veranschaulicht. Diese

Maschine arbeitet mit zwei oder vier Paar großscheibigen Kreismessern und hat eine Arbeitsbreite von 650 mm, bei einem Durchgangsraum von 1030 mm. Da beim Schneiden der Asbestzementplatten in hartem Zustande die Schneide der Kreismesser natürlich stark in Anspruch genommen wird, sind diese Kreismesser mit einer selbsttätigen Schleifvorrichtung ausgestattet, wodurch dieselben, während sie sich im Betriebe befinden, geschliffen werden. Kraftbedarf 1 bis 2 PS.

e) Die Lagerung.

Nachdem die Platten oben beschriebene Verarbeitungsmaschinen passiert haben, gelangen sie auf besonderen Roll-

Abb. 28. Plattenkreisschere, System „Krause-Komnick". Fabrikant: F. Komnick, Maschinenfabrik, Elbing.

wagen in den Lagerraum (siehe Tafel I u. II), um dort mittels Kran aufgeschichtet und zirka zwei bis drei Monate gelagert zu werden, wobei der Zement vollkommen erhärtet. Art und Dauer der Lagerung sind von dem verwendeten Bindemittel abhängig. Nach dem Lagern sind die Platten versandfertig. Die Platten werden mit Holzlatten verschalt und gelangen dann mit Hilfe des Krans in den in den Lagerraum eingefahrenen Eisenbahnwagen (siehe Tafel I). Das Eisenbahngeleise ist derartig angeordnet, daß auch die Rohmaterialien (Zement, Asbest, Farbe) mit den Waggons an die betreffenden Aufbewahrungsplätze gefahren werden können.

Soweit die bisherigen Erfahrungen reichen, scheint bei längerer Lagerung der Asbestzementschiefer in ungefähr derselben

Weise an Festigkeit zuzunehmen, wie die verschiedenen Zementmörtel. Dies ist auch erklärlich; denn der Asbestzementschiefer besitzt wie jeder Zementmörtel ein Gerippe aus Zement, in dessen Poren dort eine Sandart, hier aber die Asbestfaser eingebettet liegt. Man hat es also mit einem der Leichtzementsteine zu tun, nur ist als Füllmaterial ein elastischer, Sprünge im Zement verhütender Stoff genommen worden, für den mit Rücksicht auf die Feuersicherheit nur Asbest in Frage kam.

f) Die Stanzwerkzeuge.

Der Reichtum der Formen, die das Fertigprodukt bekommen kann, ist bei Asbestzementschiefer unbegrenzt und erklärt sich daraus, daß es nur darauf ankommt, die richtigen Herstellungswerkzeuge zu wählen. Als Beispiel ist in Abb. 26 ein Stanzapparat abgebildet, dessen kräftige Konstruktion sich gut bewährt hat und jeder Kontur angepaßt werden kann. Die Messer arbeiten mit Selbstpressung, sind aus hochwertigem, sorgfältig gehärtetem Stahl hergestellt und absolut fest an die Messerhalter angeschraubt. Nur ein so durchgebildeter Schneidapparat kann den starken Beanspruchungen widerstehen, die die Härte des Asbestzementschiefers verursacht. Untenstehend sind einige Plattenformen dargestellt (siehe Abb. 29, 29a und 29b). Es muß hier ausdrücklich darauf hingewiesen werden, wie wichtig es ist, nur mit erstklassigen Stanzapparaten zu arbeiten. Selbst die beste Stanzmaschine kann kein brauchbares Fabrikat liefern, wenn nicht auch das Stanzwerkzeug gut ist. Ganz abgesehen von den Betriebsstörungen, die durch nachlässig gebaute Apparate entstehen, leidet auch die Qualität des Erzeugnisses.

g) Ergänzung.

Zur Erzielung eines flotten Betriebes will ich noch folgendes nachtragen. Die Pressung der Formatwalze muß kräftig sein. Als Transportfilz nehme man grobe Halbwollfilze, die auf einer Seite geschoren sind. Die Filze müssen gut durchlässig sein, da sonst ein rasches Verlegen eintritt. Die Arbeitsgeschwindigkeit der Rundsiebmaschine habe ich bereits an anderer Stelle festgelegt, diese kann jedoch noch gesteigert werden, insofern man über ein gut geschultes Personal verfügt. Tatsache ist, daß je flotter die Maschine arbeitet, um so schönere Platten erzielt werden können. Die Abnahme nur eines einzigen Formates

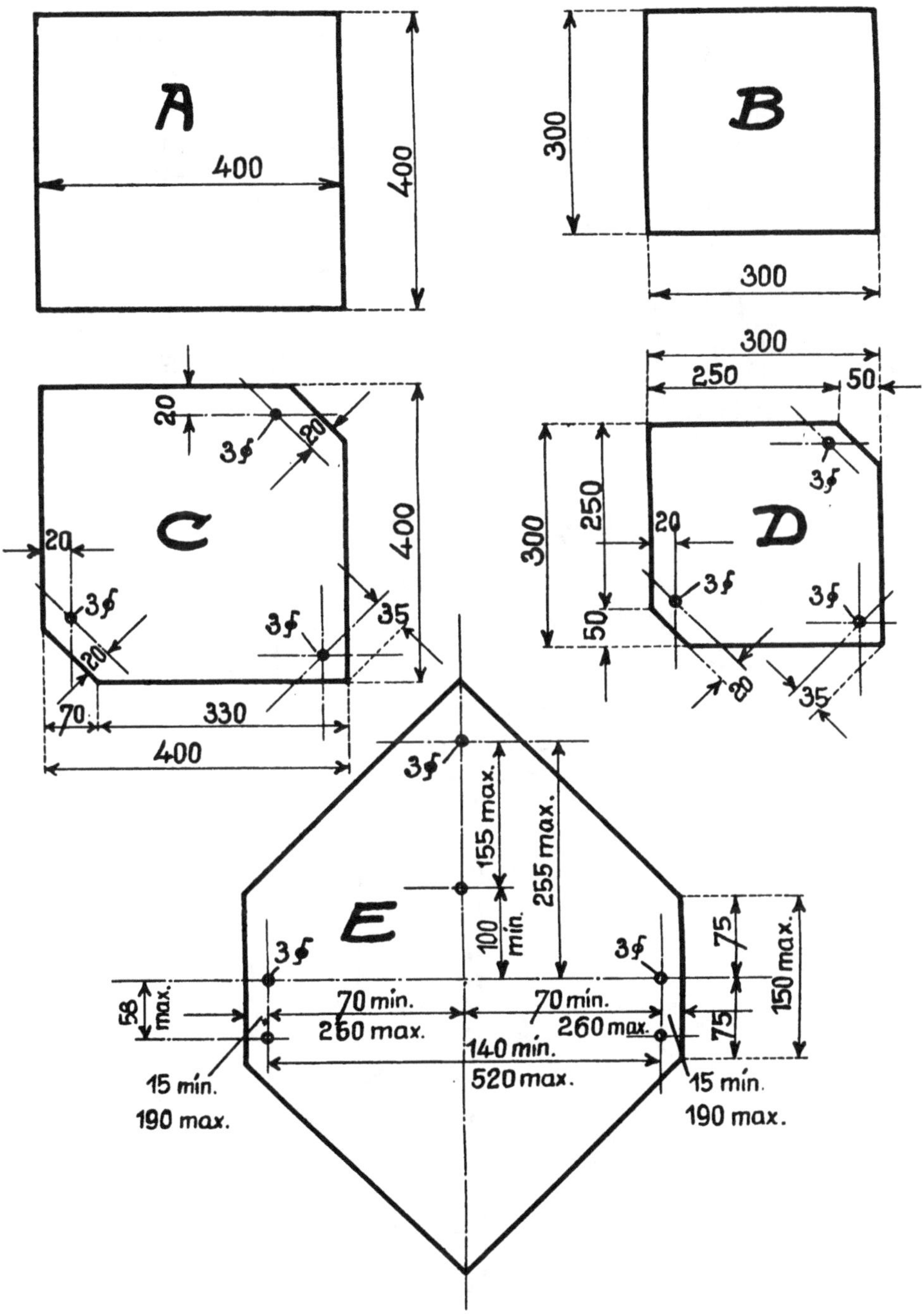

Abb. 29. Stanzwerkzeuge.

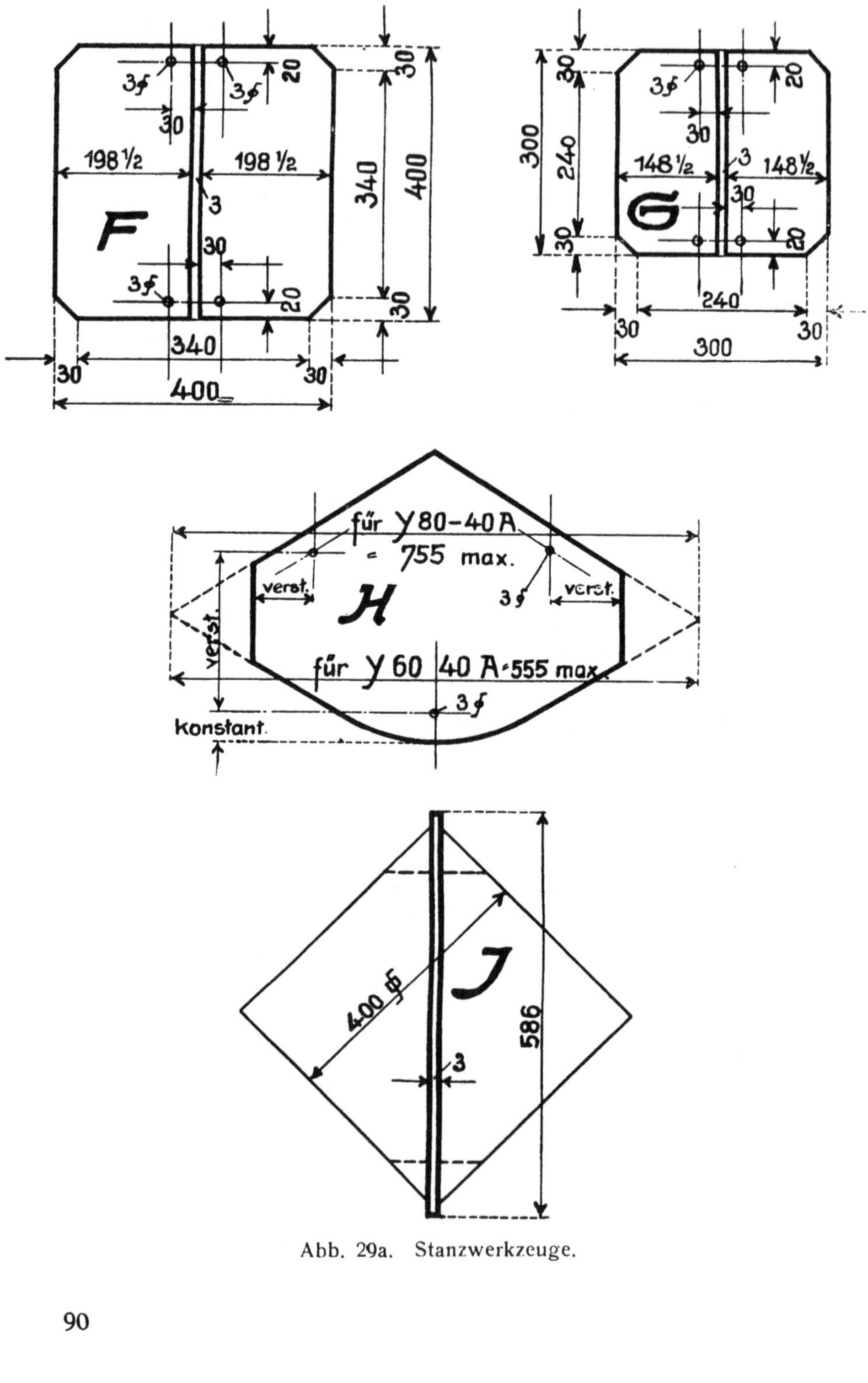

Abb. 29a. Stanzwerkzeuge.

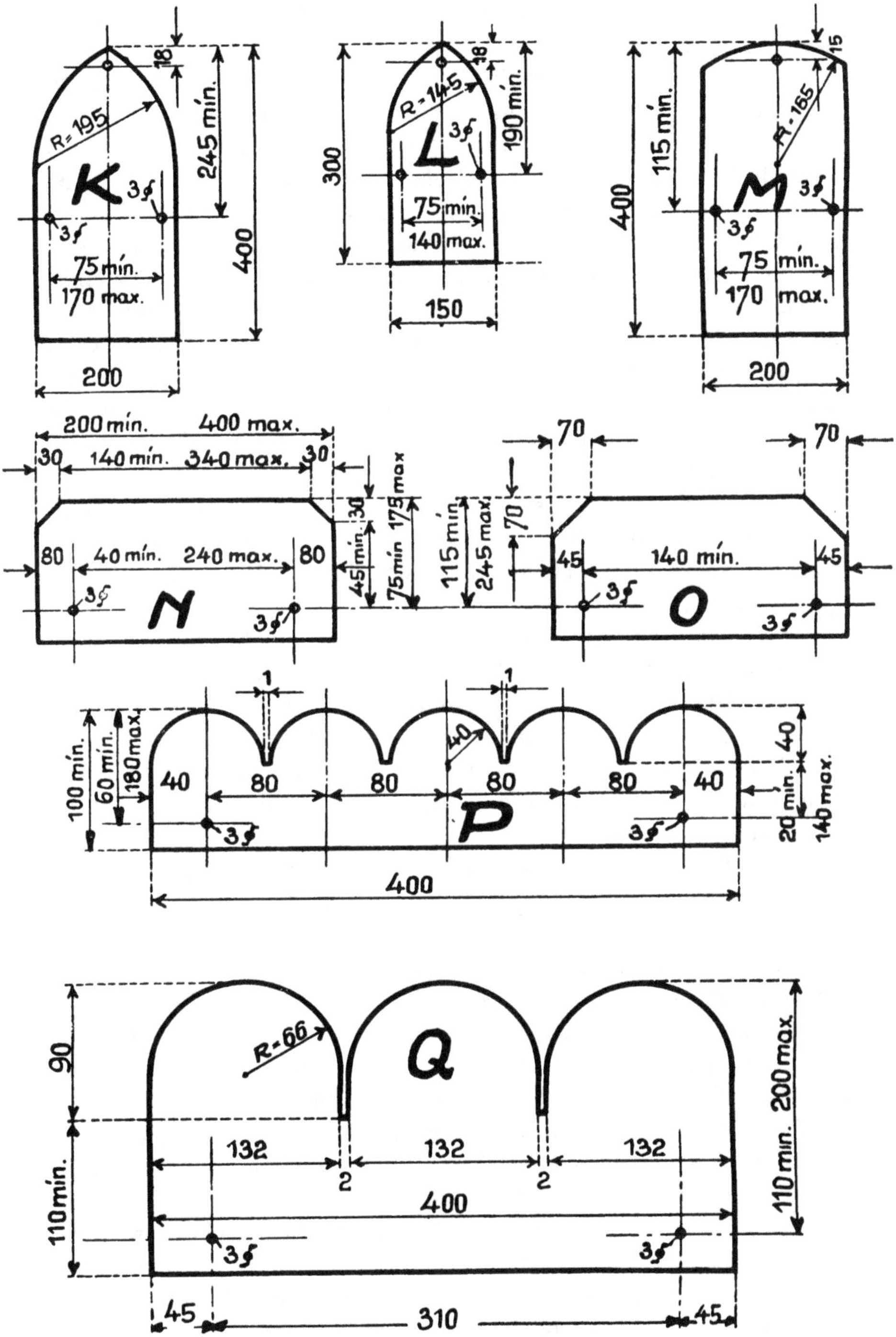

Abb. 29b. Stanzwerkzeuge.

an der Formatwalze vereinfacht den Betrieb und verursacht weniger Ausschuß.

Die aus der hydraulischen Presse genommenen Asbestzementplatten müssen 7 bis 9 Stunden stehengelassen werden. Sind sie nun reif zum Ausblättern, so werden sie von den Preßblechen abgehoben, in Stößen aufgeschichtet und in jeweiligen Abständen von 400 mm mit Beschwerungsplatten versehen. In diesem Zustande kommen die Platten dann in einen feuchten Raum (wie ich diesen unter besonderem Abschnitt nochmals erwähne), in welchem der Zement vollständig aber langsam abbinden soll. Auf diese Weise verhütet man ein Stocken der Platten. Sind die Schieferplatten gut abgebunden, so gelangen diese auf Wagen in eine Trockenkammer, wo sie einzeln so geschichtet werden, daß die Luft auf allen Seiten gut durchstreichen kann.

Da die Platten wegen der Wölbung der Formatwalze schon von Natur aus das Bestreben des Krummwerdens haben, muß die Feucht- und Trockenbehandlung mit großer Sorgfalt vorgenommen werden.

Der Abfall der Hilfsmaschinen wird zweckmäßig im Holländer wieder verarbeitet, sofern der Zement nicht schon erhärtet ist.

Zur Erzielung einer gut durchdrungenen Farbe der Platten ist zu empfehlen, den Zement und die jeweilige Farbe in einer Kugelmühle innig zu vermengen. Es darf als Farbstoff nur wetterfeste Farbe verwendet werden, die der Wirkung des Zementes standhält.

Da der Zementstaub sich in den Arbeitsräumen niederschlägt und sich dann mit der Feuchtigkeit der atmosphärischen Luft zu einer harten Masse verbindet, die sehr schwer zu beseitigen ist, muß in einer Asbestschieferfabrik mit der größten Reinlichkeit gearbeitet werden. Der Übelstand der Zementerhärtung ist namentlich den Riementrieben von großem Nachteil und sind daher in einer Asbestzementplattenfabrik nur Gummi- und Kamelhaarriemen in Anwendung zu bringen.

Es muß jeder Asbestschieferfabrik eine kleine Reparaturwerkstätte angegliedert sein, da die Natur des Betriebes kleinere und größere Reparaturen mit sich bringt.

Wie oben bereits erwähnt, wird das Hatschekscbe Erzeugnis „Eternit" genannt, d. h. „ewig dauernd". Der Umsatz an Eternitschiefer allein belief sich in Österreich im Jahre 1910 auf zirka 11½ Millionen Quadratmeter. In Deutschland konnte der Vertrieb infolge Patentstreitigkeiten erst im Jahre 1908 regelrecht aufgenommen werden. Inzwischen hat sich der Verkehr soweit gehoben, daß die deutsche Erzeugungsziffer bereits eine Million Quadratmeter überschreiten konnte.

h) Aufstellung über sämtliche Spezialmaschinen

für eine Asbestzementschieferfabrik System Hatschek mit einer zwölfstündlichen Leistung von 1500 qm.

1 Kollergang	Kraftbedarf	6 PS.
1 Desintegrator	„	10 „
1 Holländer	„	10 „
1 komplette Rührbüttengarnitur	„	2 „
1 komplette Rohplattenmaschine	„	2,5 „
2 Reservesiebzylinder	„	
1 Frischwasserpumpe (2000 l Leistung)	„	15 „
1 Siebwasserpumpe (1200 l Leistung)	„	8 „
1 Zylinderwaschmaschine	„	0,5 „
1 Differentialflaschenzug		
1 Filzmaschine	„	0,5 „
1 Stanzmaschine	„	4 „
1 Rahmenstanzeisen dazu		
1 hydraul. Presse, 1 250 000 kg Druck		
1 Preßpumpe dazu	„	3,5 „
1 Loch- und Stutzmaschine	„	1,5 „
3000 Stück Preßbleche		
2 Abwasserfilter		
1 Zementschüttelwerk	„	3 „
1 Mischbütte	„	0,5 „
1 Dreizylindersaugpumpe	„	3,5 „
1 Blechreinigungsmaschine	„	1,5 „
	Kraftbedarf	72 PS.

Da die Preise beständiger Wandlung unterworfen sind, daher von heute auf morgen überholt sein können, unterlasse ich es, die Preise für obige Maschinen zu spezifizieren. Ich hatte im Jahre 1925 Gelegenheit, eine gut eingerichtete deutsche Asbestzementschieferfabrik zu taxieren und auf Grund dieser gewissenhaft gemachten Bewertung können wir annehmen, daß man augenblicklich zur Anschaffung obiger Spezialmaschinen mit einem Kapital von mindestens 100 000 M. zu rechnen hat.

i) Die Reparaturwerkstatt.

Da über die Größe der Reparaturwerkstätte selbst in Fachkreisen oft Zweifel herrschen, so will ich über dieses für die Asbestschieferfabrikation so wichtige Glied einige Erfahrungen zitieren, die bei Errichtung einer Neuanlage zweckdienlich sein werden. In erster Linie muß sich die Größe der Reparaturwerkstatt nach den Dimensionen des eigentlichen Fabrikbetriebes richten. Für eine Anlage mit drei oder mehr Rohplattenmaschinen muß die Werkstatt größer sein, als wenn nur mit einer Maschine gearbeitet wird. Nehmen wir einen Betrieb mit nur einer Rohplattenmaschine an. Selbst wenn die Fabrik fern vom maschinenindustriellen Verkehr gelegen sein sollte, muß der Betriebsleiter doch darauf bedacht sein, keine Hilfsmaschinen aufzustellen, für welche am Ende keine ausreichende Beschäftigung vorhanden ist, denn solche Maschinen wirken als totes unverzinsliches Kapital.

Die Reparaturwerkstätte muß hell und geräumig sein. Der gut ausgebildete Mechaniker muß imstande sein, auch mit einfachen Hilfsmitteln eine nicht allzu schwierige Reparatur vorzunehmen. Es ist zweckdienlich, die Werkstätte außer der in der Fabrik verwendeten Arbeitskraft, wie Elektrizität oder Dampf, mit einer Reservekraft, vielleicht mit einem Benzinmotor zu versehen, um im Notfalle eine Reparatur auch ausführen zu können, selbst wenn der Betrieb in der Fabrik durch irgendein Hindernis stillgelegt werden mußte.

Zur Einrichtung der Reparaturwerkstatt ist zunächst eine Schmiedevorrichtung nebst Gebläse nötig, die gestattet, Schweißungen von Wellen bis zu zirka 80 mm Stärke auszuführen; auch ein Härteofen ist vorzusehen. Die Schmiede wird aus Reinlichkeitsrücksichten durch eine dünne Wand von der eigentlichen Werkstätte getrennt. In dieser letzteren wird eine kleinere Drehbank aufgestellt, auf der Bolzen, Zapfen und Holzmodelle fabriziert werden können. Eine sogenannte Walzendrehbank diene dazu, Wellen bis zu 5 m Länge zu bearbeiten. Die Spitzenhöhe ist so zu wählen, daß die meist nötigen Riemenscheiben im Bedarfsfalle gedreht werden können. Bei Ankauf an gebrauchten Maschinen ist besonders darauf zu achten, daß dieselben noch gut erhalten sind; denn schon mit Rücksicht der Verwendung von modernen Schnellarbeitsstählen muß selbst eine neue Drehbank stark gebaut sein. Ein Walzenschleifapparat für die Drehbank sowie ein Fräsapparat können sich als sehr nützlich erweisen. Ferner muß alles für einen Schlosser benötigte Handwerkszeug beschafft werden, sowie eine Bohrmaschine, die gestattet, Löcher bis zu 50 mm zu bohren. Ferner muß die Werkstätte mit einem rotierenden Schleifstein und einer Hobelbank ausgerüstet werden, der das für einen Tischler nötige Handwerkzeug nicht fehlen darf, um einfachere Holzmodelle ausführen zu können. Einrichtungen zum Ausgießen von Lagern sowie zum Löten sind Bedingung. Eine autogene Schweißanlage wird sich für einen Betrieb mit nur einer Maschine wohl kaum rentieren.

Um nun bei Ausführung der Reparaturen nicht unliebsam unterbrochen zu werden, ist es Sache des Betriebsleiters, dafür zu sorgen, daß Reserveteile stets reichlich am Lager greifbar vorhanden sind. Die Reparaturwerkstätte ist in ihrer Größe noch derartig anzuordnen, daß bei späteren Erweiterungen des Betriebes auch noch Raum zur Aufstellung weiterer Hilfsmaschinen vorhanden ist.

2. Herstellung von Asbestzementschiefer nach Oesterheld (trockenes Verfahren).

a) Allgemeines.

Nach dem bekannten vorbeschriebenen Verfahren System Hatschek wird zur Herstellung von Asbestzementplatten der als Bindemittel dienende Zement mit dem geholländerten Fasermaterial im Holländertrog oder in einem Rührwerke zu einem Brei innig vermischt und dieser darauf auf einer Pappenmaschine in bekannter Weise weiter verarbeitet. Dieses bekannte Verfahren hat nun in der Praxis gewisse Nachteile gezeigt. Die beweglichen Teile und Lager der zur Verwendung gelangenden Pappenmaschine werden nämlich durch das bereits im Rührwerk oder Holländer zugesetzte Bindemittel stark angegriffen und abgenutzt. Ferner verlegt das Bindemittel die Zylindersiebe in kurzer Zeit so stark, daß sie öfter herausgenommen und ersetzt werden müssen, wodurch die Betriebskosten erheblich gesteigert werden. Diese Nachteile werden nach dem trockenen Verfahren dadurch vollständig behoben, daß der Zement dem Fasermaterial erst nach dessen Verarbeitung auf der Pappenmaschine mittels eines Gebläses oder einer anderen Stäubvorrichtung zugeführt wird. Zur allgemeinen Orientierung will ich das Verfahren bzw. dessen

Werdegang kurz schildern, um dann nachher auf die Details einzugehen.

Die Asbestfaser wird zunächst in bekannter Art und Weise in einem Holländer unter Zusatz von Wasser und nach Bedarf auch von Füllmitteln, wie Kieselguhr, Kork usw. entsprechend fein gemahlen und nach Bedarf wasserdicht gemacht, und in bekannter Weise zu Platten verarbeitet. Die vom Transportfilz jeweilig aufgenommene feuchte Stoffschicht gelangt nun in eine Kammer, in welcher mittels eines Gebläses oder einer anderen bekannten Streuvorrichtung eine feine und gleichmäßig verteilte Schicht des Bindemittels, Zement u. dgl. aufgetragen wird. Durch dieses eigentümliche Verfahren wird jedes der im feuchten Zustande befindlichen Faserteilchen innig mit dem Zement in Berührung gebracht. Die auf solche Weise entstandene Stoffschicht wird nach Verlassen der Staubkammer oder Streuvorrichtung durch die Abnehmerwalze der Pappenmaschine um den Abnehmerzylinder gerollt und bei Fortsetzung des gesamten Verfahrens jede weitere Schicht fest in die vorhergegangene hineingepreßt und mit derselben innig verbunden. Hat der in solcher Weise erzeugte Plattenstoff die gewünschte Stärke erreicht, so wird die um den Abnehmerzylinder gewickelte Rolle mittels eines Messers abgeschnitten, in einer hydraulischen Presse auf erforderlichen Druck gepreßt und schließlich in Wasser oder feuchter Luft erhärtet und dann getrocknet. Das trockene Verfahren ist bis auf die Mischung von Zement und Asbest im Werdegang mit dem nassen Verfahren vollständig übereinstimmend; nur ist die Leistungsfähigkeit einer Oesterheldschen Maschine nicht so groß wie die einer Hatschekschen. Während auf der Hatschekschen Maschine in zwölf Stunden 1500 bis 1800 qm Asbestzementschieferplatten erzeugt werden können, liefert dieselbe Oesterheldsche Maschine in der gleichen Zeiteinheit 700 Platten 1200×1200 mm = 1008 qm. Der Grund liegt darin, daß mit Rücksicht auf die Bindungsdauer von Asbest und dem aufgestreuten Zement nicht schneller als mit 18 bis 20 m Geschwindigkeit in der Minute gearbeitet werden kann, während beim nassen Verfahren 30 m keine Seltenheit sind. Durch zweckentsprechend angeordnete Neuerungen bezgl. der Streuung und Saugung (zwei Sauger) sind jedoch auch neuerdings höhere Geschwindigkeiten als 20 m bei der Oesterheldschen Maschine erzielt worden und damit verbunden auch eine größere Leistungsfähigkeit.

b) Die Kraft- und Aufbereitungsmaschinen.

Bis auf die eigentliche Rundsiebmaschine und die Mischungsart von Asbest und Zement ist das trockene Verfahren im Prinzip vollständig gleich dem nassen Verfahren, es sind daher hier alle die Maschinen wieder zu finden, die beim Hatschekschen Verfahren schon eingehend erläutert worden sind. Ich werde daher schon beschriebene Maschinen nur in großen Zügen charakterisieren, jedoch auf die wesentlichen Abweichungen ganz besonders eingehen.

Als Rohmaterialien kommen auch hier Asbest, Zement und evtl. Farbe in Betracht und dürften die gleichen Mischungsquantitäten von 100 kg Zement zu 20 kg Asbest zu 5 bis 10 kg Farbe Verwendung finden. — Ich hatte Gelegenheit, des Erfinders eigenes Werk mit einzurichten, über welches ich folgendes erwähne: Die Fabrik arbeitet mit Dampfkraft. Als Kraftmaschine dient eine Heißdampfmaschine. Der Dampf wird in großen modernen Kesseln erzeugt, von welchen einer als Reserve dient. Das Gebäude ist ein einfacher Backsteinbau, mit einem Stockwerk, so daß die ganze Maschinerie parterre montiert sein muß. Die Kohlen kommen aus dem nahegelegenen Ruhrgebiet auf dem Wasserwege bis an die Fabrik. Der Zement wird von der 15 Minuten von der Fabrik entfernten großen Zementfabrik bezogen, während der Rohasbest evtl. direkt von Übersee in Schiffen bis an den Fabrikhafen geschafft werden kann. Die Dampfkraft wird in elektrische Energie umgeformt und so in die verschiedenen Sparten des Betriebes geleitet. Die Rohmaterialien werden in einem Raume vor dem Kollergange oder auf dem Boden aufgespeichert und gelangen dann auf Rollwagen in die verschiedenen Abteilungen des Betriebes. — Eine Haupttransmission, welche von einem Elektromotor angetrieben wird und mit $n = 120$ bis 150 Touren minutlich rotiert, treibt sämtliche Arbeitsmaschinen.

Der Kollergang.

Der Rohasbest wird im Kollergang, der im Erdgeschoß montiert ist, aufgeschlossen. Es ist dies die gleiche Mahlmaschine, wie sie beim Hatschekschen Verfahren bereits ausführlich beschrieben wurde (siehe Abb. 8). Der Kollergang hat Läufer- und Bodensteine aus Granit, deren erstere mit $n =$ 10 Touren minutlich rotieren. Die Maschine benötigt zirka 5 bis 6 PS. an Kraft.

Der Vertikalöffner.

Nachdem die Faser genügend aufgeschlossen ist, wird diese — wie üblich — durch Öffnen des seitlich in der gußeisernen Schale angebrachten Schiebers abgeleitet. Von hier, d. h. vom Kollergang, gelangt nun der aufgeschlossene Asbest zum vollständigen Reinigen und Aufschlagen der wertvollen Faser in einen sogenannten Vertikalöffner, wie ihn die Firma E. Geßner in Aue baut und wie er in Abb. 30 veranschaulicht ist. Dieser Öffner, der auch vielfach beim Hatschekschen Verfahren an

Abb. 30. Vertikalöffner für Asbest der Fa. Ernst Geßner, Aue i. Erzgeb.

Stelle der Siebtrommel verwendet wird, soll hier als neu eingehend beschrieben werden. In ihm werden sämtliche vorgekollerten Rohasbeste so aufgeschlossen, daß dieselben schon eine weiche Wolle oder Watte darstellen. Der Öffner arbeitet mit einer Leistung bis zu 2000 kg pro Tag. Bei dieser Maschine geht man von dem Prinzip aus, die Zerlegung der Faser durch die Zentrifugalkraft zu unterstützen. Die Schläger treiben das Material spiralförmig an den hohlkegelförmigen Rostflächen in die Höhe, wobei der Sand usw. abgestrichen und durch Luftdruck die reine Faser vollständig hochgetrieben und geöffnet wird. Der Sand und die ganze kurze Abfallfaser werden durch die Rostspalten ausgeschleudert. Das vorgearbeitete, vom Siebe kommende Material wird durch den Trichter außen eingeworfen und fällt in den inneren Trichter, dessen Fortsetzung nach oben ein gußeiserner Maschenrost bildet. In diesem Rostgehäuse rotieren die Flügel. Das geöffnete Material geht, wie bereits erwähnt, nach oben, fliegt gegen die Siebtrommel und gelangt auf dem Transportlattentisch in die Faserkammer. Ein Ventilator saugt die Luft aus dem Trommelsiebe ab. Der Sand und Abfall fällt durch den Rost und kann bequem ausgeleert werden. Man wähle nur Öffner mit verstellbarem Flügel, da man je nach dem Material, ob kurze oder lange Faser, die Faseröffnung durch Stellung der Jalousien eng oder weit regeln kann. Die Kraft, welche dieser Vertikalöffner beansprucht, ist ungefähr 6 bis 7 PS. bei Rotation von 1000 bis 1100 Touren in der Minute. Die ausgeworfene Faser ist fast vollständig sandfrei. Zum Antriebe ist ein Vorgelege erforderlich mit einem Abstand von ungefähr 2,5 bis 3 m von der Schlägerwelle und einer Tourenzahl von zirka 375 in der Minute.

Maß- und Gewichtsverhältnisse des Spezial-Asbest-Öffners.

Höhe	2500 mm
Breite	1600 „
Tiefe	2600 „
Tourenzahl des Flügels minutl.	1000
Tourenzahl des Ventilators minutl.	1100
Gewicht: verpackt	3700 kg
„ unverpackt	3000 „

Der Öffner wirft die geöffnete Faser in einen im Fußboden befindlichen ausbetonierten und abgeschlossenen Raum, aus welchem durch den Elevator die Faser dann auf den Holländerboden befördert wird.

Der Desintegrator.

An Stelle des oben beschriebenen Öffners, der sich gut bewährt hat, unterhalten viele Asbestzementschieferfabriken einen sogenannten Desintegrator, wie ihn Abb. 31 zeigt, eine gleich dem Öffner wichtige Dienste leistende Maschine. Der Desintegrator wird also ebenfalls zum Aufschlagen der Asbestfaser verwendet. Da durch seine charakteristische starke Konstruktion sich aber nicht jeder Asbest verarbeiten läßt, ist der Desintegrator in Asbestzementfabriken auch dazu bestimmt, den Asbestabfall, welcher in der gesamten Stoffverarbeitung entsteht, aufzuarbeiten.

Zum Beispiel würde der äußerst feine sibirische Asbest im Desintegrator aufgearbeitet, zerschlagen werden; trotzdem wird er aber für kanadischen Asbest nur mit Vorteil angewandt.

Abb. 31. Desintegrator zum Aufschlagen des Asbestes.

Der Desintegrator besteht aus vier, sechs oder acht konzentrisch ineinander laufenden Trommeln, deren zylindrische Umfassungswände aus Stäben gebildet werden, welche an der einen

Seite in Scheiben und an der anderen Seite in Ringen vernietet sind. Die erste, dritte und fünfte Reihe bilden ein zusammenhängendes Ganzes, welches auf einer Achse befestigt ist und von dieser mit Hilfe einer Riemenscheibe in rotierende Bewegung versetzt wird. Ebenso sind auch die zweite, vierte und sechste Reihe als zusammenhängender Teil des Apparates auf die andere Achse befestigt, um von einer zweiten Riemenscheibe betrieben zu werden. Der eine der beiden Riemen läuft gekreuzt, so daß die beiden Trommelapparate in entgegengesetzter Richtung arbeiten können. Alle harten Asbeststeine, welche noch kurze Faser enthalten, werden auf dieser Maschine geöffnet, so daß die kurze Faser freigelegt und verwendungsfähig wird. Zur Asbestaufschließung kommt in der Regel eine Maschine mit vier Stabreihen in Betracht. Diese leistet etwa 5000 kg pro Tag und ist der Kraftbedarf bei zirka 800 Touren minutlich auf etwa 10 bis 12 PS. zu schätzen. Der aufgeschlagene Asbest fällt dann in die Elevatorkammer und gelangt nach dem Holländerboden.

Der Holländer.

Der über dem Kollergang, Öffner oder Desintegrator befindliche Holländer ist derselbe, wie ihn Abb. 9 beim Hatschekschen Verfahren darstellt. Der gußeiserne Trog hat 4000×2000 mm Lichtweite und 700 mm Tiefe. Die mit $n = 150$ bis 160 Touren rotierende Messerwalze hat Gußstahlmesser mit Wate, einen Durchmesser von 850 mm und eine Walzenbreite von 950 mm. Der Kraftbedarf des Holländers beträgt zirka 10 bis 12 PS. Im Holländer wird einzig und allein nur der Asbest naß gemahlen, während der Zement trocken durch besondere Streuvorrichtungen auf der eigentlichen Rohplattenmaschine (Rundsiebmaschine) auf die Asbestbahn gestreut wird. Die Fabrikation ist hier also abweichend vom Hatschekschen Verfahren und liegt hierin die Verschiedenheit der Systeme. Nach ½ bis ¾ Stunde ist der im Holländer unter Zusatz von Wasser, Farbe und evtl. Wasserglas gemahlene Asbest büttenreif. Unter weiterer Zusetzung von Wasser, das aus dem an höchster Stelle im Gebäude gelegenen Frischwasserreservoir oder auch aus den Filtern genommen wird, läßt man den Asbestbrei durch Öffnen eines Ventiles in die im Parterre gelegene Rührbütte laufen.

Die Rührbütte.

Oesterheld hat zwei solcher Rührbütten, deren Rührwerke von einem gemeinschaftlichen Stirnrädervorgelege angetrieben werden. In einer Rührbütte wird nur schwarzgefärbter oder grauer Asbest verarbeitet, während die zweite Bütte nur zur Aufnahme von rotem Asbestbrei dient. Diese Doppelrührbütte von je 3000×2000×2500 mm Lichtweite benötigt etwa 3 PS. und die Rührwerke rotieren mit $n = 6$ bis 7 Touren in der Minute. Der Holländer hat im Boden zwei Ventile mit angeschraubten Rohrleitungen, von welchen eine in die erste Rührbütte, die andere in die zweite mündet. Die Rührwerke sind hier nicht so stark konstruiert wie bei dem Hatschekschen Verfahren, zumal diese nur Asbest und nicht den bedeutend schwereren Zement aufzuwühlen haben. Deshalb findet man hier hölzerne statt eiserne Rührerlatten angeordnet. Es wird nur jeweils mit einer Rührbütte gearbeitet. Wie üblich gelangt der Asbeststoff aus den Bütten durch je ein gußeisernes Schöpfrad mit je zwölf gußeisernen Bechern von je zwei Liter Inhalt und durch den üblichen Stoffregulierkasten in die blechernen Stoffrinnen und von diesen auf die Rohplattenmaschine. Eine Mischbütte wie bei dem Hatschekschen Verfahren ist hier eigentlich nicht absolut nötig, da der Zement in trockenem Zustande der nassen Asbestbahn aufgestreut ist. Der Zement wird vor seiner Aufstreuung in einer besondern Mischmaschine mit Farbe gemengt, sofern farbige Platten erzeugt werden.

c) Die eigentlichen Arbeitsmaschinen.

Die Rohplattenmaschine.

Abb. 32 (Tafel V) zeigt die Oesterheldsche Asbestzementschiefermaschine im Grund- und Aufriß. Wie ersichtlich, ist die Sauger- und Preßpartie mit der Rundsiebmaschine des Hatschekschen Verfahrens im großen ganzen übereinstimmend, jedoch kann mit Rücksicht auf die Eigenart der Stoffverbindung von Zement und Asbest auf dieser Maschine normal nur eine zwölfstündige Produktion von 1100 bis 1200 qm erreicht werden. Der wesentliche Konstruktionsunterschied liegt bei der Siebpartie.

Die Oesterheldsche Rohrplattenmaschine (siehe Abb. 32) (Tafel V) hat zwei Rundsiebzylinder von je 730 oder 850 mm Zylinderdurchmesser, und da die gleiche Breite wie beim nassen Verfahren gearbeitet wird, 1360 mm Bahnlänge. Jeder Zylinder ist mit einem Messinguntersieb oder Bronzesieb halbrund Nr. 5 und einem Phosphorbronzeobersieb Nr. 50 überzogen. Der zweite Rundsiebzylinder ist frei gelagert, während der erste in einem üblichen Zylinderkasten rotiert. Als Lager werden gut verschlossene Ringschmier- oder Kugellager verwendet. Da der hintere, bzw. zweite Zylinder sehr oft gewechselt werden muß, ist die Lagerung so einfach als irgend möglich anzuordnen. Die Lager werden seitlich auf die Zapfen (Achsen) des Zylinders aufgeschoben und der Zylinder samt Lager auf die Gußsohlplatten gebracht. Auf den Sohlplatten ist eine Verschiebung des Zylinders, resp. der Lager gegen das Gummiband und die seitlichen Stoffbänder, die besser unten ausführlich beschrieben sind, möglich zu machen, um bei etwaiger Abnutzung immer wieder dicht stellen zu können. Zum Zwecke des flotten Abzuges des Siebwassers des frei lagernden Siebzylinders ist das unter ihm befindliche Fundament halbrund ausbetoniert. Besonders zu beachten ist, daß die Abstände der beiden Siebzylinder von Mitte zu Mitte in der Länge von 1550 mm und in der Höhe von 510 mm genau eingehalten werden müssen, damit der Transportfilz eine möglichst steile Lage erhält, welche zum Bestreuen der abgegautschten Asbestbahn mit Zement bezüglich guter Bindung nötig ist.

Der von der Rührbütte kommende Asbeststoff gelangt also in Blechrinnen von rechteckigem Querschnitt in den aus Holz gezimmerten Stoffkasten *a* des frei gelagerten Zylinders, wie auch in den Zylinderkasten *b* mit gußeisernen Seitenwänden des ersten Rundsiebes. Der Kasten ist ähnlich dem Hatschekschen und hat schmiedeeisernen Blechboden mit zwei Stoffrührern. Während beim Holzkasten *a* der Stoffeintritt links und von oben erfolgt, wird dem Zylinderkasten *b* der Stoff rechts zugeführt, und zwar v o r der Formatwalze aus stehend gesehen. Jeder Siebzylinder hat auf der ablaufenden Seite das übliche kupferne Spritzrohr von 30 mm lichte Weite, das jeweils durch eine einseitige Scheibe durch Hebelübertragung und Gegendruckfeder zur Reinigung der Siebzylinder hin- und herbewegt wird.

Der hölzerne Stoffkasten *a* hat, wie aus Abb. 32 (Tafel V) ersichtlich ist, drei Etagen, in deren untersten ein üblicher Rührer mit schmiedeeiserner Welle, ebensolchen Armkreuzen und Latten mit $n = 120$ Touren minutlich rotiert. Der Antrieb dieses Rührers erfolgt von einem der Rührer des Zylinderkastens *b* aus, und zwar durch Kette und Kettenrad. Der Rührer hat hier den Zweck, den Stoff (Asbest) unmittelbar vor seinem Austritt auf den zweiten Siebzylinder nochmals tüchtig zu mischen, um eine Kreuz- und Querlage der Fasern auf dem Siebe und somit eine gute Verfilzung zu erzielen. In Höhe von 160 mm vom Boden des Kastens ist die 1400 mm weite Austrittsöffnung mit einer Schnauze von 230 mm Länge angebracht. Die Auslaufschnauze soll möglichst schräg, nach dem Auslauf zu ansteigend sein, und nicht nach dem Kasteninnern senkrecht abschließen. Damit nun der Asbeststoff zwischen dem Siebe des frei lagernden Zylinders und der Schnauze nicht abfließen kann, ist zwischen beiden eine hermetisch abschließende Gummidichtung, die einerseits am Siebtuch des Zylinders streift, andererseits in das Brett der Schnauze vertieft eingelassen und befestigt ist. Um ein seitliches Austreten des Asbeststoffes zu verhindern, ist jeweils an den Stirnflächen der Schnauze ein besonderes hölzernes Paßstück, an welches der seitliche Abdichtungsfilz befestigt ist. Dieser Filz schließt wasserdicht mit dem jeweiligen seitlichen gußeisernen Zylinderring ab und hält monatelang, ohne erneuert zu werden. — Unmittelbar über der Schnauze und zirka 200 mm rechts des Zylindermittels des frei laufenden Rundsiebes ist die erste Zementstreuvorrichtung *c* an schmiedeeisernen Haltern montiert. Diese Zementstreuvorrichtung besteht aus einem nahtlosen Stahlsiederohr von 115 mm Durchmesser und 5 mm Wandstärke, in welchem eine Schnecke mit Spirale von 95 mm Durchmesser, 5 mm Dicke und 45 bis 50 mm Steigung mit $n = 160$ Touren rotiert. In seitlichen gußeisernen Deckeln, welche an die schmiedeeisernen Flanschen des Rohres verschraubt sind, lagert die Schneckenwelle. Das Rohr hat unten in der Wand auf einer Länge von 1400 mm Öffnungen von 5 mm lichte Weite in jeweiligen Abständen von 15 mm. Durch ein zweites Rohr von 80 mm lichte Weite wird nun der Schnecke seitlich, und zwar rechts (von der Formatwalze aus gesehen) fein pulverisierter Portlandzement zugeführt, welcher durch die Spirale in der Achsenrichtung durch das Rohr bewegt wird. Da aber dieses letztere am Boden die oben beschriebenen Öffnungen hat, so wird der Zement durch die Löcher auf das rotierende frei lagernde Rundsieb fallen, das unmittelbar zuvor die Asbestfaser von dem aus der Schnauze kommenden Asbeststoffwasser aufgenommen hat. Es tritt also nunmehr eine Verbindung von nassem Asbest mit trockenem Zementpulver ein, d. h. die erste Entwicklung der Asbestzementschieferplatte ist erreicht. Das entfaserte Stoffwasser, jetzt Siebwasser genannt, dringt durch die Maschen des Rundsiebes in das Innere des Zylinders und fließt dann in dem unter der Maschine betonierten Kanal *d* der Siebwasserpumpe zu. Da mancher Zement, selbst der best gemahlenste stets noch gröbere Unreinigkeiten in sich birgt, welche dem Rundsiebe Schaden zufügen könnten, ist zur Beseitigung dieser Eventualität unmittelbar unter den Löchern des Stahlrohres ein Messingsieb Nr. 16 in einem Hartholzrahmen angebracht, das durch ein besonderes Schüttelwerk mit Exzenter sehr rasch hin- und herbewegt wird. Das Sieb Nr. 16 ist mit Rohrschellen am Stahlrohr beweglich befestigt. Ein weiterer großer Vorzug des beweglichen Siebes liegt darin, daß die Streuung des Zementes auf die Asbestbahn gleichmäßiger und intensiver vor sich geht. Der vom Transportfilz *e* in Rotation versetzte frei lagernde Rundsiebzylinder führt nun den Asbest mit aufgestreutem aber nunmehr gebundenem Zement nach der hölzernen mit Filz umwickelten Abgautschwalze *f*, um dort durch den Druck der Walze auf den Transportfilz abgegautscht zu werden, im Prinzip ähnlich dem Hatschekschen Verfahren. Wie aus Abb. 32 (Tafel V) zu ersehen, ist die Gautschwalze verschiebbar in schmiedeeisernen Führungshebeln gelagert. Mittels gußeisernen Linsengewichten kann der Druck der Abgautschwalze vergrößert oder verringert werden.

Es ist nun zu beachten, daß der am frei gelagerten Rundsiebzylinder angekommene Transportfilz *e* bereits schon beim ersten Siebzylinder, der im Zylinderkasten *b* gelagert ist, eine Asbeststoffschicht durch Abgautschwalze f_1 aufgenommen hatte, so daß also bei Abgautschung der zweiten Stoffschicht vom frei gelagerten Rundsieb der aufgestreute Zement, zwischen zwei Asbestschichten eingebettet, zu liegen kommt. Durch diese Vorrichtung wird eine innige Verbindung und Armierung von Zement und Asbest erzielt, welche namentlich in der Festigkeit der fertigen Platte äußerst günstig in Erscheinung tritt. Von der Abgautschwalze *f* geht der Transportfilz *e* mit den Asbestzementschichten in entgegengesetzter, und zwar ansteigender Richtung nach der Saugerpartie, die aus einem oder zwei Saugern bestehen kann, um dann an der Formatwalze der Preßpartie zu endigen. Vor dem Sauger, und zwar in einem Abstande von mindestens 1800 mm, ist die zweite Zementstreuvorrichtung *g*, mittels Rohrschellen an das gußeiserne Gestell angebracht. Die Streuvorrichtung *g* ist die gleiche, wie die oben beschriebene *c*, nur hat dieselbe hier zwei bewegliche Siebe, das obere mit Messingsiebezug Nr. 16, das untere mit Sieb Nr. 18. Wie aus Abb. 32 (Tafel V) zu ersehen ist, wird der pulverisierte Zement auf die Asbestbahn aufgestreut, die sich auf schiefer ansteigender Ebene auf dem Transportfilz *e* unter der Streuvorrichtung hin fortbewegt.

Es hat sich in der Praxis gezeigt, daß eine Verbindung von Asbest und Zement besser und wirksamer herbeigeführt wird, wenn der Zement in die Asbestfaser und nicht auf die Asbestfaser geschüttelt wird, was z. B. bei wagerechter Filzführung unter der Streuvorrichtung *g* durch im nachteiligen Sinne für die Verbindung eintreten würde. Je steiler also der Filz unter der zweiten Streuvorrichtung durchgeht, desto intensiver saugen die Asbestfasern den Zement auf und um so vollständiger wird die Verbindung. Die höchst zulässige Steillage des Filzes ist in Abb. 32 (Tafel V) ersichtlich. Es ist nun auch erklärlich, warum die Stichmaße der Abstände der Siebzylinder voneinander unbedingt eingehalten werden müssen. Eine steilere Filzführung ist nicht mehr möglich, da sonst bei zu großer Tieflage des frei lagernden Rundsiebes der Filz an der Kastenwand des ersten Rundsiebes streifen und die an demselben abgegautschte Asbestbahn abschaben würde. Eine weitere tiefere Aussparung in der Kastenwand ist andererseits auch nicht angängig, weil sonst das Stoffwasser überlaufen würde. Wie oben bereits erwähnt, muß die zweite Streuvorrichtung *g* mindestens 1800 mm vom Sauger entfernt montiert sein, damit der Zement genügend Zeit zur Durchfeuchtung und Verbindung mit dem Asbest hat. Es darf daher die Filzgeschwindigkeit zirka 20 m minutlich nicht überschreiten, wodurch die Grenze der Leistungsfähigkeit der Oesterheldschen Rohplattenmaschine bei Verwendung eines Saugers erreicht sein dürfte. Bei Vergrößerung der Saugung wird eine größere Filzgeschwindigkeit benutzt werden können.

Der fein pulverisierte Zement kommt aus der in der ersten Etage gelegenen Mischmaschine in den Einlauftrichter der zweiten Streuvorrichtung, deren Schnecke mit $n = 140$ Touren minutlich rotiert. Der nicht durch die Löcher des Stahlrohres hindurchgegangene Zement gelangt — wie oben schon gesagt — durch das Verbindungsrohr von 80 mm lichte Weite nach der ersten Streuvorrichtung *c*. Der etwaige überschüssige Zement verläßt die untere Streuvorrichtung entgegengesetzt des Einlaufes, fällt in eine betonierte kleine Grube im Fußboden, um dann mittels eines kleinen Schöpfbecherwerkes in die Aufgabevorrichtung des Einlauftrichters zurückgeschafft zu werden. Wie erklärlich, rotieren die Schnecken der beiden Streuvorrichtungen in entgegengesetzter Richtung und muß dieserhalb der gemeinschaftliche Antriebsriemen gekreuzt laufen.

Besondere Beachtung ist nun noch den Schüttelwerken zu widmen, welche die Schüttelsiebe hin- und herbewegen. Dieselben sind rechts (von der Formatwalze aus gesehen), auf gußeisernen oder schmiedeeisernen Böcken in jeweiliger Höhe der betreffenden Streuvorrichtung montiert. Sie bestehen aus zwei gußeisernen kleinen Lagersupporten mit je einem abnehmbaren Lagerdeckel mit Metallagerschalen. Die Supporte sind je auf gemeinsamer Grundplatte vergossen. In den Lagern rotiert mit $n = 1100$ Touren eine schmiedeeiserne Welle von 40 bis 45 mm Durchmesser. Auf einer Seite (Ende) der Welle ist der fliegend laufende kleine Exzenter mit Hub von zirka 30 mm angebracht, der die Pleuelstange der Schüttelsiebe hin- und herbewegt. Das jeweilige Schüttelwerk wird von einem kleinen Deckenvorgelege aus angetrieben, das wiederum von einem separaten Elektromotor von ¾ bis 1 PS. in Bewegung gesetzt wird. Das Schüttelwerk hat feste und lose Riemenscheibe von je 100 mm Durchmesser und 55 mm Breite.

Kehren wir nunmehr zum allgemeinen Fabrikationsgange zurück. Der Asbest mit dem erstmals eingebetteten und das andere Mal aufgestreuten Zement, gelangt nun auf dem Transportfilz *e* nach der Saugerpartie, wo eine Entwässerung der Stoffbahn stattfindet. Der Sauger ist in seiner Konstruktion demjenigen beim Hatschekschen Verfahren beschriebenen vollständig gleich. Er besteht aus gußeisernem Trog mit aufgeschraubter perforierter Stahlplatte von 12 mm Stärke. Der Saugraum des Troges ist unten mittels Gasrohr von 2″ mit der üblichen Triplexsaugerpumpe, wie sie Abb. 14 zeigt, verbunden. (Auch Spezialpumpen finden Anwendung.)

Von der Saugerpartie gelangt der Asbestzementstoff nach der **Preßpartie**, um dort von der Formatwalze aufgenommen zu werden. Der freilaufende Transportfilz *e* geht nun nach Passieren von Regulierung, Spannung und Filzwäsche zurück nach dem ersten Rundsiebzylinder, um dort von neuem Asbest abzugautschen, d. h. seine oben beschriebene Arbeit von neuem zu beginnen. Bezüglich Regulierung, Filzspannung und Filzwäsche, überhaupt alles, was an der Sauger- und Preßpartie besonderer Erwähnung bedarf, trifft das beim Hatschekschen Verfahren Gesagte zu, da Sauger und Presse bei beiden Systemen übereinstimmend sind. Zu bemerken ist noch, daß eine ungarische

Asbestzementplattenfabrik ohne den üblichen Filzschläger arbeitet. — Sind verschiedene Lagen auf der Formatwalze aufgewickelt, d. h. hat die Platte die gewünschte Dicke erreicht, so streift sie an einem sogenannten Friktionsrad des Signalapparates und betätigt dadurch ein Läutewerk. Nun ist es Zeit, daß der Maschinenführer mit seinem Gehilfen die Platte oder Lappen abnimmt. Dies geschieht durch Trennen der endlosen Stoffbahn auf der Formatwalze mit einem Messer. Die Platten werden dann — wie beim Hatschekschen Verfahren — auf einen

Abb. 33. Platten-Signalapparat.

hölzernen Ablegetisch gebracht, der zur Formatwalze schiefe Neigung hat, und die Asbestzementschieferplatte ist roh fertig.

Ein äußerst zweckmäßiger Signalapparat ist der von der Firma C. Joachim & Sohn in Schweinfurt a. M. herausgebrachte, wie dieser in Abb. 33 dargestellt ist.

Dieser Apparat wird in der Regel auf der schmiedeeisernen Traverse, welche die beiden Preßböcke der Formatwalze absteift, verschiebbar befestigt. Läßt die Konstruktion dieser Traverse eine Anbringung des Apparates nicht zu, so kann durch einen besonderen schmiedeeisernen Bügel *a*, der an das Gestell verschraubt ist, der verschiebbare Zapfen *b* mitsamt dem Apparat auf der Innenseite des Gestells oder Preßstocks montiert werden. Auf dem Zapfen *b* ist durch zwei Stellschrauben in der Nute der gußeiserne Stellsupport *c* verschraubt. Dieser Stellsupport besteht aus zwei Augen und einem angegossenem Verbindungssteg *d*. Zwischen den Augen, auf dem Zapfen leicht drehbar angeordnet, ist der gußeiserne Glockenhalter *e*, welcher einen Ansatz *f* trägt, der mit einer Stellschraube versehen ist. Diese Stellschraube dient dazu, den Apparat auf das genaue Maß einzustellen, was durch das Verschieben des Zapfens *b* in dem Bügel *a* nicht so exakt geschehen kann. Der Glockenhalter *e* endigt nach außen in einem zweckentsprechend ausgebildetem Auge f_1, in welchem der Zapfen *g* läuft und auf welchem einerseits das Friktionsrad *h*, andererseits das Sperrad zur Betätigung der Glocke aufgekeilt sind. Hat die Stoffschicht auf der Formatwalze die gewünschte Höhe erreicht, so daß diese die Friktionsscheibe berührt, so wird die Scheibe in Drehung versetzt und das Läutewerk betätigt.

Neuerdings gibt es Signalapparate, die elektrisch betätigt werden. Dieselben sind zwar bedeutend teurer als obiger Apparat, doch sollen die elektrischen Signalapparate den Vorteil haben, daß mit ihnen exaktere und auf der ganzen Oberfläche des Lappens egalere bzw. gleichmäßigere Stärken erzielt werden können. Der elektrische Dickenmesser arbeitet automatisch. Der bekannteste soll derjenige nach System Schopper-Mietaschk sein. Der Apparat ist eigentlich ein Mikrometer, der die jeweilige Lappenstärke nicht nur in Millimetern, sondern sogar in Zehntelmillimetern Dicke angibt. Die Funktion des Apparates erfolgt durch einen Hebel, der von der Achse der Formatwalze mitgenommen wird und bei erreichter Lappenstärke ein Zeigewerk, bzw. ein elektrisches Läutewerk auslöst.

d) Die Hilfsmaschinen.

Je nachdem, ob nun Wandverkleidungstafeln oder Schieferplatten zum Bedecken von Dächern hergestellt werden sollen, wandern die rohen Platten in die Stanzmaschine oder Schere, dann in die hydraulische Presse, um in der Loch- und Stutzmaschine zu endigen. Der Fabrikationsgang ist also von der Formatwalze ab ein und derselbe wie beim Hatschekschen Verfahren beschrieben. Es kommen also die gleichen Hilfsmaschinen wie Stanzmaschine (Abb. 22), Schere (Abb. 27 u. 28), hydraulische Presse (Abb. 23 u. 23a), sowie Loch- und Stutzmaschine (Abb. 25) zur Anwendung, welche früher schon ausführlich beim nassen Verfahren beschrieben wurden.

Das von der Siebpartie seitlich ablaufende Siebwasser (und zwar beim ersten Siebzylinder aus Stoffkasten *b*, beim frei lagernden Zylinder jedoch direkt ohne Passieren irgendwelchen Hindernisses) läuft auf der schiefen Ebene, einem Kanal *d* von 400 mm Breite der Siebwasserpumpe (Zentrifugalpumpe) zu, um von dieser zur Wiederverwertung nach den Filtern, bzw. Rührbütten und Holländer geschafft zu werden. Die Filter (siehe Abb. 21) sind gleich in Konstruktion und Arbeitsweise wie die beim Hatschekschen Verfahren beschriebenen und erübrigt sich daher eine besondere Erläuterung, bemerken möchte ich nur, daß auch liegende Filter Anwendung finden.

Auch beim Oesterheldschen Verfahren ist mit verhältnismäßig hohen Wasserquantitäten zu rechnen und beträgt die Wassermenge bei Wiederverwertung des Abwassers der Siebpartie, einschließlich Spritzwasser in zehn Stunden ungefähr 200 000 bis 250 000 Liter Wasser. Das Frischwasser wird als Grundwasser (Horizontalwasser) gefaßt und gelangt durch rotierende oder Kolbenpumpe in das an höchster Stelle im Gebäude oder besonderem Eisengerüst aufgestellte Frischwasserreservoir von 3000 × 3000 × 2000 mm Abmessung. Von hier aus verteilt sich das Wasser nach Holländer, Rohplattenmaschine und etwaigen Dampfkesseln. Bezüglich der Qualität des Wassers gilt das nämliche, wie beim Hatschekschen Verfahren besprochen. Eine in Holland gelegene Asbestzementschieferfabrik, die direkt am Meere gelegen ist, hat am Ufer Brunnen gebohrt, aus welchen das Fabrikationswasser mittels Kolbenpumpen geschöpft wird. Die chemische Untersuchung hat ergeben, daß das Wasser noch winzig kleine Mengen von Salz enthält, die jedoch ohne Einfluß auf das Fertigprodukt blieben.

e) Streuverfahren System Keller-Böck.

Um die Widerwärtigkeiten, welche die ständigen, kostspieligen Reparaturen der bisher in Verwendung stehenden Schüttelungen verursachten, zu beseitigen, wird man die System Keller-Böck-Rotationsstreuung verwenden, welche infolge mäßig rasch rotierender Bewegung, keiner so hohen Abnützung, als wie bei den bisher verwendeten Schüttelapparaten, unterworfen ist.

Außer dem Vorteil der Reparaturersparnisse ergeben sich noch weitere Vorteile, und zwar ist die Zementaufbringung eine stets gleichmäßige und verläßliche, weil das zur Aufstreuung gelangende Quantum regulierbar ist.

Schließlich wird durch entsprechende Situierung der Rotationsstreuung erreicht, daß die fertiggestellte Asbestzementschieferplatte zwei Zementaußenseiten (Oberflächen) besitzt, welches Resultat bei noch keinem bestehenden Zementaufstäubungssystem erreicht wurde.

f) Prüfungsergebnisse (nach Oesterheld).

Die Untersuchung von Asbestzementschieferplatten ergab folgende Resultate:

Festigkeitsverhältnis auf Biegung und Elastizität.

Laut Bericht des Prüfungsamtes in Groß-Lichterfelde beträgt die Biegungsfestigkeit des Zementasbestschiefers (Kunstschiefers) 1048 kg pro Quadratzentimeter gegenüber einer Biegungsfestigkeit eines Naturschiefers in derselben Stärke von 787 kg pro Quadratzentimeter.

Hygroskopizität.

Befund: Je nach dem Alter der Platten ist dieselbe verschieden.

Platte I,	4	Wochen alt	2,456 %
„ II,	4	„ „	2,670 %
„ III,	5	„ „	2,267 %
„ IV,	5	„ „	2,321 %
„ V,	6	„ „	1,927 %
„ VI,	6	„ „	1,830 %
„ VII,	6	„ „	1,892 %

Feuerbeständigkeit.

Nr. I. Frisches Material, vier Wochen gelagert:

Verträgt im Trockenofen eine Temperatur von 380° C, ebenso eine Gebläsestichflamme bis 800° C, letztere bei dreistündiger Einwirkungsdauer.

Nr. II. Altes Material, sechs Monate alt:

Verhält sich bei allen Temperaturen, sogar in Knallgasgebläse bis 1200° C widerstandsfähig. Jedoch wirkt eine plötzliche Einwirkung des Knallgebläses auf das kalte, nicht vorgewärmte Material explosiv. Das erklärt sich aus rein physikalischen Gründen, da die hygrostatisch gebundenen Wassermoleküle infolge der hohen Ausdehnungskoeffizienten die schieferartig aufgewalzten Schichten zum Platzen bringen.

Frostbeständigkeit.

Versuch I. Ein Stück vier Wochen altes Material wurde nach viertägiger Lagerung im lauwarmen Wasser von 40 bis 50° C am 20. Dezember der natürlichen Frosteinwirkung im Freien ausgesetzt. Es wurden folgende Kältegrade registriert:

20. Dezember	— 8° C	durchschnittlich
21. Dezember	—11° C	
22. Dezember	— 8° C	

Probe unverändert am 26. Dezember.

Versuch II mit sechs Monate altem Material: Resultat genau wie bei Versuch I.

Resumé.

Das zur Prüfung vorgelegte Material stellt ein Bedachungsmaterial vor, welches dem Naturschiefer in jeder Weise als überlegen anzusehen ist. Infolge der geringen Wasseraufnahmefähigkeit und der großen Feuerbeständigkeit dürfte sich das Material als absolut widerstandsfähig gegen alle klimatischen Einflüsse und Witterungsverhältnisse erweisen und auch die bei großen Bränden vorkommenden höchsten Temperaturen aushalten. —

Brandversicherungen ermäßigen den Prämiensatz für Gebäude nach Eindeckung mit Asbestschiefer von 4,5 ‰ auf 1,5 ‰; Asbestschiefer wird als hartes Dachmaterial behandelt.

g) Kritische Betrachtungen.

Zweifelsohne steht m. E. das Hatscheksche- oder Eternitverfahren bezüglich Leistungsfähigkeit und auch Güte des Fabrikates mit an erster Stelle. Dies beweisen die unzähligen Versuche, die vorgenommen wurden, um ein System zu finden, das dem Hatschekschen möglichst nahe kam, ohne jedoch dessen Urheberrechte zu verletzen. Das Oesterheldsche Verfahren dürfte wohl eines derjenigen Systeme sein, das dem Eternitverfahren am nächsten steht. Auch die übrigen nachbeschriebenen Verfahren, die auf der Rundsiebmaschine gearbeitet werden, sind schließlich nur Abarten des Hatschekschen Systems. Vergleichen wir auf Grund der praktischen Erfahrungen das Hatscheksche und Oesterheldsche Verfahren, so finden wir, daß beiden noch gewisse Nachteile anhaften; ich bin jedoch überzeugt, daß es mit der Zeit auch hier der Technik gelingen wird, Beseitigung dieser Mißstände zu bringen, zumal diese Industrie noch keine große Vergangenheit hat und erst die Erfahrungen Mittel und Wege schaffen können.

Beim nassen Verfahren wird durch das viele überschüssige Wasser, welches für diese Fabrikation nötig ist, der Zement zu einem Teil total ausgewaschen, und das Übel besteht nun darin, daß dieser nicht mehr bindefähig in die Platten kommt. Am stärksten ausgeschlämmt wird der Zement in den Rückgewinnungsanlagen. Es gehen mindestens 1,5 bis 3 % an Material mit dem Abwasser fort, das macht bei einer Produktion von 10 000 qm per Woche zirka 1350 kg. Durch die Klärbassins (Filter) kann das Material zum Teil aufgehalten werden, es kann aber dasselbe nur noch zu weniger guten Kunststeinen Verwendung finden, der Verlust bleibt ein relativ ziemlich hoher.

Beim trockenen Verfahren ist die Herstellung nicht kontinuierlich; der Zement wird lediglich auf die Stoffbahn aufgestreut oder aufgeblasen. Durch dieses Zugeben des hydraulischen Bindemittels zur Asbeststoffbahn wird aber keine eigentliche Vermischung mit den Faserstoffen erzielt. Die Kreuz- und Querlage der Asbestfaser im Zement beim Hatschekschen Verfahren verleiht diesem Material die hohe Stabilität. Der Zement tut gleichsam jede einzelne Faser umschließen, während diese letzteren unter sich eine gute Verfilzung bilden. Allerdings wird beim Hatschekschen Verfahren zur Erreichung dieser Verfilzung vorteilhaft nur lange Faser, meistens russische Faser — die bekanntlich sehr teuer ist — angewendet, während beim Oesterheldschen System mit beinahe beliebiger Faser eine hohe Produktion und schöne Platten zu erzielen sind. Auch die Arbeitsgeschwindigkeiten der beiden Verfahren auf der Rundsiebmaschine differieren, wie ich das schon früher erwähnte. Während das Hatscheksche Verfahren mit Geschwindigkeiten des Transportfilzes bis 36 m und mehr in der Minute arbeiten kann und somit seine tägliche Leistungsfähigkeit auf ein Maximum steigert, ist mit Rücksicht auf die Bindungsdauer von Asbest und dem aufgestreuten Zement beim Oesterheldschen Verfahren nur eine minutliche Transportfilzgeschwindigkeit von 18 bis 25 m möglich.

h) Antrieb der Rohplattenmaschinen System Oesterheld und Hatschek.

Der Antrieb der Rohplattenmaschine für beide Verfahren erfolgt in der Regel durch eine zwei- oder dreifache Stufenscheibe und Zahnradsatz von einem besonderen Deckenvorgelege aus. Die dreifache Stufenscheibe ermöglicht es, mit dreierlei

Geschwindigkeiten an der Formatwalze zu arbeiten. Nirgends wie gerade bei der Asbestzementschieferfabrikation obiger Systeme ist die Möglichkeit gegeben, augenblicklich die Rundsiebmaschine abstellen zu müssen, sei es nun, daß ein grobes Metallteil oder ein sonstiger Fremdkörper durch Unvorsichtigkeit des Arbeiters zwischen die Walzen gezwängt wird, oder sei es, daß den beiden Siebzylindern irgendwo Gefahr läuft,

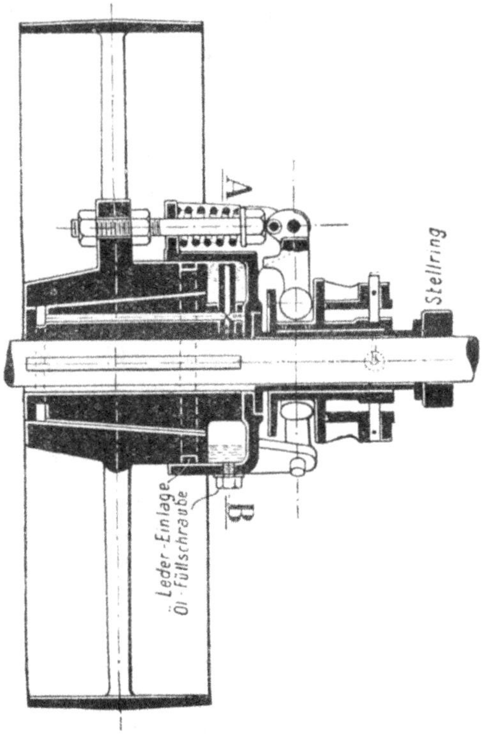

Abb. 34. Reform-Riemenscheibe
zum Antrieb von Rundsiebmaschinen.

die bei weiterem Gang der Maschine die Siebzylinder zu ruinieren droht. Durch die Reformriemenscheibe, wie sie Abb. 34 zeigt und die zweckmäßig auf dem Deckenvorgelege aufgekeilt ist, kann die Maschine augenblicklich durch einen schmiedeeisernen Hebelarm, der vom Führerstande der Formatwalze aus betätigt wird, abgestellt werden. Es ist dies eine Neuerung, die wegen ihrer großen Vorzüge Beachtung verdient. Diese Reformscheibe dient — kurz gesagt — als feste und lose Riemenscheibe. Die Scheibe läuft auf einer als Reibungskonus ausgebildeten Leerlaufbüchse. Das Ein- und Ausrücken, oder gleichbedeutend die Funktionen zum Fest- und Leerlauf der Scheibe, werden während des Betriebes durch oben erwähnten Ausrückhebel bewirkt, der sich an einer auf der Welle verschiebbaren Muffe befindet. Die Abbildung zeigt den Leerlauf der Scheibe auf der konischen Leerlaufbuchse. Soll die Scheibe als Festscheibe laufen, so werden durch Abdrücken des Ausrückhebels mit Ausrückmuffe die sich zwischen den Muffenrändern führenden Hebelchen in Schrägstellung gebracht, wodurch die ferner sichtbaren Stahlröllchen die Schraubenbolzen und Federn frei geben, so daß letztere sich ausdehnen können und wird damit die Scheibe auf den Konus festgeklemmt. Zur Herrichtung des Leerlaufes werden Handhebel mit Ausrückmuffe angedrückt; die an den Hebelchen befindlichen Stahlröllchen drücken gleichzeitig auf die Köpfe der mit der Scheibe verbundenen Schraubenbolzen und wird damit die Scheibe von dem Konus abgedrückt, so daß ein Spiel von zirka 1 mm entsteht und somit die Scheibe leer läuft, d. h. die Maschine steht in diesem Falle augenblicklich still.

Zur Erreichung größter Betriebssicherheit ist besonderer Wert auf gute Schmierung gelegt. Die Leerlaufbüchse läuft in einem Ölbade und verteilt zwangsläufig und gleichmäßig während des Betriebes das aus dem Behälter durch ein am Konus befindliches Röhrchen saugende Öl von dem stärkeren zu dem schwächeren Ende des Konusses und wieder zum Ölbehälter hin.

Durch diesen ununterbrochenen Kreislauf des Öles wird die denkbar beste Schmierung erzielt, sowie eine Abnutzung oder gar Fressen der konischen Leerlaufbuchse vermieden. Gegenüber getrennten, festen und losen Riemenscheiben hat die Anordnung der Reformriemenscheibe wesentliche Vorzüge. 1. Die Reformriemenscheibe schließt zunächst die Losscheiben ganz aus und ergibt das leichtere Gewicht, verbunden mit der durch den Kreislauf des Öles stattfindenden vorzüglichen Schmierung, eine bedeutende Kraftersparnis. 2. Die Ein- und Ausrückung erfolgt ohne Riemengabeln, wodurch eine große Dauerhaftigkeit der Riemen verbürgt wird. 3. Durch einfache Keilbefestigung wird die komplette Scheibe in ganz kurzer Zeit betriebsfertig montiert.

Mancherorts verwendet man zur Erreichung der momentanen Abstellung der Rohplattenmaschine besondere Friktionskupplungen, welche auf der Achse der Preßwalze, die unter der Formatwalze liegt, aufgekeilt ist. Diese Friktionskupplungen verteuern unnötig die Maschine und haben den weiteren Nachteil, daß, wenn einmal ein Defekt eintritt, die Maschine vollständig stillgelegt werden muß, was bei der Reformriemenscheibe nicht der Fall ist, da man sich dort durch Anbringung einer etwaigen gewöhnlichen gußeisernen oder hölzernen Riemenscheibe augenblicklich aus der Verlegenheit helfen kann.

i) Frisch- und Siebwasserpumpen.

Von der Betriebssicherheit der Frisch- und Siebwasserpumpen ist die ganze Fabrikation abhängig. Bezüglich der Art der Pumpen, ob rotierende oder Kolbenpumpe, herrschen noch Meinungsverschiedenheiten. Manche bevorzugen die Kolbenpumpe, namentlich für Frischwasser und führen dafür folgende zwei Hauptgründe an: 1. Einfachere Bedienung und für Betriebe geeignet, die nicht immer unter Aufsicht stehen. 2. Geringere Reparaturen und erhöhte Betriebssicherheit. Meines Erachtens folgert der zweite Grund sich aus der Art der zu fördernden Flüssigkeit; denn es ist erklärlich, daß vor allen Dingen bei sandhaltigem Wasser die Abnutzung der Kolbenpumpe — wegen ihrer größeren Reibungsflächen — höher ist, als bei irgendeiner anderen rotierenden Pumpe. Ferner möchte ich gegen Punkt 1 geltend machen, daß auch die Kolbenpumpe der Wartung bedarf; denn wieweit man mit einer sich selbst überlassenen Pumpe kommt, konnte ich in einer Fabrik wahrnehmen, und dies Beispiel dürfte nicht einzig dastehen. Die betreffende Kolbenpumpe stand in vertieftem Schacht, der mit Rücksicht auf die örtlichen Verhältnisse eng und ohne Licht war, kein Wunder, daß der Arbeiter, der die Transmissionen, Pumpen u. dgl. wöchentlich zu kontrollieren und zu bedienen hatte, sich schon der Bequemlichkeit halber nicht in den Schacht wagte. Nach einiger Zeit waren denn auch die Verpackungen defekt und spritzte das Wasser bei jeder Druckbewegung nach allen Seiten, füllte so nach und nach den Pumpenschacht an und lief über den Rand desselben in den Maschinenraum im Erdgeschoß. Wenn man nun noch berücksichtigt, daß die Kolbenpumpe bei gleicher Leistung gegenüber der rotierenden, namentlich der Niederdruckzentrifugalpumpe, drei- bis viermal so teuer, und der Kraftaufwand für die letztere eher kleiner ist, so dürfte der Vorzug der Kolbenpumpe vor der Zentrifugalpumpe zum mindesten ein zweifelhafter genannt werden. Gewiß gibt es Fälle, wo der Kolbenpumpe das Vorrecht gehört, aber als Frisch- und Siebwasserpumpe für die Asbestzementschieferfabrikation möchte ich nach den bislang gemachten Erfahrungen nur noch die rotierende, und zwar die Niederdruckzentrifugalpumpe, oder je nach den örtlichen Verhältnissen, bei Förderhöhen über 30 m, die Hochdruckzentrifugalpumpe empfehlen. Es liegt mir ein Zeugnis über eine Zentrifugalpumpe vor, die nachweislich 26 Jahre lang Tag und Nacht in einer dänischen Pappenfabrik im Betriebe war, ohne daß sich irgendwelche Reparatur nötig gemacht hätte. Allerdings ist der anstandslose und langjährige Betrieb der Zentrifugalpumpe von der sach- und fachgemäßen Montage und Behandlung derselben abhängig, und es ist der Zweck dieser Zeilen, an einige der hauptsächlichsten Regeln zur Verhütung von Betriebsstillständen zu erinnern. Tatsache ist, daß mancher Defekt der Zentrifugalpumpe auf die unsachgemäße Bedienung zurückzuführen ist, und da die Sieb- bzw. Frischwasserpumpe mit ein wichtiges Glied der Fabrikation ist, so dürften nachstehende Ratschläge sowie die Beschreibung über den Pumpenvorgang gerade bei der Asbestzementschieferfabrikation eingehende Beachtung verdienen.

Zunächst soll das Fundament, auf welches die Pumpe montiert werden soll, solide sein. Eine Vibration des Mauerwerkes, verursacht durch die hohe Tourenzahl des Schaufelrades, darf unter keinen Umständen eintreten. Die jeder Zentrifugalpumpe angegossene Grundplatte muß, sobald diese in der Wage liegt, gut untergossen werden und mit der ganzen Fläche auf dem Fundament aufliegen. Zur Richtschnur diene, daß die Schaufelradwelle vollkommen parallel mit der Welle des Deckenvorgeleges laufen muß, andernfalls der Antriebsriemen nach der höheren Stelle zu abläuft. Nachdem der untergossene Zement erhärtet ist, wird die Pumpe mittels der Steinschrauben sicher mit dem Fundament verschraubt. Hierbei ist darauf zu achten, daß die Fundamentplatte nicht verspannt wird. Ist die Befestigung richtig, so muß vor und nach derselben die Schaufelradwelle sich leicht drehen lassen, ohne sich irgendwie in den Lagern zu ecken. — Je nach den örtlichen Verhältnissen kann die Pumpe auf Mauerwerk, auf Eisen- oder Holzbalken oder auch auf dem Fußboden verschraubt werden. Diese vielseitige Montagemöglichkeit ist namentlich für die Zentrifugalpumpe, welche als Frischwasserpumpe dient, äußerst günstig. Die das Siebwasser fördernde Pumpe wird vorteilhaft im Fußboden vertieft montiert, dergestalt, daß das Siebwasser der Pumpe durch natürliches Gefälle zuläuft. Man erspart sich dadurch Saugkorb und Saugventil, allerdings ist aber darauf zu achten, daß der

Saugstutzen unter rechtem Winkel zur Schaufelradachse steht, da Saugstutzem mit stumpfem Winkel zur betreffenden Achse, also mit Neigung nach unten, sich mit Rücksicht auf den Zement im Abwasser für die Asbestzementschieferfabrikation nicht vorteilhaft geeignet haben. Eine vertiefte Montage der Zentrifugalpumpe hat den weiteren großen Vorteil, daß die Pumpe ohne Vorfüllung arbeitet, d. h. ihre Tätigkeit beginnt mit dem Augenblick, wo Siebwasser ihr zugeleitet wird. Und somit bin ich bei der Saugleitung bzw. Saughöhe angekommen. Unter Saughöhe einer Zentrifugalpumpe versteht man im allgemeinen den senkrechten Abstand des Saugwasserspiegels von dem höchsten Punkte des Pumpengehäuses, zuzüglich der durch die Reibung des Wassers im Saugrohre verursachten Widerstandshöhe.

Bei dieser Gelegenheit möchte ich konstatieren, daß die Meinung, daß Zentrifugalpumpen nicht so hoch saugen können wie Kolbenpumpen eine irrige ist. Saughöhen von 6 bis 8 m, wie bei der Kolbenpumpe, sind auch hier die Regel. Vor Inbetriebsetzung muß die Saugleitung durch den Fülltrichter mit Hahn, welcher auf dem Gehäuse angebracht ist, mit Wasser vollständig angefüllt werden. Das rotierende Schaufelrad schöpft oder saugt nun ununterbrochen Flüssigkeit aus der Saugleitung, die durch den Druck der äußeren atmosphärischen Luft ersetzt wird, d. h. die Wassersäule zwischen Pumpe und Saugwasserspiegel wird von der atmosphärischen Luft getragen. Wie bekannt, hält dieser Druck einer Wassersäule von 10 m das Gleichgewicht. Es sollte also theoretisch genommen die Pumpe 10 m hoch saugen können. Da aber das Wasser selbst stets kleine Luftteilchen mit sich führt, ein absolutes Vakuum sich im Saugstutzen daher nicht bilden kann, ferner die obengenannte Reibung des Wassers an der Rohrwandung ebenfalls ungünstig in Erscheinung tritt, ist es erklärlich, daß die Saughöhe bei allen Pumpen stets kleiner als 10 m sein muß. Von der richtigen bzw. unrichtigen Anordnung der Saugleitung ist der gute oder schlechte Gang der Zentrifugalpumpe abhängig. Vor allem sind möglichst kurze Saugleitungen, ohne viele Krümmungen, vorzuziehen. Lange Saugleitungen bedingen eine genaue Berechnung des Durchflußwiderstandes. — Nachträglich will ich noch bemerken, daß die oben zitierten Saughöhen von 6 bis 8 m sich beziehen auf Wasser von gewöhnlicher Temperatur. Heißes Wasser kann mit Rücksicht auf die Dampfbildung in der Rohrleitung nicht so hoch gesaugt werden; s. z. B. wird Wasser von 50° C mittels der Zentrifugalpumpe höchstens

2 m hoch gehoben. Kochende Flüssigkeiten müssen in allen Fällen der Pumpe zulaufen.

Der Saugkorb mit Saugventil soll zweckmäßig an der Brunnensohle oder dem Bassinboden eine Entfernung haben, die gleich dem Durchmesser der Saugleitung ist. Die Saugleitung muß nach dem Gehäuse zu stetig ansteigen, damit die sogenannte falsche Luft gut und rasch entweichen kann. — Die Drehrichtung des Schaufelrades ist gewöhnlich durch einen Pfeil auf dem Gehäuse angegeben, wenn nicht, so ist stets zu beachten, daß das Schaufelrad sich in der Drehrichtung vom Saugstutzen nach dem Druckstutzen hin bewegt. Wie oben erwähnt, dürfen Zentrifugalpumpen keine Luft saugen. Sobald eine solche Pumpe einmal Luft gesaugt hat, so hört sie auf zu fördern und geht auch von selbst nicht wieder an, wenn auch der Wasserspiegel im Sammelbassin gestiegen ist. In diesem Falle müssen die Pumpen einen Augenblick abgestellt werden, bis die falsche Luft entwichen ist. Bei Pumpen mit Saugrohrleitung muß diese letztere neu mit Wasser nachgefüllt werden.

Die Saug- und Druckleitungen sind am besten mit gleichen lichten Rohrweiten wie die Stutzen der Pumpe zu versehen, unter keinen Umständen jedoch kleiner, vielmehr sind größere Weiten erlaubt, die dann mit konischen Anschlußstücken schlank ineinander übergehen müssen. Auch ist besonders darauf aufmerksam zu machen, daß T-Stücke, scharfe Winkel usw. unzulässig sind. Es müssen bei Saug- und Druckleitung etwaige Krümmungen in schlanken Bogen verlaufen. Verlangen es die örtlichen Verhältnisse, daß Saug- oder Druckleitung in die Erde zu liegen kommen, so sind gußeiserne Muffenrohre anzuwenden, während bei oberirdischen Leitungen schmiedeeiserne oder gußeiserne Flanschenrohre und bei kleineren Leistungen Gasrohre die Regel sind. Saug- und Druckleitungen stellen also im großen und ganzen gemeinsame Bedingungen. Im besonderen sei noch über die Druckleitung und deren Höhe gesprochen. Unter Druckhöhe versteht man die senkrechte Höhe von Oberkante Pumpengehäuse bis zum Wasserausfluß, zuzüglich der Widerstandshöhe, die hervorgerufen wird durch Reibung des Wassers im Druckrohre. Wie oben schon erwähnt, entsprechen 10 m Wasserhöhe dem Drucke einer Atmosphäre. Drückt eine Zentrifugalpumpe also z. B. 30 m hoch, so kann man sagen, diese drückt auf 3 Atmosphären. Von der Druckhöhe ist der jeweilige Kraftbedarf der Zentrifugalpumpe und deren Tourenzahl abhängig. Niederdruckzentrifugalpumpen drücken bis 30 m, während mit Hochdruckzentrifugalpumpen Höhen bis 200 m und mehr erreicht werden können. Die Druckrohrleitung muß in horizontalen Strecken mit Steigung verlegt werden, damit Luftansammlungen nirgends stattfinden können. Luftsäcke, die dadurch entstehen, daß die Druckrohrleitung abwechselnd steigt und fällt, sind schädlich und sind zu vermeiden. Da das Wasser vollständig unelastisch ist und von einer einmal eingenommenen Bewegungsrichtung nur allmählich abgeleitet werden kann, so ist auch bei der Druckleitung darauf zu achten, daß diese keinen plötzlichen Richtungs- und Querschnittsänderungen unterworfen ist. Die Summe aus Saug- und Druckhöhe nennt man die Förderhöhe.

Die Betriebssicherheit der Zentrifugalpumpe ist nicht zuletzt abhängig von der Schmierung und der Verpackung. Man verwendet als Stopfbüchsenpackung vorteilhaft nur Baumwollschnur, die in Talg getränkt ist. Für Flüssigkeiten, welche organische Stoffe angreifen, kommen Asbestschnüre in Anwendung. Jede Pumpe ist vor Inbetriebsetzung auf den Inhalt der Ölbehälter oder Fettbüchsen zu prüfen. Trotzdem die Zentrifugalpumpen neuerdings nur noch mit Ringschmier- oder Kugellagern ausgerüstet werden, welche das Öl sehr lange halten, ist es ratsam, dem Arbeiter bestimmte Bedienungstermine zu erteilen. So sollen Ringschmierlager anfänglich alle Monate, später vierteljährlich mit Öl neu versehen werden.

Schließlich ist noch zur Erzielung besten Effektes der Riemenverbindung die nötige Aufmerksamkeit zu schenken. Die jeweilige Breite der Riemenscheibe ist tunlichst auszunutzen, weil durch breite Riemen eine geringere Spannung nötig ist und die Achsenlager nicht so stark beansprucht werden, also an Kraft gespart wird. Ebenso werden die Reibungsteile, wie Welle, Lagerschalen, Buchsen usw. außerordentlich geschont. Übereinander gelegte Riemen mit Nähriemen oder Schnallen verbunden, sind zu vermeiden, da derartige Verbindungsstellen sehr nachteilig auf Achsen und Lager wirken und baldige Abnutzung herbeiführen. Derselbe Übelstand macht sich auch bei Anwendung von Riemenschrauben geltend. Da der Riemen ziemlich rasch läuft, so verursachen die Schraubenköpfe fortwährend Schläge auf die Riemenscheibe, was sehr störend wirkt. Eine einfache, leicht und schnell ausführbare und für den Betrieb vorteilhafte Riemenverbindung ist diejenige mit Messingösen, vermittels derer man jeden Riemen innerhalb 3 bis 5 Minuten betriebsfertig herstellen kann. Diese Riemenverbindung kann bei einfachen und doppelten Riemen gleich gut angewandt werden. Mit der Lochzange schneidet man an den zusammengelegten Riemenenden, je nach der Breite 2, 3 oder 4 Öffnungen aus, weitet dieselben mit dem Pfriemen etwas auf, steckt die Ösen hindurch und dreht dieselben dann um, wodurch der völlige Halt hergestellt wird.

Bei elektrisch betriebenen Anlagen hat die Zentrifugalpumpe den weiteren großen Vorteil, daß dieselbe durch einen Elektromotor direkt angetrieben werden kann. Es ist dann nur darauf zu achten, daß die betreffende Kupplung für den elektrischen Strom eine Isolierung erhält. Elektromotor und Pumpe sind auf gemeinschaftlicher gußeiserner Fundamentplatte montiert. Auch können Zentrifugalpumpen durch Benzinmotoren direkt angetrieben werden.

Es kommt wohl selten vor, daß eine Siebwasserpumpe höher als 30 m fördern muß. Bis zu 30 m Förderhöhe kann stets noch die Niederdruckzentrifugalpumpe benutzt werden, deren Vorzüge nochmals kurz zusammengefaßt sind:

Billiger Preis, große Betriebssicherheit, hohe Leistung, geringer Kraftverbrauch und geringe Wartung. Ist einmal die Pumpe ausgelaufen, so braucht nur das Flügelrad mit Welle neu ersetzt zu werden; die Kosten hierfür sind verhältnismäßig geringe.

Als Frischwasserpumpe, die, je nach den örtlichen Verhältnissen, das Wasser über 30 m in einen Wasserturm schaffen soll, wird vorteilhaft die Hochdruckzentrifugalpumpe in Betracht zu ziehen sein. Diese ist teurer als ihre Schwesterpumpe. Wie oben schon erwähnt, fördert die Hochdruckzentrifugalpumpe bis 200 m und mehr. Sie besteht aus zwei oder mehreren aneinander gefügten Pumpenkörpern. Ein Pumpenkörper, Stufe genannt, führt die Flüssigkeit der nächstliegenden Stufe zu, bis der gewünschte Druck erreicht ist. Je größer nun die Tourenzahl ist, welche der Pumpe gegeben werden kann, desto weniger Stufen sind erforderlich und umgekehrt, je geringer die Tourenzahl, desto mehr Stufen benötigt die Pumpe.

Neuerdings verwendet man in Asbestzementschieferfabriken für Siebwasser, das noch viel Zement in sich hält, welcher einen frühen Verschleiß des Flügelrades herbeiführt, als Siebwasserpumpe die zylindro-konische Schraubenpumpe. Allerdings heißt es aber auch hier: „Eines schickt sich nicht für alle", und meines Erachtens ist die Niederdruckzentrifugalpumpe dieser zylindro-konischen Schraubenpumpe zum mindesten ebenbürtig. — Das Hauptorgan dieser Schraubenpumpen ist ein Propeller, der aus einem zylindro-konischen Kern besteht, auf dessen konischem Teil mehrere Schraubengewinde angegossen sind. Auf dem zylindrischen Teil befinden sich eine große Anzahl kleiner Schaufeln, wovon sich jede an ein Schraubengewinde anschließt. Der Propeller rotiert in zweckentsprechend konstruiertem konischen Gehäuse, und zwar ohne jegliche Reibung, so daß außer der Welle in ihren Lagern keine reibenden und somit sich abnutzenden Teile vorhanden sind.

Wird nach oben erwähnten Hauptregeln das Personal in den Pumpenbetrieb eingeweiht, dergestalt, daß etwaige vorkommende Unregelmäßigkeiten der Pumpe gleich richtig und zur rechten Zeit erkannt und demgemäß Abhilfe und Vorsichtsmaßregeln getroffen werden, so kann man ohne Sorge um die Pumpenanlage sein, die heute in manchen Betrieben trotz ihrer großen Wichtigkeit immer noch recht stiefmütterlich behandelt wird.

k) Pumpen-Berechnungen.

Beispiele:

1. Welche theoretische Wassermenge Q_t muß eine einfach wirkende Kolbenpumpe bei jedem Hube liefern, wenn dieselbe einen Kolbendurchmesser von 100 mm und einen Kolbenhub von 250 mm besitzt?

Die Wassermenge muß gleich dem Inhalte des von dem Kolben durchlaufenen Raumes sein, folglich:

$$Q_t = \frac{\pi \cdot d^2}{4} \cdot s = \frac{3{,}14 \cdot 0{,}1^2}{4} \cdot 0{,}25 = 0{,}0019 \text{ cbm},$$

da 1 cbm = 1000 Liter sind, so sind dies 1,9 Liter oder rund 2 Liter.

2. Wie groß ist die in jeder Sekunde gelieferte, effektive Wassermenge, wenn die genannte Pumpe 30 Hube in der Minute macht?

$Q_e = 0{,}011 \cdot d^2 \cdot n \cdot s$ cbm, Werte eingesetzt ergibt

$0{,}011 \cdot 0{,}1^2 \cdot 30 \cdot 0{,}25 = 0{,}00082$ cbm $= 0{,}825$ Liter.

3. Wie groß ist hierbei die mittlere Kolbengeschwindigkeit?

$$v = \frac{s \cdot n}{30} = \frac{0{,}25 \cdot 30}{30} = 0{,}25 \text{ m}$$

4. Eine Pumpe hat einen Kolbendurchmesser von 0,12 m und einen Kolbenhub von 0,25 m. Dieselbe liefert bei 20 Kolbenspielen in der Minute 0,045 cbm = 45 Liter Wasser. Wieviel Prozent beträgt diese Wassermenge von der theoretischen?

Die theoretische Wassermenge in 1 Minute ist:

$$Q_t = \frac{\pi \cdot d^2}{4} \cdot s \cdot n = \frac{3{,}14 \cdot 0{,}12^2}{4} \cdot 0{,}25 \cdot 20 = 0{,}057 \text{ cbm} = 57 \text{ Liter.}$$

Das Verhältnis der beiden Wassermengen ist mithin:

$Q_s : Q_t = 45 : 57$, folglich ist der Lieferungsgrad

$$c = \frac{45}{57} = 0{,}79$$

d. h. die effektive Wassermenge beträgt nur $\frac{79}{100} = 79\,\%$ der theoretischen oder der Wirkungsgrad der Pumpe ist 79 %.

5. Wie groß ist der Kolbenhub einer doppelt wirkenden Pumpe, wenn dieselbe bei einem Kolbendurchmesser von 0,3 m und 40 Doppelhuben in der Minute 0,024 cbm Wasser in jeder Sekunde liefert?

$$s = 45{,}5 \cdot \frac{Q_s}{d^2 \cdot n} = 45{,}5 \cdot \frac{0{,}024}{0{,}3^2 \cdot 40} = 0{,}303 = 303 \text{ mm}$$

6. Das Saugventil einer Pumpe hat eine freie Durchgangsöffnung von 50 qcm Inhalt. Wie groß ist der Hub des Kegelventiles?

Der Durchmesser für einen zylindrischen Querschnitt von 50 qcm ist $d = 8$ cm, hieraus erhält man nach der Formel:

$$h = \frac{d_1}{4} = \frac{8}{4} = 2 \text{ cm.}$$

7. Wieviel Pferdestärken sind erforderlich, um mit einer Pumpe stündlich 120 cbm Wasser auf eine Höhe von 50 m zu heben, wenn $c = 1{,}3$ angenommen wird?

Die in jeder Sekunde zu hebende Wassermenge ist $= \frac{120}{60 \cdot 60} =$

$A = 13{,}3 \cdot Q_s \cdot H \cdot c = 13{,}3 \cdot 0{,}033 \cdot 50 \cdot 1{,}5.$

$A = 28{,}5$ Pferdestärken.

Erläuterung:

Q_t = die bei jedem Kolbenhube angesaugte Wassermenge in cbm,

d = Durchmesser des Kolbens in m,

s = den Kolbenhub in m.

Um die effektive, d. i. die in der Tat von der Pumpe gelieferte Wassermenge zu erhalten, muß man den theoretischen Wert Q_t mit einem Koeffizienten c, welcher den Lieferungsgrad oder das Güteverhältnis der Pumpe angibt, multiplizieren. Man setzt:

Für sorgfältig ausgeführte Pumpen $c = 0{,}95$ bis 0,98,
für gute Pumpen $c = 0{,}90$,
für gewöhnliche Pumpen $c = 0{,}80$.

Gegen das Schlagen vorhandener Pumpen hilft man sich durch Beschweren der Pumpenventile, durch Vergrößerung der Saugrohre und durch Anbringung von Saug- und Druckwindkesseln. Der Inhalt eines Windkessels soll gleich dem vierfachen bis sechsfachen Inhalte des Pumpenzylinders sein.

8. Es ist die Geschwindigkeit des Wassers in der Druckleitung einer Zentrifugalpumpe mit einem Druckrohrdurchmesser von 135 mm zu bestimmen.

F = der Querschnitt des Rohres,

$$F = \frac{13{,}5 \cdot 13{,}5 \cdot 3{,}14}{4} = 142 \text{ qcm} = 1{,}4 \text{ qdcm}$$

Der Rohrinhalt pro Meter beträgt $1{,}4 \cdot 10 = 14$ cdm.

Die Leistung der Pumpe in der Sekunde beziffert sich auf rund 18 Liter. Das entspräche einer Geschwindigkeit im Druckrohr von $\frac{28}{14} = 1{,}2$ m.

Größere Abflußgeschwindigkeiten als von 1,2 m sekundlich sind in Muffenrohrsträngen auf die Dauer nicht zulässig, da sonst Mitbewegungen der Rohre und somit Lockerungen der Dichtungen unvermeidlich sind.

Beim Fördern von Zemenstoffbrei darf die Geschwindigkeit in der Rohrleitung nur die Hälfte, also nicht mehr als 0,6 m betragen.

Auf Grund dieses Beispieles wird es dem Betriebsleiter möglich, ein fehlerhaftes Arbeiten der Rohrleitungen zu beseitigen.

9. Eine doppelt wirkende Saug- und Druckpumpe hat einen inneren Zylinderdurchmesser von 120 mm und eine Hubhöhe von 350 mm. Dieselbe soll Wasser aus einer Tiefe von 6 m saugen und bis zu einer Höhe von 20 m drücken. Es ist ferner Tourenzahl $n = 28$ und der Wirkungsgrad $c = 0{,}85$. Wieviel PS. erfordert die Pumpe zu ihrem Antriebe?

Die Pumpe hat einen Zylinderdurchmesser von 120 mm oder 1,2 dcm und demnach einen Zylinderquerschnitt von

$$0{,}6 \cdot 0{,}6 \cdot 3{,}14 = 1{,}130 \text{ qdm}.$$

Der Hub, d. h. der einfache Weg des Kolbens, ist 350 mm = 3,5 dcm. Es wird daher bei jedem Hub eine Wassermenge gefördert von

$$1{,}130 \cdot 3{,}5 = 3{,}955 \text{ cbdcm} = 3{,}955 \text{ kg}.$$

Der minutlichen Umlaufzahl 28 entsprechen 28 Doppelhube oder 56 einfache Hube. Daher werden minutlich gefördert

$$3{,}955 \cdot 56 = 221{,}48 \text{ kg.}$$

In einer Sekunde ist dann die Fördermenge

$$\frac{221{,}48}{60} = 3{,}69 \text{ kg.}$$

Die Förderhöhe beträgt:

6 m Saughöhe + 20 m Druckhöhe = 26 m Gesamthöhe.

Der dabei von der Pumpe aufzuwendende Effekt ist:

$$3{,}69 \text{ kg} \cdot 26 \text{ m} = 95{,}94 \text{ mkg pro Sekunde} = \frac{95{,}94}{75} = 1{,}28 \text{ PS.}$$

Diese 1,28 PS. müssen also von der Pumpe geleistet werden. Nun braucht sie aber zu ihrer Bewegung selbst Kraft, so daß sich also die zum Antriebe erforderlichen PS. aus der Gesamtarbeit ergeben.

$$N_t = \frac{1{,}28}{0{,}85} = 1{,}5 \text{ PS.}$$

3. Herstellung von Asbestzementschiefer nach Schmidt.

Ein mit dem Oesterheldschen ebenfalls eng verwandtes Verfahren ist dasjenige von Victor Schmidt in Berlin, der auf die Erzeugungsmaschine österreichisches Patent Nr. 33 143 erhielt. Die Aufbereitungs- und Hilfsmaschinen sind mit dem Oesterheldschen Verfahren im großen ganzen übereinstimmend, nur hat die Rohplattenmaschine eine Änderung erfahren, die nach obiger Patentschrift sich wie folgt zusammenfassen läßt:

Bei dem bisher bekannten Verfahren zur Herstellung von Platten aus Faserstoffen und hydraulischen Bindemitteln, z. B. aus Asbest und Zement, mittels der Papier- oder Pappenmaschine wird entweder in der Weise verfahren, daß die hergestellte Mischung aus Asbest und Zement, oder doch der mit Wasser gemischte Asbest allein in die Schöpfbütte der Pappenmaschine eingelassen wird, aus der die Siebtrommel die Masse dann aufnimmt. Im letzteren Falle wird der Zement auf die Stoffbahn später aufgestäubt oder in anderer Weise aufgetragen.

Nach der vorliegenden Erfindung soll die Anordnung so getroffen werden, daß die Faserstoffmasse direkt an die Oberfläche der Trommel geleitet wird, und zwar durch eine Leitfläche, auf die die Masse aufgebracht wird und über die hinüber sie an die Oberfläche der Siebtrommel gelangt, und daß das Bindemittel in die auf der Leitfläche sich bildende Stoffbahn aufgetragen wird.

Dadurch wird erzielt, daß der Faserstoff bereits in Form einer Stoffbahn auf die Oberfläche der Siebtrommel gelangt, anstatt erst durch diese zur Stoffbahn gewandelt werden zu müssen, und daß die Eintragung des Bindemittels in einem Augenblick erfolgt, in dem sich die Stoffbahn zwar bereits gebildet hat, aber noch so feucht ist, daß das Bindemittel völlig eindringt. Zur Ausführung des Verfahrens wird zweckmäßig eine Maschine nach Art der an sich bekannten Papiermaschinen benutzt, bei der der Stoff vermittels eines Überlaufkastens auf die Siebfläche gebracht wird. Eine solche Maschine wird nach dieser Erfindung mit einem hochstehenden Stoffkasten versehen, von dem aus die Masse auf eine Platte läuft, die einerseits an diesem Stoffkasten, andererseits an die Oberfläche der Siebtrommel anschließt und dort zweckmäßig abgedichtet ist, um das Hindurchlaufen der Masse zwischen Plattenende und Trommeloberfläche zu verhindern. Während des Überlaufens der Stoffbahn über die Leitplatte erfolgt die Eintragung des Bindemittels. Die Leitplatte muß also Platz genug dazu bieten. Schließlich nimmt die Oberfläche der Trommel die über die Platte sich bewegende, aus dem Fasermaterial und dem Bindemittel bestehende feuchte Stoffbahn auf, scheidet den größten Teil des Wassers ab und führt die Stoffbahn zu der Gautschwalze, wo sie in bekannter Weise abgegautscht wird.

Die Stelle, an welcher die Leitfläche die Oberfläche der Siebtrommel berührt, ebenso die Lage der Leitfläche selbst, ist von Bedeutung. Findet die Überführung der Stoffbahn von der Leitfläche auf die Trommeloberfläche unterhalb der durch die Trommelachse gelegten horizontalen Ebene statt, so kann es leicht vorkommen, daß die von der Trommeloberfläche aufgenommene Stoffbahn wieder herabläuft, sobald sie eine gewisse Dicke überschreitet. Legt man die Leitfläche aber höher, so daß sie die Trommel über der horizontalen Mittelebene berührt, so ist ein Wiederabfallen der von der Trommeloberfläche aufgenommenen Stoffbahn ausgeschlossen, und man kann eine Stoffbahn von erheblich größerer Dicke herstellen als sonst. Um die auf der Formatwalze sich bildende Schicht zu der bestimmten Stärke zu bringen, sind daher um so weniger Lager erforderlich, je größer schon die ursprüngliche Dicke der Stoffbahn ist. Und das bedeutet einen erheblichen Zeitgewinn bzw. eine wesentlich größere Arbeitsleistung der Maschine in derselben Zeiteinheit.

Die Leitfläche wird horizontal oder in größerer oder geringerer Neigung zur Trommeloberfläche angeordnet. Die Faserstoffmasse wandert alsdann mit zweckmäßiger Geschwindigkeit über die Leitfläche hinweg. Besondere Mittel zum Hinübertransport der Masse sind in der Regel nicht erforderlich, da die Stoffbahn einerseits durch das Zufließen immer neuer Stoffmasse aus dem Stoffkasten geschoben, andererseits durch die sich fortbewegende Trommel und die auf dieser liegenden Stoffbahn gezogen wird. Sollte das Wandern der Masse über die Leitfläche an bestimmten Stellen nicht nach Wunsch vor sich gehen, so könnte man der Leitfläche die Form eines endlosen Bandes geben, welches sich mit geeigneter Geschwindigkeit von dem Stoffkasten zur Trommeloberfläche bewegt. Dieses Band, oder wenn ein solches nicht verwendet wird, auch die Leitfläche selbst, könnte übrigens unter Umständen auch als ein mehr oder weniger feinmaschiges Sieb ausgeführt werden, um auch schon bei diesem zuerst gebildeten Teil der Stoffbahn die Abscheidung einer gewissen Menge Wassers zu erreichen.

Der Stoffkasten wird zweckmäßig durch eine Scheidewand, die am Boden eine Öffnung frei läßt, in zwei Abteilungen geteilt. In die erste Abteilung hinein wird die Masse geführt und durch ein Rührwerk in Bewegung gehalten, aus der zweiten Abteilung, in die die Masse durch das Rührwerk gleichsam hineingedrückt wird, läuft sie unmittelbar auf die Leitfläche über.

In der Zeichnung, siehe Bild 35, ist eine Ausführungsform des Verfahrens dargestellt. 1 ist die Siebtrommel, die in einem Gestell 2, das keine Schöpfbütte zu sein braucht, gelagert ist. Die zweckmäßig vorbereitete, etwa geholländerte Asbestmasse wird in der Abteilung 3 des Stoffkastens eingeführt und durch ein Rührwerk 4 in Bewegung gehalten. Durch eine Öffnung 5 in der Scheidewand 6 des Stoffkastens gelangt die Masse in den Überlaufkasten 7 und von diesem auf die Platte 8, die von dem Stoffkasten zur Oberfläche der Trommel 1 hinüberführt.

Die Leitfläche ist in der beschriebenen Ausführungsform annähernd horizontal gelegt. Auf ihr bildet sich die Stoffbahn 9, die über die Leitplatte 8 hinüberwandert und schließlich von der Trommeloberfläche abgenommen wird, um von der Gautschwalze 10 in bekannter Weise abgegautscht zu werden.

Während die Stoffbahn über die Leitfläche 8 wandert, wird nun der Zement aufgetragen, und zwar in beliebiger Form durch eine dem betreffenden Zementzustande, trocken oder naß, entsprechende Vorrichtung. Erfolgt die Auftragung des Zementes, wie bei der hier als Beispiel beschriebenen Ausführungsform der Maschine, im trockenen Zustande, so wird dazu zweckmäßig eine Vorrichtung benutzt, die an sich nicht den Gegenstand der Erfin-

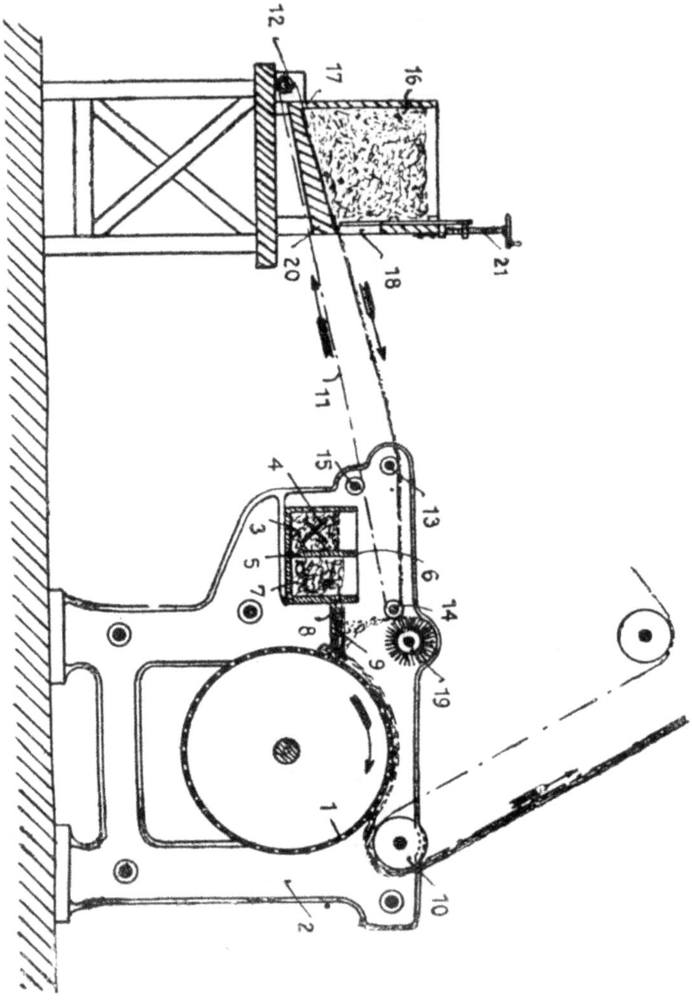

Abb. 35. Asbestzementschiefermaschine, System Schmidt.

dung bildet. Diese Vorrichtung besteht aus einem endlosen Bande 11, das über Leitrollen 12, 13, 14 und 15 läuft und dabei einen Kasten 16 passiert, indem es durch Schlitze 17, 18 desselben hindurchgeht. In diesem Kasten 16 wird der Zement hineingegeben und nun durch die Oberfläche des Bandes 11 zu der Leitwalze 14 geführt, von der er durch eine Bürstenwalze 19 auf die

Stoffbahn 9 gestäubt wird. Der Boden 20 des Kastens 16 ist in seiner Schrägung genau der Lage des Bandes angepaßt, so daß dieses sich auf ihn stützen kann und nicht in Vibrationen gerät, während der Zement sich auflegt. Zur genauen Regulierung der Menge des aufgenommenen Zementes dient ein Schieber 21 vor dem Spalt 18 des Kastens 16.

Am 15. März 1909 erhielt Herr Victor Schmidt ein Zusatzpatent zum Patente Nr. 28 895.

Gemäß dem Stammpatent soll die Herstellung von Platten aus Faserstoffen und hydraulischen Bindemitteln, z. B. Asbest und Zement, in der Weise geschehen, daß der Faserstoff, entsprechend vorbereitet und mit Wasser versetzt, dem Siebzylinder oder dem Langsieb einer Pappenmaschine zugeführt und nun, während sich auf dem Sieb die feuchte Stoffbahn bildet, das hydraulische Bindemittel auf das Sieb selbst aufgestäubt wird. — Gemäß der vorliegenden Erfindung soll dieses Verfahren dahin abgeändert werden, daß die Zuführung des Bindemittels nicht in Staubform, sondern in mit Wasser versetztem Zustande erfolgt. Das Bindemittel wird vor der Zuführung mehr oder weniger angefeuchtet und in diesem Zustande auf irgendwelche geeignete Weise, z. B. durch Aufspritzen, durch Aufschwemmen oder dgl. auf die auf dem Siebe des Siebzylinders oder des Langsiebes befindliche Stoffschicht gebracht.

Der Zweck der Anordnung ist der, gewisse Schwierigkeiten zu umgehen, die hinsichtlich der absolut gleichförmigen Zuführung des staubförmigen Bindemittels unter Umständen entstehen. Derartige Schwierigkeiten treten zum Beispiel auf, wenn die Menge des zuzuführenden Bindemittels verhältnismäßig sehr klein ist, wenn infolge des Zustandes der umgebenden Luft das in Staubform zuzuführende Bindemittel dennoch etwas feucht wird. Die Rohmaterialien wie Asbest und Zement werden in der gleichen Weise aufgeschlossen bzw. bezogen, wie beim Oesterheldschen und Hatschekschen Verfahren. Der Unterschied liegt nur in der Art der Stoffmischung. Auch die Behandlung der von der Formatwalze abgenommenen Rohplatten ist im Prinzip gleich den beiden oben erwähnten Verfahren.

4. Herstellung von Asbestzementschiefer nach Klee.

(Trockenes Verfahren.)

Auf eine im Prinzip dem Oesterheldschen Verfahren ähnliche Erfindung ist Heinrich Klee in Klausthal das amerikanische Patent

1 039 413 erteilt worden. Abb. 36 zeigt das Wesen der Erfindung, die hier kurz und teilweise nach der Patentschrift beschrieben sei.

Nach dieser Neuerung wird der hydraulische, als Bindemittel für die Asbestfasern dienende Zement nicht im Stofftroge oder Holländer bereits zugesetzt, wie nach dem Hatschekschen Verfahren, auch nicht dann erst auf die auf einer Zylinder-Papier- oder Pappenmaschine gebildete Asbestbahn gestreut, wenn diese schon die Gautschwalze und die Naßpressen passiert hatte (siehe Oesterheld), sondern das trockene oder feuchte Zementpulver wird in dem Augenblicke auf die Asbestbahn gestreut, wenn diese sich auf dem Siebzylinder gebildet hat, ehe sie die Gautsche passiert. In dem abgebildeten Ausführungsbeispiel Bild 36 einer

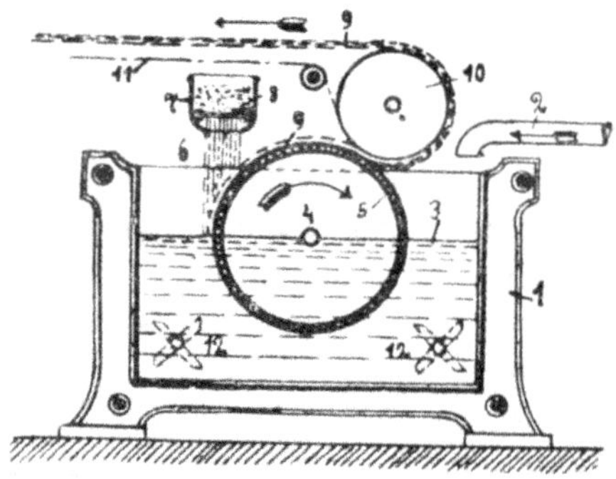

Abb. 36. Asbestzementschiefermaschine, System Klee.

geeigneten Einrichtung wird durch Rohr 2 der zerkleinerte Asbest in den Trog 1 geleitet, wo er durch die Rührer 12 gründlich mit Wasser gemischt wird. In dem Troge läuft, wie bei den Siebzylinderplattenmaschinen oder Papiermaschinen ein Siebzylinder 5 um die Achse 4, auf welchem sich der Asbest niederschlägt, während das Wasser durch die Maschen des Siebes nach innen dringt und an den Stirnseiten des Zylinders abfließt. Sobald die auf dem Siebzylinder abgesetzte Asbestschicht aus dem Wasser des Troges emportaucht, wird sie mit Zementpulver 6 bestreut, welches in dem mit Siebboden 8 ausgestatteten, hin und her bewegten Behälter 7 enthalten ist. Darauf gelangt die mit Zement bestreute Asbestschicht 9 an die Gautschwalze 10, wo sie in üblicher Weise von dem Filze 11 aufgenommen und weiterbefördert wird.

Die Behandlung der Rohstoffe (Asbest und Zement) sowie der von der Formatwalze der Rundsiebmaschine abgenommenen Rohasbestzementschiefertafeln ist analog dem Hatschekschen bzw. Oesterheldschen Verfahren und erübrigt sich eine weitere Beschreibung.

5. Herstellung von Asbestzementschiefer nach Josef Beck.

Die maschinelle Einrichtung sowie der Fabrikationsgang dieses Verfahrens mit einer ein- oder auch zweizylindrigen Rundsiebmaschine und 3 Vorpressen oder sogenannten Streckgautschen ist im Prinzip übereinstimmend mit dem Hatschekschen System, nur mischt Szántó és Beck den Zement und Asbest in einer separaten Mischmaschine, während bekanntlich beim Hatschekschen Verfahren diese Materialien im Holländer gemengt werden. Beim Beckschen Verfahren werden die sich während der Fabrikation bildenden Materialschichten durch die Streckgautschen verdichtet und gestreckt, so daß sich die einzelnen Materialschichten ineinander pressen.

Der Fabrikationsgang ist kurz folgender. Das Asbestgefüge wird im Kollergang trocken aufgeschlossen, gelangt dann in den Desintegrator zum Aufschlagen und von diesem mit Hilfe pneumatischer Transportvorrichtungen in die in der zweiten Etage im Gebäude befindlichen Asbestkammer, um daselbst gesammelt zu werden. Aus dieser Vorratskammer gelangt dann der Asbest in den in erster Etage plazierten Holländer, der in Form und Größe dem Hatschekschen entspricht. In diesem Holländer wird nur der Asbest naß ausgemahlen. Neben dem Holländer steht das Schüttelsieb, das zum Reinigen des Zementes dient. Parterre, unter dem Holländer und Schüttelsieb befindet sich eine doppelte Mischmaschine, in welche der Holländerinhalt, also Asbest, sowie der trockene und gesiebte Zement entleert werden. Es befinden sich dieserhalb unter dem Schüttelsieb im Fußboden zwei Öffnungen, so daß je nach Bedarf die eine oder die andere Mischbütte beschickt werden kann. Die Naßmischung von Asbest, Zement und Farbe wird hier also in einer separaten Mischmaschine vorgenommen und müssen daher die Mischflügel äußerst stark konstruiert sein. Die Stoffmischung beträgt auch hier bei 100 kg Zement 16 bis 18 kg Asbest und ungefähr 5 bis 8 kg Farbe. Mittelst den üblichen Schöpfrädern wird dann der Stoff in einer gewissen Verdünnung mit Wasser auf die eigentliche Rohplattenmaschine geschöpft. Diese Maschine zeigt Bild 37. Sie ist

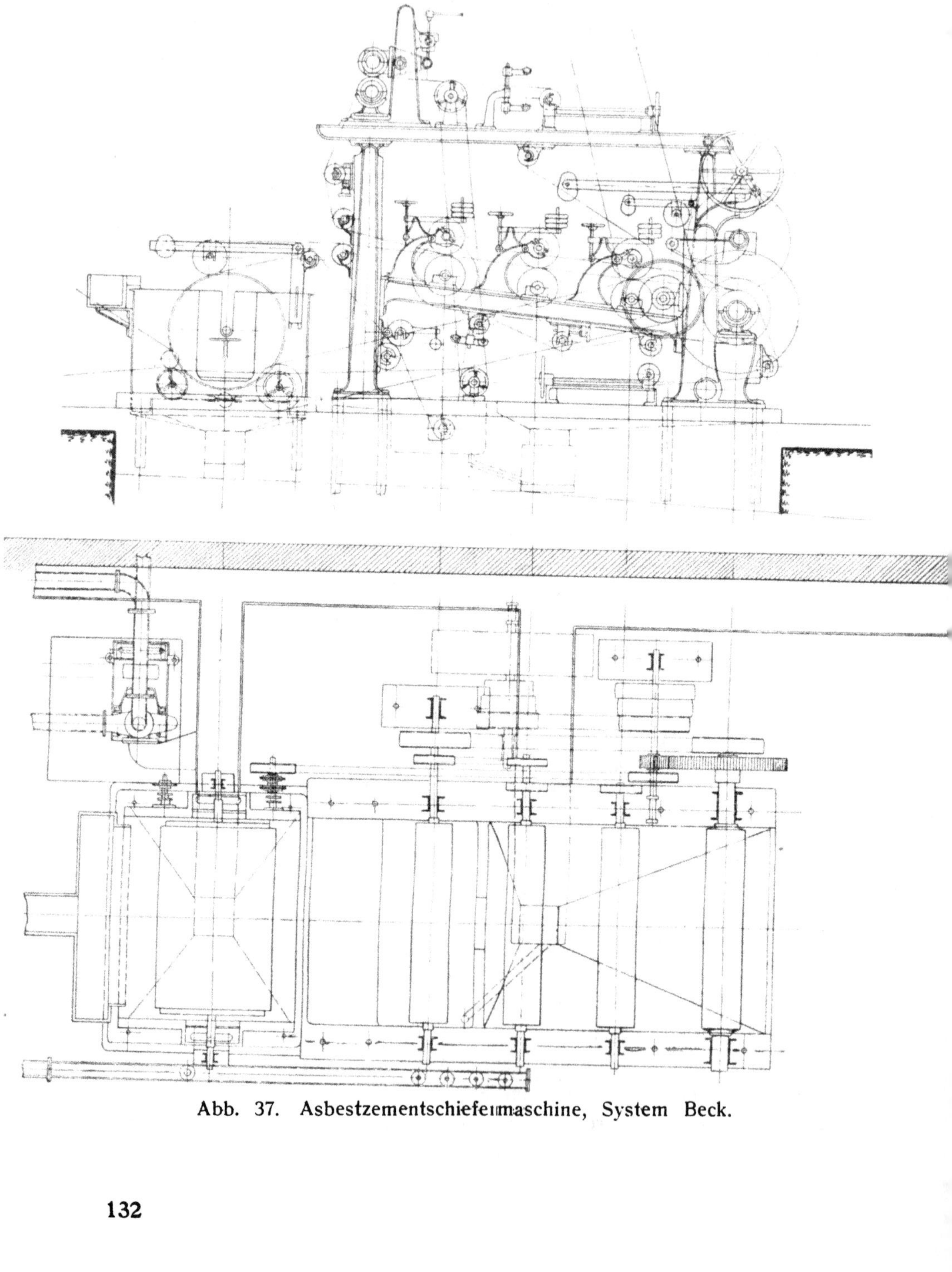

Abb. 37. Asbestzementschiefermaschine, System Beck.

eine einzylindrige Rundsiebmaschine mit 3 Walzenpaaren, ähnlich der bekannten Rundsiebkartonmaschine mit oberem und unterem endlosem Filze. Diese drei Walzenpaare haben zweifelsohne den Vorzug einer guten Vorentwässerung der Platten. Die beim Hatschekschen Verfahren übliche Saugvorrichtung fällt hier weg und wird durch diese Walzenpaare ersetzt. Der Filzverbrauch ist ein verhältnismäßig geringer, da ein Unterfilz 2 bis 3 Monate und ein Oberfilz 4—5 Monate aushält.

Von einem gemeinsamen Stirnradvorgelege werden die untere Preßwalze der Preßpartie sowie die jeweilige untere Gautschwalze der drei Vorgautschwalzen angetrieben. Der jeweils zwischen den Vorgautschwalzen laufende Transportfilz sowie Oberfilz wird durch die Pressung der Walzen mitgenommen und erteilt der Rohplattenmaschine die Bewegung. Der Transportfilz wiederum überträgt seine Bewegung auf die hölzerne und mit Filz umwickelte Abgautschwalze des Rundsiebes, woselbst durch die Pressung dieser Walze auf den Siebzylinder letzterer ebenfalls in Rotation versetzt wird. Der Rundsiebzylinder hat 860 mm Durchmesser und 1350 mm Siebbreite, ein Untersieb aus Messing, halbrund Nr. 5 und ein Obersieb aus Phosphorbronze Nr. 50. Der Zylinder rotiert mit v = 15 bis 18 m Geschwindigkeit in der Minute in einem üblichen Zylinderkasten mit gußeisernen Seitenwänden, in welchen der Asbestzementstoff geleitet wird. Das Rundsieb nimmt den Zementasbest in Lagen auf, wird von der Gautschwalze auf den Transportfilz abgegautscht, während das Wasser durch die Maschen der Siebe in das Innere des Rundsiebes gelangt und an seinen seitlichen Öffnungen abfließt. Durch zwei rechts und links vom Rundsiebe im Zylinderkasten montierte Rührer wird das Absetzen des schweren Asbestzementstoffes verhindert. Das von der Gautschwalze ablaufende Rundsieb wird durch Spritzwasser von etwaigen Unreinigkeiten gesäubert und beginnt dann im Zylinderkasten seine vorbeschriebene Arbeitsweise von neuem. Wie ersichtlich, ist die Arbeitsweise der Rundsiebpartie vollkommen analog mit derjenigen der Hatschekschen Maschine, die Neuerung liegt hier lediglich in der Anordnung der drei Vorpressen mit der Oberfilzführung sowie auch in der Art der Stoffmischung.

Die abgegautschte Stoffbahn gelangt ohne eine Saugerpartie (wie bei Hatschek und Oesterheld) zu passieren, auf dem Transportfilz und der Unterseite Oberfilz in die drei Vorgautschen. Wie aus Bild 37 zu ersehen ist, haben die Gautschwalzen mit Rücksicht auf die fortschreitende Entwässerung der Stoffbahn ungleiche Durchmesser, und zwar hat die erste untere gußeiserne Walze einen Durchmesser von 288 mm, die zweite von 290 mm und die dritte von 292 mm, während die oberen Gautschwalzen alle einen Durchmesser von 290 mm haben. Durch Gewichts- und Hebelbelastung bzw. durch Spindel und Handrad kann der jeweilige Druck der oberen auf die unteren Walzen vergrößert oder verringert werden.

An der gußeisernen Formatwalze von 780 mm Durchmesser werden die Platten in Lagen von 5 bis 8 Stück (Umfänge) aufgewickelt, während der freilaufende Transportfilz durch Regulierung, Spannung und Filzwäsche wieder zum Siebzylinder in endloser Bahn zurückläuft, um seine vorbeschriebene Arbeit von neuem zu beginnen. Bei der dritten Vorgautsche bzw. nach Passage derselben, verläßt auch der Oberfilz die Stoffbahn und läuft ebenso durch Regulierung, Spannung und Filzwäsche, die über den drei Vorgautschen auf besonderem Gestell montiert sind, zur ersten Gautsche zurück. Durch die Oberfilzführung bzw. durch die drei Vorgautschen wird hier die Saugerpartie vorteilhaft ersetzt.

Die fertige Arbeitsbreite der Maschine beträgt auch hier 1250 mm bzw. naß 1300 mm und beziffert sich die 10stündliche Leistung der Maschine auf 500 bis 600 Quadratmeter Asbestzementschiefer. Der Kraftbedarf der Rohplattenmaschine dürfte 4 PS. nicht überschreiten.

Von der Formatwalze gelangen die nassen Platten auf die Stanzmaschine und von dorten in die hydraulische Presse sowie Eck- und Stutzmaschine, wie diese bereits beim Hatschekschen Verfahren beschrieben worden sind. Im Lagerraum werden die fertigen Platten vollends getrocknet, was gewöhnlich in 5 bis 8 Wochen geschehen ist.

Das Siebwasser von der Rundsiebmaschine wird durch Zentrifugalpumpen wieder aufgefangen und gelangt zur Wiederverwertung in die Rührbütten oder in besondere Filter, während das Frischwasser von dem an höchster Stelle im Gebäude montierten Reservoir kommt. Wie bei den übrigen Rundsiebsystemen ist auch hier mit großen Wasserquantitäten zu rechnen und dürfte 1 Kilo fertiger Ware mit ungefähr 300 Liter in Rechnung zu stellen sein.

Die Patentinhaberin des Beckschen Verfahrens ist die Firma Szántós és Beck in Budapest; die Maschinen für eine komplette

Asbestschieferfabrik lieferte zum Teil die Firma J. M. Voith in St. Pölten.

Zu bemerken ist noch, daß die Budapester Firma mit einer besonderen Poliermaschine auf den Markt kommt, die zur Reinigung und zum Polieren der Stahlunterlagsplatten dient. Diese Maschine ist geeignet, das Ölen der Stahlplatten zu ersparen, wodurch einerseits eine ansehnliche Ersparnis in Öl erreichbar ist, andererseits die Qualität der erzeugten Schieferplatten viel besser wird, da bekanntlich das Öl die Qualität der Platten ungünstig beeinflußt. Die Asbestschieferplatten bekommen bei Anwendung dieser Maschine einen schönen Glanz.

6. Herstellung von Asbestzementschiefer nach Lucardi.

Zu diesem Verfahren benötigt man folgende Maschinen:

1 Kollergang, 1 Desintegrator, 1 Exhaustor, 1 Erzeugungsmaschine, 1 Stanzmaschine, 1 hydraulische Presse samt Pumpe, 1 Eckenstanzmaschine, 1 Blechschmiermaschine, 2 Handscheren und 15 000 bis 20 000 Stück Stahlbleche 400×400 mm. Bei einer 10stündlichen Arbeitszeit kann man mit diesen Maschinen 6000 bis 6500 Stück Platten 400×400 mm im Formate erzeugen; ferner können folgende Formate auf der Rohplattenmaschine gearbeitet werden: 300×300 mm, 400×400 mm, 1200×1200 mm, 1200×2500 mm und 1200×3750 mm.

Dieses Verfahren wurde am 4. Januar 1913 in Berlin zu Patent angemeldet und wird dasselbe in der Patentschrift folgendermaßen erläutert. Jene bekanntgewordenen Verfahren zur Herstellung von Platten aus mit hydraulischen Bindemitteln zusammengehaltenen Faserstoffen, welchen die Arbeitsweise der Papiermaschine zugrunde liegt, erfordern infolge der für ausreichende Entwässerung nötigen Dauer Einrichtungen von großer Baulänge, die kostspielig und viel Raum erfordernd sind, abgesehen von dem zumeist auftretenden Nachteil, der zu gleichmäßigen Faserlagerung bei dem verhältnismäßig langen Transporte auf ebener Bahn.

Aus dieser Erkenntnis sind die die Schleuderwirkung zu Hilfe nehmenden Verfahren entstanden, wobei das wässerige Gemisch von einer Schleudertrommel od. dgl. gegen ebene, oberhalb geführte Siebe oder rings um dieselbe geleitete Aufnahmebänder geworfen sind. Hiermit wird infolge rascherer Entwässerung eine geringeren Raum einnehmende, einfachere Apparatur benötigt und Ungleichmäßigkeit in der Faserlagerung erzielt, dagegen läßt sich aber erfahrungsgemäß kein vollkommen gleichartiges und stetig zusammenhängendes Produkt gewinnen. Der Grund hierfür ist darin zu erblicken, daß bei keinem dieser Verfahren eine vollständige Trennung des zugeführten Materials vom ausgeschiedenem Wasser einerseits oder von den an den Aufnahmeflächen nicht haftenbleibenden und wieder zurückfallenden Materialpartien andererseits möglich ist.

Das den Gegenstand bildende Verfahren besteht in einer derartigen Kombination der bekannten Verfahren, daß nur die diesem zukommenden Vorteile zur Geltung gelangen, die nachteiligen Erscheinungen aber vermieden werden.

Die hierbei in Betracht kommenden Vorteile sind: Erzielung eines kontinuierlichen, sowohl in bezug auf Verteilung der

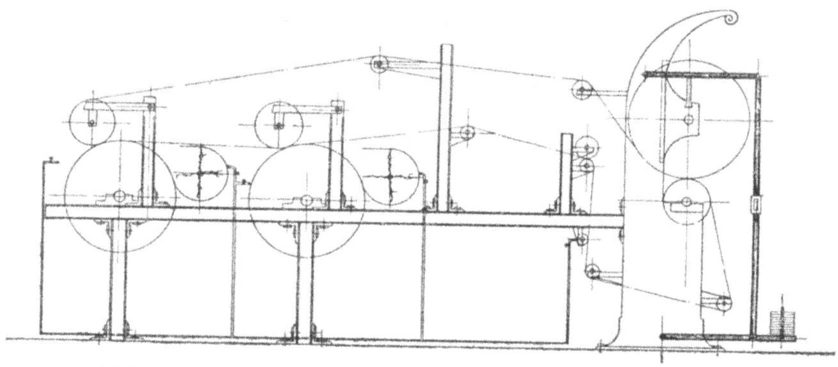

Abb. 38. Asbestzementschiefermaschine, System Lucardi.

Mischungsbestandteile als auf die Konsistenz und die Dickendimensionen vollkommen gleichartigen Plattenbestandes, trotz beträchtlicher Verminderung des Wassergehaltes und die Möglichkeit der Verwendung einer verhältnismäßig wenig Raum erfordernden Vorrichtung, zur Durchführung des Verfahrens bei weniger Kraft erforderndem Antrieb.

Bild 38 zeigt eine Rohplattenmaschine, die nach dem System Lucardis arbeitet und ein kerniges gutes Material erzeugt. — Der in einer Mühle zubereitete Faserstoff wird nochmals durch entsprechende Vorrichtungen zerfasert, wie dies bereits bei vorbeschriebenen Verfahren bekanntgeworden ist. Hierdurch werden die einzelnen Fasern von dem Faserstück gelöst und so in einzelne Fäden zerlegt. Des weiteren wird das erforderliche hydraulische

Bindemittel in einem besonderen Behälter mit Wasser vermengt und eine entsprechende Menge Faserstoff dem Bindemittel auf irgendeine Weise zugeführt. Zweckmäßig ist es, den das Bindemittel und den Faserstoff aufnehmenden Behälter mit einem Rührwerk zu versehen, welches das Absondern des Faserstoffes von dem hydraulischen Bindemittel verhindert. Nach diesem Vorgang wird das so hergestellte Gemisch einer Transportvorrichtung zugeführt, welche den Zweck hat, das bereits nach Möglichkeit entwässerte Gemisch nochmals aufzuführen und zu mischen und gleichzeitig den Brei kontinuierlich auf die Oberfläche einer Filtertrommel zu werfen oder zu schieben, so daß sich eine geschlossene Masse bildet, welche von der Filtertrommel durch ein Filtertuch abgenommen und lagenweise aufgewalzt wird. (Siehe Bild 38.) Nach diesem Vorgang werden dann die so hergestellten Platten, welche in Schichten von 1 bis 66 mm gewalzt werden können, besonderen Pressen zuführt, welche der Masse die jeweils gewünschte Form geben.

Die Zuführung zur Transportvorrichtung (wie gezeichnet), welche aus rotierenden, der Filtertrommelbreite entsprechenden langen, beliebig gestalteten Flügeln besteht, kann in einer offenen, an einem Ende geschlossenen Rinne untergebracht sein, da sich die Transportwelle nur so rasch dreht, als für die kontinuierliche Schiebung oder Werfung auf die benachbarte Trommelunterlage erforderlich ist, so daß also das bei den anderen Verfahren nötige heftige Schleudern des Materiales und die dadurch bedingten Verspritzungen nicht eintreten. Gegebenenfalls kann aber auch die Rinnenwand, wie aus der Figur ersichtlich, um die Flügel herum bis in die Nähe des Materialaustritts verlängert werden.

Durch dieses Verfahren wird eine sehr rasche Festwerdung des Breies bewirkt, da die Filtertrommel das wenig vorhandene Wasser entfernt und kein Rückfließen desselben zum zugeführten Material ermöglicht, wie dies bei vielen Schleuderapparaten der Fall ist. Auch Materialabblätterungen und dadurch bedingte Ungleichförmigkeiten oder Unterbrechungen des Plattenbandes oder Zurückgelangen von Materialteilen zur Zuführungsvorrichtung sind durch die bisher nicht bekanntgewordene gegenseitige günstige Konstellation und Ausgestaltung von Zuführungs- und Entwässerungsvorrichtung gänzlich vermieden, so daß trotz Verwendung bekannter Elemente eine bisher nicht erreicht günstige Zusammenwirkung erzielt wird.

7. Herstellung von Asbestzementschiefer nach Thümmel.

Daß nicht nur die Rundsiebmaschine allein, sondern auch die Verfahren selbst erweitert und vervollständigt werden, um die Qualität und Festigkeit der Platten zu steigern, zeigt die durch die Patentschrift Nr. 193 878 bekanntgewordene Erfindung des Herrn Christoph Thümmel in Hof (Bayern).

Folgen wir der Patentschrift, so sehen wir, daß diese Platten ebenfalls auf der Rundsiebmaschine und im Prinzip vollkommen gleich dem Hatschekschen Verfahren erzeugt werden, jedoch besteht das Stoffgemisch aus Glimmer und Asbest unter Benutzung von Zement als Bindemittel. Die vorstehende Erfindung baut sich also auf der Beobachtung auf, daß Glimmer, wenn er mit Zement geholländert wird, mit diesem eine einheitliche Mischung bildet, und daß er auf eine solche Masse seine hohe Elastizität, Festigkeit und Zähigkeit überträgt und ferner, daß der kristallinische Glimmer in den bekannten, auf dem Holländer aufbereiteten Massen unter Steigerung ihrer technischen Vorzüge den größten Teil des faserigen Asbestes ersetzen kann, so daß von der bisher benötigten Asbestmenge nur noch etwa ein Viertel erforderlich ist. Hierbei ist es als Vorzug der Glimmermischung zu betrachten, daß das Holländern unter Verwendung einer erheblich geringeren Wassermenge erfolgen kann, als dies bei Benutzung von Asbest allein möglich ist, wodurch erheblich weniger Abwasserverlust eintritt. Die Herstellung der Platten geschieht in der Weise, daß der Zement mit Asbest und einer hinreichend großen Menge von Glimmer versetzt und unter Zusatz von Wasser solange geholländert wird, bis eine vollständig gleichartige, homogene, breiartige Masse entsteht. Diese schleimige, in allen Teilen gleichartige Masse läßt sich auf der Pappenmaschine gut aufwickeln und ist infolge der gleichmäßigen Verteilung des Zementes von diesem Bindemittel in allen Schichten gleichmäßig durchdrungen. Das Aufwickeln der Platte auf der Pappenmaschine geschieht in der bekannten Weise, daß der geholländerte, breiartige Stoff auf der Aufnahme- oder Formatwalze in dünnen Lagen übereinandergelegt wird, bis die erforderliche Dichte bzw. Dicke erreicht ist. Hierbei begünstigt die plättchenartige Struktur des Glimmers die Entstehung einer gleichmäßig geschichteten Struktur der Platte, wodurch dieser die dem Glimmer eigentümliche Elastizität, Zähigkeit und Festigkeit in hohem Maße zuteil wird. Die auf der Pappenmaschine aufgewickelten Scheiben werden durch Aufschneiden mittels Holz-

oder Stahlmesser und Abheben in bekannter Weise entfernt, die Platten auf das gewünschte Maß geschnitten und darauf zwischen Metallblättern einem hohen hydraulischen Drucke ausgesetzt. Das Abbinden des Zementes erfolgt unter Erwärmung erst nach dem Pressen, so daß die aus der Presse genommenen Platten noch beliebig gebogen werden können.

Neben den technischen Vorzügen stellt das Produkt auch in wirtschaftlicher Beziehung gegenüber älteren, gleichen Zwecken dienenden Erzeugnissen einen außerordentlich hoch zu veranschlagenden Fortschritt dar; denn der Glimmer ist im Inlande in großen Mengen vorhanden und für einen niedrigen Preis zu beschaffen, während der Asbest vom Auslande bezogen werden muß und wegen seines hohen Preises die Herstellung der Platten erheblich verteuert und ihren Wettbewerb erschwert. Der Glimmer wird als Glimmerschiefer gewonnen, der aus Quarz und Glimmer (meist Muskovit, seltener Biotit) besteht und mit Gneis und Phyllit gebunden ist. Der Glimmer wird bei uns im Fichtel-, Erz- und Riesengebirge gebrochen, dann in den Sudeten, Alpen, Ural usw.

Die technischen Vorteile der Erzeugnisse werden also dadurch erreicht, daß es beim Holländern des Zementes mit dem Glimmer gelingt, eine außerordentlich innige Mischung zu erreichen. Trotzdem nun in der Masse der größte Teil des faserigen Asbestes durch kristallinischen Glimmer ersetzt ist, erlangen die Platten eine erheblich größere Elastizität, Zähigkeit und Festigkeit, als die bisher bekannten ähnlichen Erzeugnisse. Diese letzteren Vorzüge der Platten beruhen darauf, daß der Glimmer die Eigentümlichkeit hat, die ihm innewohnende Elastizität, Festigkeit und Zähigkeit in nicht vorauszusehender Weise und in fast unverändertem Maße auf die mit Zement als Bindemittel hergestellten Platten zu übertragen, trotzdem beim Holländern der Glimmer seine plättchenartige Struktur völlig zu verlieren scheint. Als Endergebnis des Holländerns erhält man nämlich eine völlig plastische, schleimige Masse von durchaus einheitlicher, gleichartiger Beschaffenheit, in welcher die einzelnen Bestandteile so innig miteinander vereint sind, daß sie einzeln nicht mehr erkannt werden können und sich nicht mehr entmischen oder voneinander trennen lassen. Dennoch erteilt bei der Verarbeitung auf der Pappenmaschine (Rundsiebmaschine) der in der geholländerten Masse enthaltene Glimmer der Platte die ihm eigentümliche plättchenartige Struktur, so daß die fertige

Platte in dem Maße, wie sie die Struktur des Glimmers zeigt, nun die dem Glimmer eigentümlichen Vorzüge der Elastizität, Zähigkeit und Festigkeit besitzt. Hierdurch wird erreicht, daß die Platten bei Hagelschlag dem Zerspringen erheblich besser widerstehen als natürliche Schieferbedeckung. Endlich bietet die Verwendung von Glimmer noch den Vorteil, daß das nachhaltige Schwitzen und Ausschlagen nicht mehr eintritt. — Wie mir bekannt, konnte dies Verfahren in Fachkreisen keinen Anklang finden und ist die bei Hof errichtete Fabrik seinerzeit in eine Eternitfabrik umgewandelt worden.

8. Herstellung von Asbestzementschiefer mit Drahteinlage (Simmons & Bocks).

Wie mannigfaltig sich die Fabrikation von Asbestzementschiefer auf der Pappenmaschine gestaltet und so immer weiteren Verwendungsmöglichkeiten für das eigenartige und vorzügliche Material schafft, zeigt das ehemals der Firma Simmons & Bocks in Obergries patentierte Verfahren.

Nach diesem werden geholländerter Asbest und möglichst frisch geglühtes Zinkoxyd unter Beigabe von Zement mit dünnem Leimwasser zu einem Brei innig vermischt. Die Mischung erfolgt zweckmäßig in einem geeigneten Rührwerk, wobei auf 200 Teile Asbest zirka 30 bis 130 Teile Zinkoxyd und zirka 70 Teile Zement genommen werden, welch letzterer hierbei als Füll- und Bindemittel dient. Mit dieser Masse wird eine „Seele“ beiderseitig belegt, was zweckmäßig mit Hilfe einer Krempelvorrichtung od. dgl. bewerkstelligt wird. Die „Seele“ besteht aus starkem oder schwachem Drahtgeflecht, aus Jute, Nesseltuch od. dgl. Die auf diese Weise mit der Masse belegten Streifen werden sodann in einer Walzenpresse, einem Kalander od. dgl. einem derart starken Druck ausgesetzt, daß sich die beiderseitig aufgetragenen Schichten der Masse durch die „Seele“ hindurch miteinander und mit derselben innig verbinden (verfilzen). Letzterer Vorgang wird hauptsächlich durch den Leimzusatz zu der oben beschriebenen Mischung unterstützt. Das Einbringen in die Presse erfolgt am besten durch endlose Gurte, welche, um ein Anhaften der Masse an denselben zu vermeiden, mit einer Chlormetallösung imprägniert sind. Nach dem Preßprozeß werden die Platten getrocknet und sodann behufs Erzeugung der Wasserbeständigkeit mit schwefelsaurer Tonerde imprägniert. Hierauf erfolgt ein nochmaliges Pressen, bis die Erhärtung eine vollkommene geworden ist, worauf die Platten geglättet oder je nach dem Zweck, den sie erfüllen sollen, gefärbt werden.

Die so hergestellten Platten eignen sich ihrer Feuer- und Wasserbeständigkeit wegen zur Bekleidung von Gebäudeteilen, die eines Schutzes gegen Feuer bedürfen oder gegen Temperatureinflüsse geschützt werden sollen. Die Platten lassen sich nach dem obigen Verfahren in jeder Größe hart oder biegsam herstellen, ohne daß ein Bruch zu befürchten ist. Es sei noch bemerkt, daß für bestimmte Zwecke unter Umständen auch ein einseitiges Belegen der „Seele" mit der oben beschriebenen Mischung genügt. Am Verfahren ändert sich hierbei weiter nichts.

II. Verfahren zur Herstellung von Asbestzementschiefer ohne Rundsiebmaschine.

1. Herstellung von Asbestzementschiefer nach Bermig.

Bereits vor mehreren Jahren kam die Firma Ingenieur Gotthard Bermig, Maschinenfabrik Bächeltalwerk, Giersdorf im Riesengebirge, mit einem eigenen Verfahren auf den Markt, dessen Hauptvorteil darin liegt, daß die Pappenmaschinenanwendung (Rundsiebmaschine) vermieden ist, weshalb auch von der Firma damals volle Patentgarantie geleistet werden konnte. Das Verfahren benötigt auch wenig Kraft und stellt sich in der Anlage verhältnismäßig billig.

Die Firma Bermig baut die maschinellen Einrichtungen selbst, und zwar in verschiedenen Größen und Ausführungen. Sie unterscheidet Einrichtungen, mit welchen nur:

a) Dachschiefer erzeugt wird (größtes Format der herstellbaren Platten 400×400 mm),

b) Dachschiefer- und Wandbelagplatten erzeugt werden können (größtes Format der herstellbaren Platten 1200×1200 mm).

Die Leistung beider Ausführungen ist bei der kleinsten Einrichtung zirka 175 Platten 400×400 mm. Die Fabriken können mit jeder beliebigen Leistung eingerichtet werden. Die angeführte Stundenleistung versteht sich also nur für die kleinste Fabrik.

Das Bermigsche Verfahren ist oder war ebenfalls in den meisten Kulturstaaten als Patent angemeldet bzw. patentiert. Der Patentschutz bezieht sich nicht nur auf die Maschinen, sondern auch auf das Verfahren selbst.

Die maschinelle Einrichtung stellt sich wie folgt zusammen:

1. Eine Spezial-Auffaserungsmaschine mit Asbestzuteilapparat, Asbestkammer und Auffangbehälter mit Windfanglade, staubdicht arbeitend.

2. Ein Naßmischer, welcher aus einem Trog mit immer selbsttätiger Rührvorrichtung, mehreren großen, mit Stahlmessern armierten Walzen und dazu passenden Gegenstücken besteht und mit Stahlgußlagern und Schutzdeckeln sowie allem komplettem Zubehör ausgeführt ist. Insbesondere ist der Naßmischer mit einem automatischen Zement-Zuteilapparat versehen und mit einem automatischen Wasser-Reservoir. Der Zuteilapparat bewirkt einerseits die staubfreie Einführung des Zementes, andererseits zerkleinert er etwaige Zementbrocken und hält schließlich Fremdkörper zurück. Der Wasserautomat sorgt dafür, daß die Mischung stets gleichbleibend naß ist.

3. Einfüllapparat mit Rührvorrichtung und Verschlußschieber mit Riemenscheibenantrieb auf schmiedeeisernem Ständer montiert, ausgerüstet mit Abmeßgefäß und rostartigem Ständer.

4. Eine hydraulische Naßpresse (Vorpresse) schwere Ausführung; Holm und Preßkolben sowie Fundament aus prima Spezialguß; Preßzylinder und Formkasten aus Ia Gußstahl. Tisch und Säulen aus Siemens-Martin-Stahl; sämtliche Lager mit Schalen aus erstklassigem Deltametall; Hochdruckteile aus Phosphorbronze bzw. Stahl. Der Antrieb des rotierenden Tisches der Presse erfolgt durch das Rädervorgelege, die Betätigung der hydraulischen Preßeinrichtung durch Anlasser und Umsteuerstock (ad 5), welcher durch das Vorgelege der Presse dirigiert wird und das Preßwasser von Preßpumpe (ad 7) erhält. Der automatisch rotierende Tisch weist Formkastengarnituren von 400×400 mm auf, samt dem dazu notwendigen Zubehör. Die Presse hat Fest- und Leerscheibe sowie zuverlässig wirkende Ausrückvorrichtung.

5. Ein hydraulischer Umsteuerstock zur Betätinung des Preßkolbens der Vorpresse (ad 4), bestehend aus solidem Gußständer und an denselben montierten Absperr- und Umsteuerventilen mit Sicherheitsvorrichtungen und separatem Sicherheitsventil, weiter ausgestattet mit den allseitig erforderlichen Anschlüssen für die Hochdruckrohrleitung (ad 6), welche die Vorpresse (ad 4) mit dem hydraulischen Preßpumpwerk (ad 7) verbindet. Sämtliche Umsteuer-, Absperr- und Sicherheitsvorrichtungen aus Stahl.

6. Eine komplette Hochdruck-Preßrohrleitung zur Leitung des vom Preßpumpwerk (ad 7) geforderten Preßwassers nach Umsteuerstock (ad 5), sowie von dort nach der Vorpresse (ad 4), samt allen erforderlichen Kupferdichtungen und Stahlflanschen nebst Verbindungsschrauben.

7. Ein hydraulisches Preß-Pumpwerk zum Antrieb der hydraulischen Naßpresse (ad 4) mit 400 Atmosphären Betriebsdruck arbeitend, ausgerüstet mit Hoch- und Niederdruckkolben, Manometer bis 800 Atmosphären anzeigend, mit Sicherheitsventil, welches auf genau bestimmbaren Höchstdruck eingestellt wird, so daß Überlastung der Presse auch bei Unachtsamkeit des Arbeiters unmöglich ist; ausgerüstet weiter mit Umsteuerung, um das Druckwasser beliebig steuern zu können. Die Pumpe auf schmiedeeiserner Bütte montiert, welche gleichzeitig als Reservoir dient.

8. Drei Einfuhrwagen mit entsprechenden passenden Gleisstücken (Schienen), Wagen wie Schienen aus Siemens-Martin-Material. Der Wagen ausgerüstet mit Steuervorrichtungen, Aufsetzrahmen, Lenkstange und Schutzbügel. Die Wagen dienen dazu, bei der Vorpresse die Formlinge in Empfang zu nehmen und werden mit den Formlingen in die hydraulische Nachpresse eingefahren. Die Formlinge bleiben also bis nach der hydraulischen Nachpressung auf dem Einfuhrwagen liegen. Die Wagen sind so eingerichtet, daß man dieselben sowohl auf Schienen wie auch auf ebenem Fußboden fahren kann.

9. Eine hydraulische Hauptpresse (Nachpresse), Gesamtarbeitsdruck zirka 1 000 000 kg, Betriebsdruck 400 Atmosphären, Preßfläche 500×500 mm, Einsatzhöhe 1200 mm, Gewicht 10 000 kg. Die vier Säulen der Presse bestehen aus ausgewähltem Siemens-Martin-Stahl, der Holm, das Fundament und der Preßkolben sind aus eigens hierfür komponiertem hochwertigem Spezialguß, der Preßzylinder ist einsetz- und auswechselbar und besteht aus Gußstahl. Die Manschette ist aus sorgfältig ausgewähltem Chromleder angefertigt. Die ganze Presse ist beste Präzisionsausführung. Die Hauptpresse erhält das erforderliche Preßwasser durch Preßpumpwerk (ad 10).

10. Ein hydraulisches Preßpumpwerk, zum Antrieb der hydraulischen Hauptpresse (ad 9) mit 400 Atmosphären Betriebsdruck arbeitend, ausgerüstet mit Hoch- und Niederdruckkolben, Manometer bis 800 Atmosphären anzeigend, mit Sicherheitsventil, welches auf genau bestimmbaren Höchstdruck ein-

gestellt wird, so daß Überlastung der Presse auch bei Unachtsamkeit des Arbeits unmöglich ist; ausgerüstet weiter mit Umsteuerung, um das Druckwasser beliebig steuern zu können, die Pumpe auf schmiedeeiserner Bütte montiert, welche gleichzeitig als Reservoir dient.

11. Eine Firstziegel-Biegemaschine für Kraftbetrieb, mit schmiedeeisernem Fundamentrahmen und 4 Biegewalzen sowie Transportgurt und Anlegeplatte. Die Walzen sind mit nachstellbaren Lagern versehen. Als Ausrückvorrichtung dient eine durch Fußtritt zu betätigende automatische Kupplung, so daß der Arbeiter, welcher die Maschinen bedient, stets beide Hände frei hat.

12. Eine Firstziegel-Schneid-Vorrichtung, bestehend aus einem diagonal wirkenden Teilapparat mit Tisch und gekrümmten Obermessern sowie im Tische montierten Untermessern.

13. Eine Stanz- und Lochmaschine mit schwerem, massig gehaltenem Körper und durch kräftige Doppelexzenter betriebenem Kopfstück, welches die oberen Stanz- und Locharmaturen trägt. Das Kopfstück ist außerdem versehen mit Zentriervorrichtung und Niederhaltung. Das stanzende Kopfstück arbeitet gegen ein starr gelagertes, mit den unteren Stanz- und Locharmaturen versehenes Bodenstück, welches außerdem die Fang- und Schubvorrichtungen für die zu bestanzenden und zu lochenden Asbestschieferplatten aufweist. Die Maschine ist ausgerüstet mit Fest- und Leerscheibe sowie durch Handrad betriebener Ausrückvorrichtung. Die Maschine arbeitet vollkommen automatisch. Stanzung und Lochung erfolgen gleichzeitig. Die Stanz- und Locharmaturen sind in allen einzelnen Teilen leicht auswechselbar. Im Apparat befinden sich alle geraden Stanzmesser und Lochstempel für französische Schablone.

14. Eine Blechöl- und Reinigungsmaschine mit sechsfachen Walzen, langem Ölreservoir und fein gebohrtem Verbindungsrohrstück zwischen den Abläufen. Mit unterem Auffangbehälter für das überschüssige Öl. Rohrverbindung und unteres Becken mit Regulierhähnen; für Kraftbetrieb, Riemenscheibe mit Kupplung, Ölwalzen mit Filzbezug, Reinigungswalzen mit Stahlbürstenbezug.

Die vorstehend aufgeführten Maschinen stellen die komplette Fabrikeinrichtung dar. Es wird weiter nichts benötigt als Stahlbleche und eine Antriebsmaschine. Erforderlich sind bei der kleinsten Einrichtung rund 20 PS. Der Grundgedanke des Bermigschen Verfahrens liegt darin, daß:

1. keine Maschine verwendet wird, welche in der Pappenindustrie (Rundsiebmaschine) Anwendung findet, da die Fabrikation mit Hilfe der Pappenmaschine und deren Fabrikationsart in fast allen Kulturstaaten patentiert ist, bzw. war,

2. wird die große Wassermenge, welche bei dem Hatschekschen System benötigt wird, bei dem Bermigschen Verfahren nicht gebraucht und damit entfällt auch die Schwierigkeit der Beschaffung großer Wasserquantitäten, besonders in wasserarmen Gegenden,

3. sind die nach dem Bermigschen Verfahren hergestellten Platten nicht so stark explosionsfähig, da sie bereits von Anfang an eben und flach hergestellt werden. Diese Platten können glühend mit kaltem Wasser überspritzt werden, ohne dabei mit schußähnlichem Knalle zu zerspringen. Es ist dies zweifelsohne ein Vorteil, da es bereits vorgekommen ist, daß beim Brand eines Schlosses, welches mit anderem Asbestzementschiefer gedeckt war, die Feuerwehr ihre Tätigkeit nur in beschränktem Maße aufnehmen konnte, da die Schieferplattenbruchstücke nach allen Seiten geschleudert wurden.

Der Fabrikationsgang des Bermigschen Verfahrens ist also kurz folgender: Der Asbest gelangt zuerst in die beschriebene Auffaserungsmaschine. Die aufgeschlossene Asbestfaser gelangt dann in den Naßmischer, in welchen weiter das Wasser und der Zement zugeleitet wird. Nach erfolgter Mischung wandert das Gemisch in den Einfüllapparat der Vorpresse und dann in die Vorpresse selbst, worauf es in das betreffende Format gepreßt wird. Die Vorpresse (Naßpresse) bewirkt gleichzeitig das Auspressen des Gemisches in Format und das Austreiben des überschüssigen Wassers aus dem Gemisch. Die vorgeformten Schieferplatten werden nunmehr auf Stahlbleche gelegt und dann stapelweise aufeinander geschichtet, und zwar erfolgt diese Schichtung direkt auf den Preßwagen (ad 8). Hat der Stapel eine bestimmte Höhe erreicht, so wird der Preßwagen mitsamt dem Stapel in die hydraulische Presse eingefahren, um hier unter außerordentlich starkem Druck komprimiert zu werden. Die hydraulische Presse arbeitet mit einem Druck von rund 1000000 kg.

Es sind stets mehrere Preßwagen vorhanden. Wenn also der erste Stapel mit dem ersten Wagen unter der Presse ist, wird der zweite Stapel auf dem zweiten Wagen aufgerichtet. Ist nun die

Pressung des ersten Stapels beendet, so wird der erste Wagen aus der Presse herausgefahren. Inzwischen ist der zweite Stapel fertig aufgesetzt und wird seinerseits in die Presse gefahren, während der erste Stapel im Trockenraum auseinandergenommen und die einzelnen Platten fertig eingelagert werden. Die vollständige Trocknung bezüglich Erhärtung des Zement-Asbestes nimmt 2 bis 3 Monate in Anspruch. Die Stahlbleche (Unterlagsformen) werden vermittels der Blechreinigungsmaschine gereinigt und geölt; sie sind hierauf zur Weiterverwendung fertig. Die Stanzmaschine locht und stanzt gleichzeitig, sie ist so eingerichtet, daß mit derselben jede beliebige Stanzung und Lochung vollzogen werden kann.

2. Herstellung von Asbestzementschiefer nach Ahrens.

Ein weiteres Verfahren, bei welchem der Fabrikationsgang ebenfalls ohne Anwendung einer Pappenmaschine vor sich geht, ist dasjenige von Emil Ahrens, Halle a. d. Saale, das unter D. R. P. Nr. 244 726 in den Handel kam. Der Auszug besagt, daß diese Erfindung ein Verfahren nebst Vorrichtung zur Herstellung von Platten aus Faserstoffen und hydraulischen Bindemitteln betrifft, wobei behufs wagerechter Lagerung der Faserstoffe die Schichten in dünnen Lagen mittels Trichterböden, die mit in der Bewegungsrichtung des Förderbandes ansteigenden Durchbrechungen versehen sind, auf die von dem Förderbande bewegten Unterlagsplatten aufgetragen werden.

Untenstehend sind verschiedene Ausführungsformen zur Ausführung dieses Verfahrens dargestellt, und zwar zeigt Abb. 37 A eine Vorrichtung, welche aus einem Trichter mit schräg gelagertem Boden besteht.

Abb. B zeigt eine Vorrichtung, bei welcher der Trichter mit stufenartig abgesetztem Boden ausgerüstet ist.

Abb. C zeigt eine Vorrichtung, bei welcher eine Anzahl Trichter so hintereinander gelagert sind, daß ihre Böden Stufen bilden.

Die Arbeitsweise dieser Vorrichtungen ist folgende:

Auf das endlose Band *a* sind Unterlagsplatten *b* aufgelegt und werden durch das Band *a* fortbewegt. Die Masse tritt in ganz dünnen Lagen aus dem Trichterboden, oder den Trichterböden aus, legt sich auf die Unterlagsplatte *b* und wird mit dieser in der Pfeilrichtung *c* fortbewegt. Da die dünnen Lagen beim Austritt glatt gestrichen werden, so müssen sich die Faserstoffe, da die

Fasern länger sind, als die einzelnen Massenlagen dick, wagerecht legen. Eine Verschiebung der Fasern aus der wagerechten Lage ist nach dem Austritt aus dem Trichter oder den Trichtern nicht mehr möglich, da der Zusammenhang der Masse in sich nach dem Austritt nicht mehr stattfinden kann.

Der gesamte Werdegang des Asbestzementschiefers nach dem Ahrensschen Verfahren ist folgender:

Feinfaseriger Asbest wird mit Zement und Farbe in einer Trockenmischmaschine trocken gemischt. Hierdurch wird die dünne aufgeschlossene Faser isoliert, indem sie mit Zement bestäubt wird, wodurch eine gute Verbreitung der Faser im

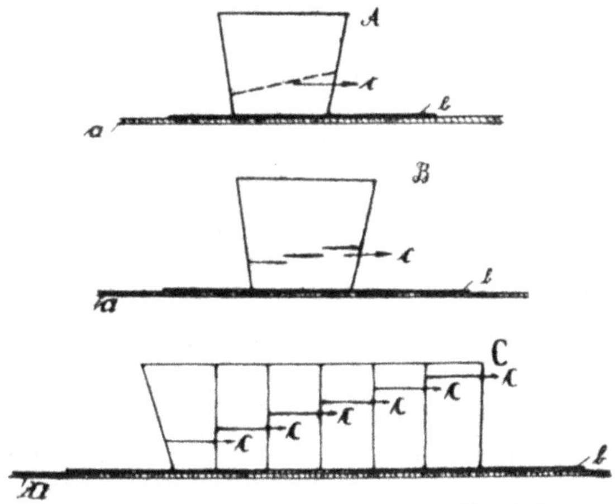

Abb. 37. (A, B, C.) Ausführungsformen zur Herstellung von Asbestzementschiefer nach Ahrens.

Zement hervorgerufen wird. Diese Trockenmischung übergibt man nun der ersten Naßmischmaschine, wo 300 % Wasser in der Bütte sind und nun wird die Trockenmischung zugegeben. Sollten sich nun noch größere Asbestteilchen oder Zementklumpen in der Mischung befinden, so gehen diese in der dünnen Masse unter und werden am Boden der Naßmischmaschine durch ein angebrachtes Schlemmwerk zerrieben. Sobald diese größeren Teile zerkleinert sind, gehen sie ebenfalls nach oben und verteilen sich so in der Mischung.

Aus der ersten Naßmischmaschine läßt man nun die dünnflüssige Masse in eine zweite Naßmischmaschine laufen, welche dieselbe Arbeit weiter verrichtet und die Mischung in einer guten leichtflüssigen Masse erhält. Diese zweite Naßmischmaschine ist die eigentliche Plattenspeisemaschine im Fabrikationsgange, wie oben beschrieben und skizziert. Von hier aus läßt man soviel Masse in einen Füllwagen, welcher die Plattenmaschine speist. Die Plattenmaschine ergibt unter Luftdruck in einer Minute eine Platte von 1200×1200 mm. Die Plattenmaschine teilt auch gleichzeitig, ohne besondere Bedienung, die Platte in die gewünschten kleineren Platten, als neun Platten 400×400 mm oder 16 Platten 300×300 mm. Diese Rohplatten werden nun auf den Wendeapparat genommen und hier auf die Stahlbleche gelegt, um dann in einer größeren Anzahl 100 bis 150 Stück übereinander zusammengepreßt zu werden. Nachdem die Platten den Druck von 400 Atmosphären erhalten haben, läßt man den Druck ab und die Platten kommen nach dem Lagerraum, wo sie abbinden. Nach einem Tage kann man die Platten in die richtige Fasson stanzen, dabei gleich lochen und nach zirka 3 bis 6 Wochen sind die Platten reif, um auf das Dach genagelt zu werden. Durch den in einzelnen Schichten liegenden Asbest und durch den angewendeten Druck bekommt die Asbestzementschieferplatte ihre vollständige Wasserundurchlässigkeit.

Nach der Erhärtung des Zementes ist eine Versteinerung der einzelnen Schichten untereinander eingetreten, wodurch diese künstlich erzeugte Platte fast die gleiche Struktur aufweist wie Schiefer. Besonders erwähnenswert ist, daß Ahrens hauptsächlich kurzfaserigen Asbest verarbeitet.

Die Fabrikation von Asbest-Zementschiefer kann nach dem Ahrensschen Verfahren mit verhältnismäßig wenig Arbeitern betrieben werden, 4 bis 5 Mann können pro Tag 600 bis 800 Platten in den Größen von 400×400 mm erzeugen.

Untenstehend ist eine Aufstellung einer Maschinenanlage zur Erzeugung von zirka 4000 Stück Platten 400×400 mm in 10 Arbeitsstunden notiert, und zwar sind hierzu folgende Maschinen nötig:

1. Eine Trockenmischmaschine
2. Zwei Naßmaschinen (Schlemmwerk)
3. Eine Rohplattenmaschine 1200×1200 mm
4. Ein Luftkompressor mit Windkessel
5. 1000 Stück Stahlpreßbleche
6. Eine hydraulische Presse, 400 Atmosphären, Tisch 600×600 mm, Kolben 500 mm Durchmesser, Gesamtdruck 800 000 kg, Preis
7. Ein Preßpumpwerk 400 Atm.
8. Eine Stanze (Exzenterpresse)

9. Drei Schnittwerkzeuge für Platten 400 × 400 mm
10. Eine Plattenschere
11. Eine Lochstanze
12. Eine Stahlblechölmaschine

3. Herstellung von Asbestzementschiefer nach Komnick. (Ternolitschiefer).

Die Firma F. Komnick hat zu ihrem in der ersten Auflage beschriebenen Gußpreßverfahren auch dasjenige auf der Rundsiebmaschine übernommen.

Die Herstellung des Asbestzementschiefers „Ternolit" kann nach zwei Verfahren erfolgen, und zwar entweder unter Anwendung der sogenannten Großplattenmaschine oder unter Benutzung von Drehtischpressen. Bei beiden Verfahren geht die Aufbereitung der Rohstoffe in gleicher Weise vor sich. Die rohen Asbestfasern werden in einer Aufbereitungsmaschine, die mit einem Granitboden und umlaufenden Granitläufern versehen sind, in trockenem Zustande durchgearbeitet, bis die einzelnen Fasern vollkommen aufgeschlossen, d. h. vollständig voneinander getrennt sind. Bei Verarbeitung härterer und minderwertiger Asbestsorten bedient man sich zu deren völliger Aufschließung häufig noch einer besonderen Schleudermühle bzw. eines Desintegrators. Der auf diese Weise aufbereitete, flockige Asbest wird selbsttätig durch eine pneumatische Förderanlage in die Asbestvorratskammern geführt, denen er zur weiteren Verarbeitung nach Bedarf entnommen wird. In der Masseaufbereitungsmaschine mit ellipseförmigem Trog aus Eisen oder Beton und rotierender Messerwalze wird der Asbest unter reichlichem Zusatz von Wasser zu einem dünnflüssigen Brei angerührt, dem schließlich feingesiebter Zement und, wenn farbige Platten hergestellt werden sollen, eine entsprechende Menge Farbstoff zugesetzt wird. Zu einem Quadratmeter Ternolitschiefer werden etwa 1,1 kg Asbest und etwa 6,6 kg Zement gebraucht. Nach gründlicher Durchmischung wird die Masse in die Rührbütte abgelassen, die aus einem großen Bottich aus Beton besteht, wo der Brei durch kräftige Rührarme in ständiger Bewegung gehalten wird, um eine Entmischung zu verhindern. Durch ein Schöpfrad werden ununterbrochen kleine Stoffmengen aus der Rührbütte einem Transportmischer aufgegeben und unter fortwährender Bewegung der Großplattenmaschine oder der Drehtischpresse zugeführt.

Die Großplattenmaschine besteht aus zwei rotierenden Siebzylindern, die auf ihrer Oberfläche die Masse aufnehmen, wobei das Wasser abfließt und sich der Stoffbrei verdichtet und auf ein endloses Filzband überträgt, das die ganze Maschine durchläuft. Die Masse wickelt sich dann in ununterbrochener Bahn und in mehreren Schichten auf der Formatwalze der Großplattenmaschine auf, und die auf diese Weise hergestellten Rohplatten werden, sobald die gewünschte Stärke erreicht ist, gewöhnlich im Format 1250×1250 oder 1250×2500 mm abgeschnitten und von der Formatwalze abgenommen. Von der Großplattenmaschine werden die Rohplatten durch ein auf Rollen laufendes Filzband zu der schwer gebauten Ausstanzmaschine überführt, die mit Kniehebelwirkung arbeitet und einen Druck von 100 000 kg auszuüben vermag. Hier werden die Platten unter Verwendung entsprechender Stanzeisen in das gewünschte Kleinformat von gewöhnlich 400×400, 300×300 oder auch 600×600 mm zerteilt.

Die Drehtischpresse, die an Stelle der Großplattenmaschine benutzt werden kann, enthält 5 Formen, die von einem selbsttätigen Füllapparat mit der aus der Rührbütte kommenden Masse beschickt werden und mit einer Saugepumpe in Verbindung stehen. Auf der Drehtischpresse wird die Asbestzementmasse gleich in dem üblichen Format von 400×400 oder 300×300 mm vorgepreßt, so daß also eine spätere Zerteilung, wie sie bei Anwendung der Großplattenmaschine nötig ist, nach diesem Verfahren nicht in Frage kommt.

Die von der Ausstanzmaschine zugeschnittenen oder von der Drehtischpresse vorgepreßten Platten werden zu 130 bis 150 Stück auf Preßwagen übereinander geschichtet, wobei zwischen die einzelnen Platten ein geöltes Stahlblech gelegt wird. In einer hydraulischen Presse erfolgt dann unter hohem Druck (bis zu etwa 1 500 000 kg bei 450 Atm.) die Nachpressung und fast vollständige Entwässerung der Maßplatten. Nach vollendeter hydraulischer Pressung werden die Preßwagen mit den Platten in den Abbinderaum gefahren und die ganzen Plattenstapel mittels einer entsprechenden Hebevorrichtung abgehoben. Die Plattenstöße bleiben zirka 12 bis 14 Stunden unberührt stehen, werden dann umgeschichtet bzw. von den Stahlblechen abgenommen, die nach Behandeln auf der Reinigungs- und Ölmaschine wieder benutzt werden. Die Ternolitplatten wandern nun vor die Bearbeitungsmaschinen und können auf der Schiefbettstanzmaschine scharfkantig beschnitten und auf der Eckenschneid- und Lochstanzmaschine gestutzt und gelocht, sowie in Rautenform oder zu sogenannten Biberschwänzen usw. zugeschnitten werden. Man läßt die fertig bearbeiteten Ternolitplatten noch einige Wochen lagern, ehe sie ihrem Verwendungszweck zugeführt werden, damit

Abb. 38. Großplattenmaschine, F. Komnick-Elbing.

der Zement vollständig abbinden kann; denn der Ternolitschiefer nimmt bei längerer Lagerung in ungefähr derselben Weise an Festigkeit zu wie der Zementmörtel, der bekanntlich eine um so größere Festigkeit erreicht, je älter er wird. Hat man Rohplatten in ungewöhnliche Formen und Größen zu bringen, so bedient

Abb. 39. Abb. 40.

Automatische Drehtischpresse mit selbsttätigem Füllapparat und Dreizylinder-Luftpumpe. System F. Komnick, Elbing.

man sich einer Handschere von entsprechender Schnittlänge und zur Zerteilung schon trockener Platten einer Kreisschere für Kraftbetrieb. Auch Firstkappen können in Asbestzementschiefer

Abb. 41. Hydraulische Presse mit Steuerapparat und Pumpwerk. Bauart: F. Komnick, Elbing.

angefertigt werden, wie auch die Herstellung gewellter Ternolitplatten in ähnlicher Form wie Wellblech und in verschiedener Größe möglich ist und mittels einer besonderen Wellplattenmaschine erfolgt.

Die Hauptunterschiede zwischen beiden Verfahren sind kurz folgende:

Die Großplattenmaschine wird heute im allgemeinen bevorzugt, weil man auf ihr große Rohplatten im Format 1250×1250 oder 1250×2500 mm herstellen und diese großen Tafeln in jedes gewünschte kleinere Format zerteilen oder auch in der ursprünglichen Größe verwenden kann. Die Großplattenmaschine gestattet nur die Verarbeitung von hochwertigem, langfaserigem Asbest und kann stündlich etwa 100 bis 120 qm Asbest-

Abb. 42. Universalstanzmaschine. System Krause-Komnick.
Fabrikat: F. Komnick, Maschinenfabrik, Elbing.

zementschiefer oder durchschnittlich etwa 700 Platten von 400×400 mm erzeugen. Man pflegt bei Anwendung dieser Maschine ununterbrochen Tag und Nacht in dreischichtigem Betriebe zu arbeiten, um die Rentabilität noch zu erhöhen und durch diese Arbeitsweise auch den Wasserverbrauch zu vermindern, der bei ununterbrochenem Bertiebe am niedrigsten gehalten werden kann.

Die Drehtischpresse läßt nur die Herstellung von Rohplatten im Rahmen von 400×400 und 300×300 mm zu, erlaubt aber auch die Verwendung bzw. Beimischung von kurzfaserigem Asbest. Die Leistung einer Drehtischpresse kann mit etwa

350 Platten 400 × 400 oder 300 × 300 mm in der Stunde angenommen werden, so daß also die Leistung von zwei Drehtischpressen ungefähr der Leistung einer Großplattenmaschine

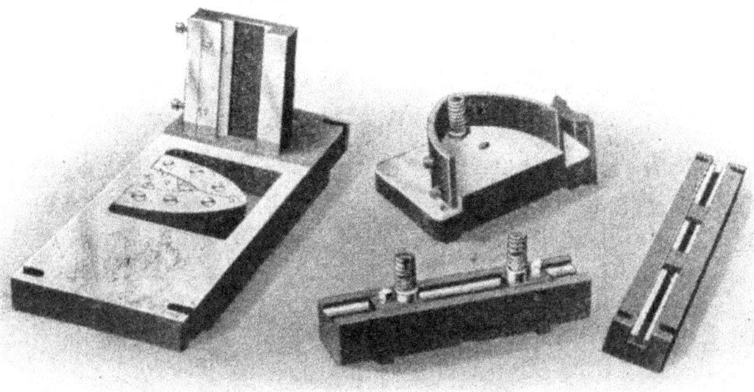

Abb. 43. Stanzwerkzeuge für Biberschwänze zur Universalstanzmaschine, System Krause-Komnick. Fabrikant: F. Komnick, Elbing.

entspricht. Da der Wasserverbrauch bei Anwendung der Drehtischpresse von der Arbeitsweise nicht beeinflußt wird und man sich deshalb nicht an den täglich 24 stündigen Betrieb zu halten

Abb. 44. Reinigungsmaschine für Unterlagsbleche. System F. Komnick, Elbing.

braucht, eignet sich dieses Verfahren besonders für kleine Anlagen, die unter geringeren Anschaffungskosten zunächst mit nur einer Drehtischpresse ausgerüstet, im übrigen aber schon von vornherein vergrößerungsfähig eingerichtet werden und später durch den Einbau einer weiteren Drehtischpresse und der dazugehörigen Nebenapparate die doppelte Leistung erreichen können.

Die **Rentabilität** eines Ternolitwerkes ist nachweislich sehr hoch und übertrifft unter normalen Voraussetzungen bei weitem die Rentabilität der verwandten Fabrikationszweige der keramischen und Kunststeinindustrie. Gerade in der Gegenwart, wo die überall empfundene Wohnungsnot und die Verkehrskrisen in den Großstädten die Durchführung großzügig angelegter Baupläne erfordern und der allgemeine Geldmangel zur sparsamen Bauweise zwingt, ist dem Ternolitschiefer ein unbe-

Abb. 45. Oelmaschine für Unterlagsbleche. Fabrikat F. Komnick, Elbing.

grenzter Absatz zu hoch über den Selbstkosten stehenden Verkaufspreisen gesichert. Man kann selbst unter weniger günstigen Verhältnissen die jährliche Verzinsung des Anlagekapitals mit etwa 40 % annehmen, doch läßt sich in vielen Fällen noch eine größere Rentabilität errechnen.

Die **Verwendung** des Ternolitschiefers gilt in erster Linie der Dachdeckung. Mit Ternolit werden sowohl einfache Nutzbauten, als auch Wohnhäuser, Villen- und Schloßbauten eingedeckt. Auch zur Eindeckung und Verkleidung der Wände von Luftschiffhallen wird Ternolit wegen seiner Isolierfähigkeit und Feuersicherheit sehr oft verwandt. Seine vorzüglichen Eigenschaften und besonders die Möglichkeit, ihn in jeder gewünschten

Form und Farbe herzustellen, haben dem Ternolitschiefer aber noch einen bedeutend größeren Verwendungskreis erobert. Infolge seiner Wetterbeständigkeit und seines Isolationsvermögens eignet er sich sehr gut zu Mauerverkleidungen hauptsächlich an der Wetterseite von Gebäuden, gewährt unbedingten Schutz gegen

Abb. 46. Gartenhaus mit „Ternolit“ gedeckt.

Feuchtigkeit und Kälte und schafft gesunde Innenräume. Auch zur Verkleidung von Innenwänden und Decken, sowie zur Errichtung leichter Zwischenwände wird er — meistenteils in großen Tafeln von 1 bis 2 qm Fläche — gern benutzt, weil er schalldämpfend wirkt, in hohem Maße gegen Feuersgefahr schützt und mit jedem beliebigen Anstrich übermalt werden kann. Ferner ist der Ternolitschiefer das geeignetste Material zum Bau zerlegbarer Häuser,

Baracken und Ausstellungshallen. Eine besonders vielseitige Anwendung erfährt er in der Möbelindustrie und vornehmlich in der Elektrotechnik, wo er zu Schalttafeln, Funkenlöschern, Isolierzellen usw. gebraucht wird. Ternolit ist schließlich auch ein guter Exportartikel und hauptsächlich in den heißen Ländern sehr begehrt. Schon heute ist also der Asbestzementschiefer weit verbreitet, und die Zukunft läßt die Verwendung dieses eigenartigen Materials zweifellos noch in bedeutend größerem Umfange erwarten (Siehe Abb. 38, 39, 40, 41, 42, 43, 44, 45 und 46).

4. Herstellung von Asbestzementschiefer nach Pulvermann bzw. Lüders.

Die Firma Leo Pulvermann, Hamburg, besitzt ein besonderes Verfahren, sowohl zum Mischen der Faserstoffe mit hydraulischen Bindemitteln, als auch zum Verarbeiten der Mischung auf einer eigens konstruierten Rohplattenmaschine. Die Patentschriften Nr. 240 388 und Nr. 199 135, welch letztere unter dem Namen Richard Lüders in Görlitz herauskam, berichten hierüber folgendes:

Bei den bekannten Verfahren zur Herstellung von Kunststeinen aus Faserstoffen, insbesondere Asbest und hydraulischen Bindemitteln, werden die einzelnen Bestandteile der zur Herstellung der Steine dienenden Masse, ehe sie z. B. durch Füllvorrichtungen in eine mit saugender Entwässerung arbeitende Filterform gebracht werden, miteinander gemischt. Die vorliegende Erfindung besteht nun in einem besonderen Verfahren und einer Vorrichtung zum Mischen der Faserstoffe und hydraulischen Bindemittel. Nach dem neuen Verfahren wird dieses Gemisch unter der Einwirkung eines Luftstromes innerhalb des Rührwerkes hergestellt. Es wird zu dem Zweck z. B. der zerfaserte Asbest, zweckmäßig unter Zusatz nur geringer Wassermengen, mit in fein verteiltem Zustande eingeführtem oder eingeblasenem Zement od. dgl. in dem Rührwerkbehälter innig durchgerührt und vermischt, während gleichzeitig ein Luftstrom in den Rührbehälter eintritt. In Abb. 47 ist ein Ausführungsbeispiel einer zur Ausübung des Verfahrens dienenden Mischvorrichtung dargestellt. Der Rührbehälter *m* besteht z. B. aus einem senkrecht stehenden zylindrischen Gefäß mit kegelförmigem Boden. Zement und Asbest werden durch gesonderte, seitlich angeordnete Zuleitungen *Z*, *Z'* in den Behälter eingeführt.

Am kegelförmigen Boden befindet sich der Austritt *i* für das Gemisch. Der Luftzutritt *Z''* ist gleichachsig zum Ausfluß *i* angeordnet. Das Rührwerk, das auch in anderer Weise wie abgebildet ausgeführt werden kann, ergibt in Verbindung mit dem Gebläse eine außerordentlich vollkommene Durcheinanderarbeitung der zu mischenden Bestandteile, so daß das Gemisch mit Sicherheit ein durchaus gleichförmiges wird und dementsprechend im weiteren Verlauf des Verfahrens auch durchaus gleichförmige Kunststeine erhalten werden.

Ein weiterer Vorzug des Verfahrens besteht darin, daß der Zement nicht erst den Holländer und die Rührbütte zusammen mit

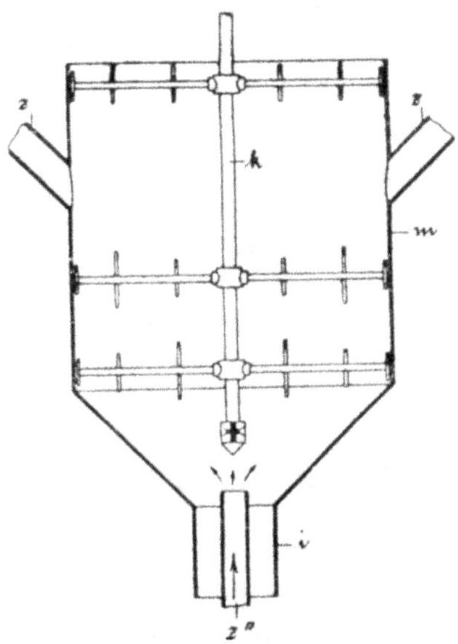

Abb. 47. Mischmaschine nach System Pulvermann.

dem Asbest zu passieren braucht, wo er mit Wasser in Berührung kommt und teilweise verlorengeht, sondern erst kurz vor der eigentlichen Steinbildung mit geringen Wassermengen vermischt wird. Hierdurch werden alle Verluste an Zement vermieden, und seine Bindekraft wird erheblich besser ausgenutzt, so daß ein guter Stein entsteht.

Schließlich wird durch das Verfahren Pulvermann der ganze Arbeitsvorgang verkürzt, weil die Bindung des Zementes rascher eintreten kann und die Erhärtung auf der Nutsche unter der Einwirkung des Vakuums schneller vor sich geht.

Patentschrift Nr. 199 135 von R. Lüders beschreibt ein Verfahren nebst Vorrichtung zur Herstellung von Kunststeinen aus Faserstoffen und hydraulischen Bindemitteln, wobei das unter Verwendung geringer Wassermengen hergestellte Gemisch von Asbest und Zement, periodisch durch geeignete Füllvorrichtungen in eine Filtervorrichtung gefüllt wird, welche aus einer Form für die Steinmasse, einem beweglichen endlosen Filtertuche und einem Entwässerungsgefäß besteht. Die Filtration erfolgt aber hier nicht wie in den Filterpressen mit einem geringen Überdruck, sondern mit einem geringen Unterdruck, etwa unter Anwendung von Saugluft. Diese Vorrichtung gestattet in sehr einfacher und überaus schneller Weise die Herstellung von Kunststeinen in Platten- und auch Röhrenform. Es sind bereits Vorrichtungen zur Herstellung von Kunststeinen bekannt, welche mit Formkasten und Drahtsieb arbeiten. Bei diesen Vorrichtungen wird das Wasser aus der Steinmasse aber durch hohen Druck ausgepreßt und dann gegebenenfalls noch durch eine Luftpumpe abgesaugt. Bei dem Erfindungsgegenstande hingegen, findet der ganze Filtrationsprozeß bei Unterdruck, z. B. durch Anwendung von Saugluft statt, was außer einer vorteilhaften Faserschichtung und guten Verfilzung noch den Vorteil hat, daß die Steine an den Formwänden gut abgegrenzt und von diesen sich leicht loslösen. Die Verwendung eines beweglichen endlosen Filtertuches ermöglicht dabei einen schnellen und rationellen Betrieb, da das Filtertuch nicht die üblichen Eigenschaften eines Drahtsiebes besitzt, sondern, wie bei der Filterpresse, eine reine Filtrierung zuläßt.

Die periodische Bewegung des Filtertuches in Verbindung mit der gleichen Bewegung der heb- und senkbar angeordneten Form und der kippbaren Fallvorrichtung ermöglicht eine Massenherstellung unter beständigem Zufluß der Steinmasse. Die kippbare Füllvorrichtung vermittelt hierbei den Übergang von der notwendigen beständigen Zuströmung der frischen Steinmasse auf die periodische Steinbildung.

Die Vorrichtung ist in zwei Ausführungsformen in Abb. 48 dargestellt und zwar zeigt:

Fig. 1 in schematischer Weise die Anordnung einer Vorrichtung für die Herstellung von Platten.

Fig. 2 zeigt den Formkasten in vergrößertem Maßstabe.

Fig. 3 stellt in schematischer Weise die Zuführung des Formgutes dar.

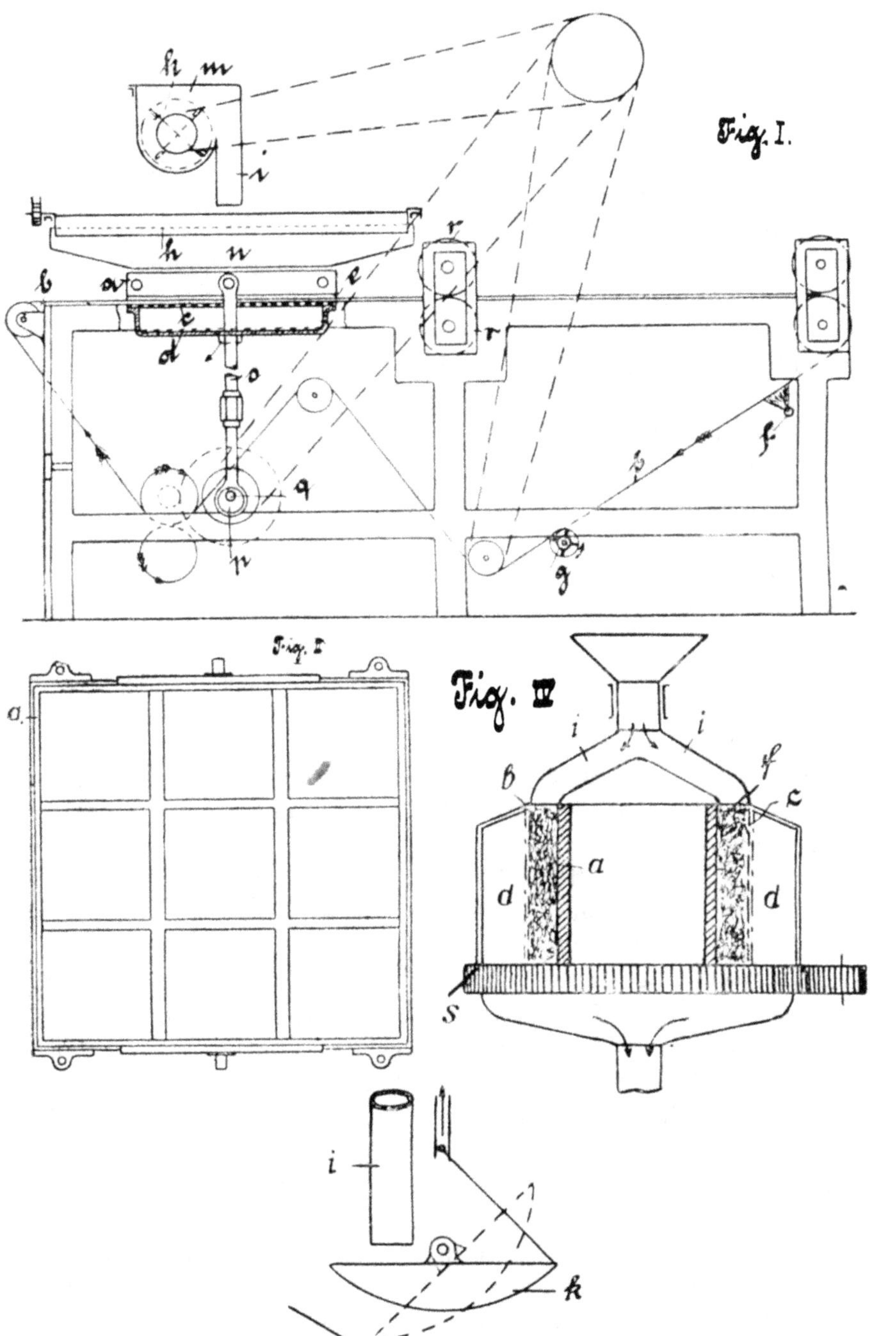

Abb. 48. Asbestzementschiefermaschine, System Pulvermann-Lüders.

Fig. 4 ist eine Vorrichtung zur Herstellung von Röhren und röhrenförmigen Körpern.

Bei der Vorrichtung nach Fig. 1 ist eine Form *a* über einem endlosen Filtertuche *b* angeordnet. Das Filtertuch ruht unterhalb der Form *a* auf einem Filterblech *c*, an welches eine Saugkammer *d* angeschlossen ist. Die Saugkammer *d* steht durch eine Leitung mit einer Luftpumpe oder dergl. in Verbindung. Zwischen der Form *a* und dem Filtertuch *b* ist zur guten Abdichtung ein Gummirahmen *e* angeordnet. Das endlose Filtertuch *b* ist hinter der Form zwischen Walzen und unterhalb des Gestelles über Leitrollen geführt. An geeigneter Stelle können an der Rücklaufstrecke des Filtertuches Spritzrohre *f* und ein Klopfwerk *g* zur Reinigung des Tuches angeordnet werden. — Die Form *a* kann durch geeignete Unterteilung für die gleichzeitige Formung mehrerer Steine hergestellt werden (Fig. 2). Oberhalb der Form *a* ist eine kippbare Mulde *h* angeordnet, auf welche durch ein Füllrohr *i* die durch das Rührwerk *k* im Fülltrog *m* vorbereitete Masse gelangen kann. Ein unterhalb der Mulde befindliches Ablaufblech *n* läßt die Masse aus dem umgekippten Trog *h* in die Form *a* gleiten. Seitlich ist die Form mit Stangen *o* verbunden, welche durch Exzenter *p* mit einer Antriebswelle *q* in Verbindung stehen.

Die Steinherstellung vollzieht sich in der Weise, daß die in dem Fülltrog *m* vorbereitete Masse durch das Füllrohr in beständigem Flusse in die Mulde *h* gelassen wird, aus welcher die jeweilige Füllung durch Umkippen der Mulde (punktierte Stellung Fig. 3) über das Ablaufbrett *n* in die Form *a* gelangt. Die Form ist in diesem Augenblick durch Exzenter *p* und Zugstangen *o* gerade nach abwärts bewegt, so daß sie fest mit dem Gummirahmen *e* auf das Filtertuch und die Kammer *d* gepreßt wird. Der periodische Antrieb des Filtertuches ist so eingerichtet, daß das Filtertuch in diesem Augenblick stillsteht. Zu gleicher Zeit wird aber auch in der Kammer *d* Luftleere erzeugt, so daß die Filtration erfolgt und die in die Form *a* eingefüllte Masse entwässert, verfilzt und geformt wird. Hiernach bewegt sich durch Exzenter *p* und Stangen *o* die Form *a* wieder nach aufwärts, gibt das Filtertuch mit den fertig geformten Steinen zur Weiterbeförderung durch die Walzen *r* frei und ist zur Aufnahme einer nächsten Füllung aus der Mulde *h* bereit. Letztere ist in der Zwischenzeit durch den beständigen Zufluß aus dem Füllrohr *i* wieder gefüllt, so daß dasselbe Spiel von neuem beginnen kann.

Fig. 4 stellt eine für das gleiche Verfahren geeignete Vorrichtung zur Herstellung von Röhren und röhrenförmigen Körpern dar. Bei dieser Vorrichtung ist die Form *a* zu einem Zylinder ausgebildet, welcher senkrecht auf einer nötigenfalls drehbaren Unterlage *s* angeordnet ist. Der Raum für die Aufnahme der Masse *f* wird, wie bei dem vorher beschriebenen Ausführungsbeispiel, begrenzt durch ein endloses Filtertuch *b* und eine Siebunterlage *c*. Hinter der zylindrischen Siebunterlage *c* befindet sich eine zylindrische Saugkammer *d* zur Einleitung des Filtrationsvorganges. Oberhalb der zylindrischen Form *a* ist in entsprechender Weise, wie bei der Ausführung nach Fig. 1, eine Füllvorrichtung mit Füllrohren *i* angeordnet, während unterhalb der Unterlage *s* eine Abführung für das Filtratwasser angeordnet ist.

Durch die Füllrohre *i* wird die Masse *f* in die zylindrische Form *a* eingelassen und durch Erzeugung einer Luftleere in der Kammer *d* entwässert, so daß sich das Gemisch in ähnlicher Weise wie bei der Vorrichtung nach Fig. 1 verfilzen und formen kann. Die Verfilzung kann bei dieser Einrichtung noch dadurch verbessert werden, daß sich die Unterlage *s* mit dem Formkasten *a* während der Entwässerung dreht, so daß eine zweckmäßige Schichtung der Fasern erfolgen kann. Diese bessere Schichtung der Fasern wird dadurch hervorgerufen, daß die Drehung die Wirkung der infolge der Schwere senkrecht herunterfallenden Massen, welche auf eine Trennung der verfilzten Asbestfasern mit Zementteilchen hinarbeiten und eine Entmischung bewirken, aufhebt. Diese Drehung ist besonders dann (und zwar hauptsächlich bei starken Rohren) nützlich, wenn während des Verlaufes der Filtration sich bereits auf der Mantelfläche des Filtertuches eine dicke Schicht gebildet hat und die Saugwirkung im Nachlassen begriffen ist. Alsdann bewirkt die Drehung einen gewissen Ausgleich und eine gründliche Verfilzung des ganzen Gemisches.

Anstatt die zylindrische Kammer *d* bei der Ausführung nach Fig. 4 außen und die zylindrische Form *a* innen anzuordnen, kann auch der innere Raum als Kammer *d* (zur Entwässerung durch Luftleere) und der äußere Ringraum als Form *a* ausgebildet werden. Die letztere Anordnung ähnelt der eines Trommelfilters. — Im übrigen ist die Handhabung der Röhrenform genau dieselbe wie die der Form nach Fig. 1. Nur wird der Natur des Körpers entsprechend das endlose Filtertuch bei ersterer mit dem Formkasten selbst beim Heben hochgezogen. Hierauf erfolgt die Abgabe des Steines und erneute Senkung und Füllung.

Das Verfahren hat dank seiner einfachen Arbeitsweise den Vorzug, daß auch weniger geübte Leute dasselbe bedienen können. Das Pulvermannsche Fabrikat kommt unter dem Namen „Asbestolith" in den Handel.

5. Herstellung von Asbestzementschiefer nach Prosig.

Ein neues und in seiner Fabrikationsart bisher alleinstehendes Verfahren zur Erzeugung von Asbestzementschiefer ist dasjenige von Herrn Engelbert Prosig in Mährisch-Schönberg. Die Eigenart liegt hier vor allen Dingen in der Erzeugungsmaschine selbst, die unter Nr. 252 127 im deutschen Reiche patentiert ist. Auf dieser Maschine kann man in 12 Stunden zirka 10 000 Platten Asbestzementschiefer von 400×400 mm herstellen. Herr Engelbert Prosig, Herr Ingenieur Otto Schermer und Frau Ida Schay in Mährisch-Schönberg haben die Verwertung dieses Patentes in Kompagnie.

Die Erfindung ist österreichischen Ursprunges und es sind auch die ersten existierenden Asbestzementschieferfabriken nach dem Prosigschen Verfahren in der ehemaligen Doppelmonarchie in Betrieb gekommen.

Zur besseren Orientierung dieses eigenartigen Systems ist dem Texte Abb. 49 beigegeben, welche an Hand der Patentschrift beschrieben sein soll. Das Bild stellt jedoch nur ein Schema dar und hat daher Abweichungen von der auskonstruierten Maschine.

Die Erfindung bezieht sich auf solche Einrichtungen zur Herstellung von Platten aus Faserstoffen und hydraulischen Bindemitteln (Kunstschieferplatten), bei welchen das Rohmaterial in dickbreiigem Zustande zwischen endlosen, wasserdurchlässigen Bändern in ununterbrochenem Arbeitsgange entwässert und verformt wird. Während dies bisher unter Anwendung mehrerer hintereinander angeordneter Preßwalzenpaare geschah, durch welche das Material in Zeitabständen stufenweise zunehmenden Drücken ausgesetzt wurde, geschieht dies gemäß vorliegender Erfindung unter allmählich und ununterbrochen zunehmendem Drucke zwischen zwei exzentrisch zueinander gelagerten Trommeln, über die je ein endloses, durchlässiges Band läuft, wobei letzteres durch ein perforiertes Stahlband gegen die

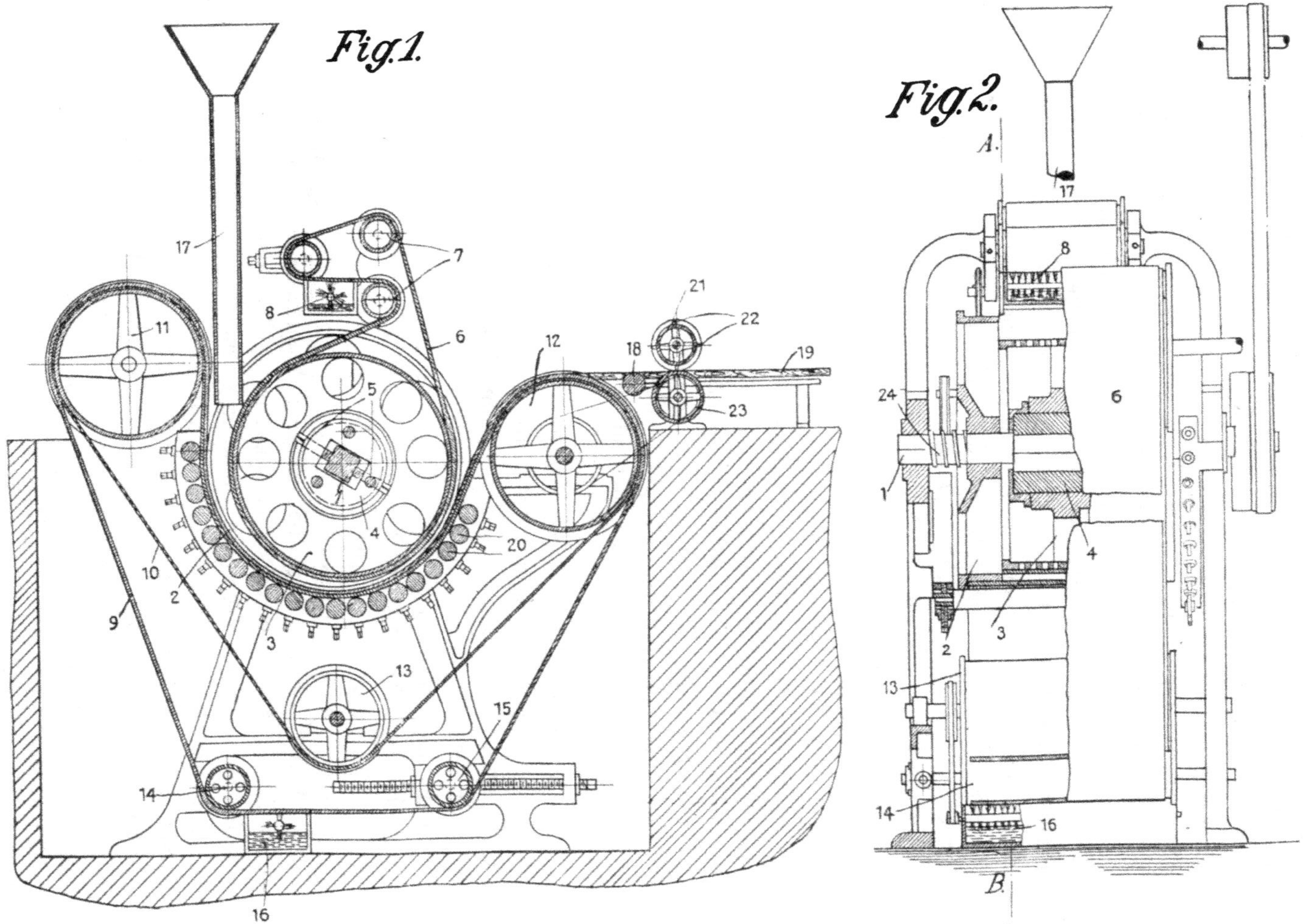

Abb. 49. Fig. 1 u. 2. Asbestzementschiefermaschine, System Prosig.

zwischen erstere eingebrachte dickbreiige Masse gepreßt wird, so daß dies in dem sich verengenden Zwischenraume unter allmählich sich steigerndem Drucke geformt und entwässert wird.

In der Zeichnung ist der Erfindungsgegenstand beispielsweise dargestellt, im Längsschnitt nach der Linie *A-B* der Fig. 2. Auf einer feststehenden Achse 1 sind zwei Scheiben 2 lose drehbar, zwischen welchen eine an ihrer Umfangsfläche perforierte Trommel 3 exzentrisch gelagert ist. Die letztere läuft lose auf einer Exzenterscheibe 4, deren Exzentrizität gegen die Achse 1 durch Schrauben 5 verstellbar gemacht ist. Über die Trommel 3 läuft ein endloses Filzband 6 von derselben Breite wie erstere, welches über mehrere Rollen 7 geführt ist. Die Scheiben 2 können auch auf der Welle 1 exzentrisch und die Trommel 3 zentrisch angeordnet sein. — Das Filzband 6 passiert eine Waschvorrichtung 8 zwecks fortwährender Reinigung von den anhaftenden Teilchen der Masse. Über die beiden seitlichen Scheiben 2 läuft ebenfalls ein endloses perforiertes Stahlband 10. Beide liegen im wesentlichen nur an der unteren Hälfte der Scheiben 2 an und laufen gemeinsam über zwei Rollen 11 und 12. Weiterhin läuft das Stahlband 10 im unteren Teile der Maschine über eine Rolle 13, das Filzband 9 jedoch über eine feste Rolle 14 und eine verstellbare Rolle 15, wobei es ebenfalls eine Waschvorrichtung 16 passiert.

Das in einem oberhalb der Maschine angebrachten Rührwerk mit Wasser zu dickbreiiger Konsistenz angerührte Material wird durch einen mit einer Trichteröffnung versehenen Kanal 17 zwischen den beiden Filzbändern 6 und 9 auf die Trommel 3 beständig eingeführt. Da sich der Zwischenraum infolge der exzentrischen Lagerung der Trommel 3 von der Einlaufstelle aus beständig verengt, so wird das Material mehr und mehr zusammengepreßt, wobei das Wasser nach beiden Seiten durch den Filz und die Trommel bzw. das Stahlband hindurch fortwährend abläuft. Die Asbestzementschieferplatten werden also nicht nur von unten, sondern auch von oben entwässert und gleichzeitig in einer einzigen Schicht gepreßt, so daß die Fasern aller durcheinander zu liegen kommen und ein Abblättern des Schiefers somit nicht eintreten kann. Eine größere Anzahl verstellbarer Druckwalzen 20 bewirkt ein festes Anpressen des Stahlbandes 10 und des Filzbandes 9 an die Scheiben 2 und die zu pressende Masse, während auf die Achse 1 seitlich aufgeschobene Federn 24 die Scheibe 2 fest gegen die Trommel 3 drücken.

Die gepreßte Schiefermasse gelangt über die Rolle 12 und eine Gleitrolle 18 auf einen Tisch 19, in welchen eine Schneidrolle 21 mit den Messern 22, sowie eine Gegenwalze 23 eingebaut ist. Die beiden Walzen 21 und 23 stehen vorteilhaft durch Zahnradgetriebe in zwangsläufiger Verbindung und werden von der Achse der Rolle 12 aus angetrieben, auf welche überdies der Antrieb der ganzen Maschine erfolgt. Die in der Schneidvorrichtung 21, 22, 23 geschnittenen Asbestzementschieferplatten werden einzeln auf Eisenplatten aufgefangen, mit diesen übereinander geschichtet und dann in eine Presse gebracht, um ihre von dem Filze noch rauhen Oberflächen beiderseits zu glätten, sowie die letzten Reste Wasser aus ihnen zu entfernen.

Die endlosen Filzbänder können auch durch porös gewebte Gurte od. dgl. ersetzt werden.

6. Herstellung von Asbestzementschiefer nach Grätzer.

Ebenfalls österreichischen Ursprungs ist das Verfahren von Herrn Salomon Grätzer in Olmütz. Die Fabrikation sei hier kurz notiert. Die Masse wird im Holländer gemischt, mit Wasser vermengt und gelangt von dort als dünnflüssiger Brei in den Stoffbottich und von dort direkt auf die Vorpreßmaschine. Diese Maschine hat den großen Vorteil, daß ganz dünnflüssige Stoffe verwendet werden können, die durch Schütteln auf den Transporttüchern in innige Verfilzung mit den Asbestfasern kommen. Die Vorpressung geschieht kontinuierlich durch Walzendruck und kommt die fertige Platte zwischen Filz und Sieb gleich in der verlangten Stärke soweit konsistent aus der Maschine, daß sie auf Preßplatten gelegt, in die hydraulische Presse gelangen kann, wo sie auf 400 Atmosphären gedrückt wird.

Der ganze Vorgang ist möglichst einfach, erfordert wenig Arbeiter und ermöglicht ein rasches Arbeiten. Die Abfälle werden sofort wieder verarbeitet, so daß das Ergebnis ein günstiges ist. Die fertigen Platten zeichnen sich durch große Festigkeit und Wasserundurchlässigkeit aus.

Anbei ist eine Aufstellung gemacht, aus welcher die Maschinen zur Einrichtung einer solchen Asbestzementschieferfabrik zu ersehen sind.

Maschinen für eine Asbestzementschieferfabrik System Grätzer mit einer Produktion von 3000 Platten 400×400 mm in 10 Arbeitsstunden.

30 HP Lokomobile

Patent-Plattenmaschine
1 Zentrifugalpumpe für reines Wasser
1 Stoffwasserpumpe
2 Reservoire
Rohrleitung und Transmissionen
1 Holländer für 300 kg Eintrag
1 hydraul. Presse 500×500 mm, 400 Atm. Druck pro cm^2,
1 000 000 kg Gesamtdruck
1 dreizylindrige Preßpumpe
2 Preßwagen
100 m Feldbahngleise
2 Feldbahnwagen
1 Plattenschere, 1060 mm Schnittlänge
1 Eckenstanz- und Lochmaschine
1 Ölmaschine
1 Vierseiten-Beschneidmaschine
1 Firststein
1 Warenaufzug
1500 Preßplatten

7. Herstellung von Asbestzementschiefer nach Frank.

Herr Hans Frank in Laibach kommt ebenfalls mit einem neuen Verfahren heraus, das seit dem 15. Dezember 1912 in Deutschland patentiert, jedoch, soviel ich in Erfahrung brachte, noch wenig eingeführt ist. Die Patentschrift erläutert dies Verfahren wie folgt:

Den Gegenstand der Erfindung bildet ein Verfahren zur Herstellung von Kunststeinplatten, insbesondere von Bekleidungsplatten für beliebige Zwecke, aus Faserstoffen und hydraulischen Bindemitteln, welches im Wesen dadurch gekennzeichnet ist, daß die Platten in Formen ohne Anwendung von Sieben durch freies Absetzenlassen der aufgeschlämmten festen Stoffe in der Flüssigkeit unter wiederholtem Abziehen der überstehenden Flüssigkeit und Nachfüllen der Formen gebildet und in bekannter Weise nach teilweiser Abbindung unter hohem Druck gepreßt werden.

Der betreffende Faserstoff, zum Beispiel Asbest, wird, nachdem er nötigenfalls vorerst zwischen gezähnten Walzenpaaren zerrissen wurde, in einem Naßmischtrog unter Benutzung geeigneter Rührwerke mit Wasser evtl. unter gleichzeitiger weiterer mechanischer Zerfaserung zu einem Brei angeschlämmt. Der erhaltene Faserbrei wird dem zweckmäßig bereits vorher in einer entsprechenden Mischvorrichtung mit Wasser angerührtem hydraulischen Bindemittel zugeführt und eine genügend innige Mischung der Schlämmen bewerkstelligt. Mit dem fertigen, dünnen Faserstoffzementmörtel werden nun die Formen aufgefüllt. Handelt es sich um die Herstellung von flachen Gebilden, z. B. Dachplatten, so empfiehlt es sich, die Formen mit Hilfe von Zwischenblechen zu bilden, welche in einem die Zwischenräume seitlich begrenzenden Rahmen in der gewünschten Plattenstärke entsprechendem Abstande stehend, in größerer Zahl nebeneinander gereiht und festgestellt werden.

In den mit der aufgeschlämmten Masse gefüllten Formen sinken nun Asbest und Zement langsam zu Boden, so zwar, daß sich in der Regel nach 1—2 Stunden aus der Aufschlämmung die festen Bestandteile in Form einer kompakten, ziemlich festen Masse absetzen, in welcher die Fasern horizontal nach allen Richtungen liegen und so untereinander sich verfilzen. Nach Entfernung des überstehenden Wassers werden die Formen mit der Aufschlämmung nachgefüllt, deren feste Bestandteile auf die bereits gebildete Schicht sich absetzen. Dies wird solange wiederholt, bis die ganze sich absetzende Schicht die gewünschte Höhe erreicht hat. Die Güsse bleiben nun bis ungefähr zur halben Abbindung des Zementes, die im Mittel nach zwölf bis sechzehn Stunden erfolgt ist, in den Formen und werden hierauf einer längeren Pressung unter hohem Druck (für mittlere Plattengröße zirka 900 Atmosphären) unterworfen.

Werden die Formen, wie beschrieben, durch Einsetzen loser Bleche in einen Rahmen gebildet, so nimmt man die abgesetzte Masse samt Zwischenblechen aus dem Rahmen und führt sie in diesem Stapel der Presse zu. Die fertig gepreßten Platten werden schließlich getrocknet.

Zur Erzielung einer gleichmäßigen genügend langsamen Abbindung des Zementes durch die ganze Masse hat sich ein Zusatz von Seifenlösung zur Aufschlämmung als außerordentlich günstig erwiesen. Das vorliegende Herstellungsverfahren liefert bei niedrigen Einrichtungs- und Arbeitskosten homogene Produkte von hoher Festigkeit und Wasserbeständigkeit. Zur Erzielung besonders tragfähiger Dachplatten, z. B. für schneereiche Gegenden, können dieselben mit Drahtgewebe armiert werden, welches vor dem Füllen der Formen in diese eingehängt wird.

8. Herstellung von Asbestzementschiefer nach Dengg (Denggit-Verfahren).

Mit einem in der Praxis ebenfalls gut bewährten Verfahren kommt die bekannte Firma: G. Roth Aktiengesellschaft, Abteilung Maschinenfabrik vorm. C. Dengg & Co. in Wien auf den Weltmarkt. Bei diesem Verfahren werden die Platten, wie üblich, aus einer Mischung von Asbest mit Zement unter entsprechender Zugabe von Wasser erzeugt.

Wenn der Asbest in großen Stücken bezogen wird, ist zunächst eine sorgfältige Aufbereitung dieses bei der Fabrikation teuersten Rohmaterials erforderlich. Die einzelnen Stücke müssen zunächst zerfasert werden, so zwar, daß die Faser möglichst fein, aber auch möglichst lang aufgeschlossen wird. Diese Arbeit besorgt am besten und rationellsten ein speziell für diesen Zweck konstruierter Kollergang mit eigentümlichen Läufern und Grundstein aus Granit. Da aber die Fasern auf dem Kollergange noch fest zusammenhalten und in dieser Form bei der Fabrikation zu wenig ergiebig wären, müssen sie in einer besonderen Maschine noch besonders gelockert (geflockt) werden. Dies besorgt ein Desintegrator mit mehreren Stabreihen. Damit beim Transport nicht wertvolles Material verstreut wird, und um mit dem Bedienungspersonal möglichst zu sparen, fällt das Material durch eine geschlossene Rinne vom Kollergang in die Lockerungsmaschine (Desintegrator) und es ist aus diesem Grunde der Kollergang entsprechend hoch aufgestellt. In dem Desintegrator werden die einzelnen Fasern vollends gut aufgeschlossen und gelockert. Von hier aus wird der Asbest durch eine geschlossene Leitung mittels eines Ventilators in das erste Stockwerk in eine besondere Kammer befördert. Falls der Asbest bereits aufgeschlossen bezogen wird, entfällt natürlich der Kollergang und unter Umständen auch der Desintegrator. Rentabler aber ist es für die Fabrikation, wenn vor der Verwendung der Asbest durch den Desintegrator aufgelockert wird, nachdem er sich durch den Transport zusammengeballt hat.

Bei der nun folgenden Mischung des Zementes und Asbestes handelt es sich insbesondere darum, daß jede Asbestfaser gründlich mit dem Zementstaub eingehüllt wird, was die erste Voraussetzung eines guten Produktes ist. Bei dem dem Denggit-Verfahren eigentümlich konstruierten Mischwerk, das gesetzlich geschützt ist, ist volle Gewähr dafür gegeben, daß jede Asbestfaser gewissermaßen mit Zement eingehüllt sein muß. Die Konstruktion ermöglicht es auch, daß der Zement nicht zu lange im Wasser bleiben muß, wodurch er stark entwertet wird. Asbest und Zement kommen in genau vorgewogenen Mengen in das Mischwerk unter Zusatz des entsprechenden Wasserquantums. Der Inhalt des Mischers ist für zwei, sogar auch für drei Formpressen bemessen und so reichlich, daß die zur Verfügung stehende Zeit mit Sicherheit für eine gründliche Durchmengung ausreicht.

Wenn gründlich durchgemischt ist, läßt man den Inhalt des Mischers durch Öffnen eines Schiebers in das unterhalb angebrachte Rührwerk entleeren, wo durch richtig geformte Rührflügel der Brei in stetiger Bewegung gehalten wird, so daß keine Gelegenheit zum Absetzen der schweren Bestandteile gegeben ist. Von der tiefsten Stelle des Rührwerkes zweigt zu jeder Schieferformpresse ein Rohr ab, an dessen unterem Auslauf ein Meßgefäß angebracht ist, welches so eingestellt wird, daß bei jedesmaligem Öffnen eines Hahnes nur ein ganz bestimmtes und immer gleiches Quantum entnommen werden kann. Nunmehr handelt es sich darum, den Brei in eine bestimmte feste Form zu bringen, wobei das überschüssige Wasser wieder soweit entfernt werden muß, daß die aus Asbest und Zement bestehende pappenartige Masse zurückbleibt, wobei möglichst wenig Zement von dem ausgedrückten Wasser mitgerissen werden soll. Dies besorgt die patentierte Schieferformpresse. Von allen bestehenden Systemen zeichnet sich diese Maschine durch einfachste Konstruktion und den Wegfall aller einem raschen Verschleiß unterworfenen Bestandteile aus. Ihre Handhabung ist die denkbar einfachste, dabei aber das erzielte Produkt ein von der Sorgfalt oder auch nur dem guten Willen des Arbeiters vollkommen unabhängiges. Alle edlen und teueren Teile sind der schädlichen Einwirkung des im abtropfenden Wasser enthaltenen Zementes entzogen. Die gute Funktion ist durch Zwangsläufigkeit gesichert und nicht durch Federn und andere derartige unsichere Konstruktionselemente in Frage gestellt. Sie ist hydraulisch betrieben, jede Platte muß daher genau gleich stark wie jede beliebige andere gepreßt sein. Trotzdem sind keine Manschetten, die häufig erneuert werden müssen, sondern nur während des Betriebes nachziehbare Stopfbuchsen verwandt.

Die Asbestzementplatten kommen in richtiger Größe, wenn gewünscht, auch schon mit gestutzten Ecken aus der Maschine, so daß ein jeglicher Abfall vermieden ist. Außerdem entfällt auch die sonst notwendige Ausstanzmaschine. Die Presse besitzt einen Dreh-(Revolver-)Tisch, in welchen drei Formen eingesetzt sind. Bei der ersten Form wird eingefüllt, während in der zweiten gepreßt und die vorgepreßte Asbestzementplatte aus der dritten Form ausgehoben wird. Auf der Presse können beliebige Formate bis zu 400×400 mm gepreßt werden, nur sind die Formen entsprechend dem jeweiligen Format auszuwechseln. Die Presse wird durch einen hydraulischen Akkumulator von mäßiger Spannung betrieben, damit zur Steigerung der Leistungsfähigkeit rasch Druck gegeben werden kann.

Der bei allen anderen Herstellungsverfahren heikelste Punkt der Fabrikation, und zwar die Manipulation mit den nassen, wenig widerstandsfähigen, weil nur schwach vorgepreßten Schieferplatten, so wie sie beispielsweise von den Pappenmaschinen oder Vorpressen kommen, durch die der meiste Ausschuß entsteht, bildet eines der wichtigsten Patente, die das Verfahren schützen. Dasselbe besteht darin, daß die Asbestzementplatten bereits in der Formpresse auf das zur Nachpressung erforderliche glatte Stahlblech aufgeformt werden. Dadurch erreicht man, daß die Asbestzementplatten von dem Moment an, wo sie aus der Schieferpresse kommen, bis sie nachgepreßt und etwas abgebunden, also bereits äußerst widerstandsfähig sind, überhaupt nicht mit der Hand angerührt werden müssen.

Die von den Schieferpressen abgenommenen, auf den Stahlblechen haftenden Schieferplatten werden auf Preßwagen aufgeschichtet. Von diesen Preßwagen braucht man eine größere Anzahl, und die Gleisanlage ist derartig zu disponieren, daß die beladenen und die leeren Wagen möglichst kleine Wege zurückzulegen haben und möglichst wenig Drehscheiben passieren müssen.

Die auf den Preßwagen sauber aufgeschichteten Platten werden nunmehr in die hydraulische Presse eingefahren, wo sie unter sehr hohem Drucke gründlich entwässert werden. Diese Presse arbeitet mit Druck von oben, wodurch der Kolben und die Zylinderwandung am wirkungsvollsten vor dem abtropfenden zementhaltigen Wasser geschützt sind. Das Hochheben des Kolbens erfolgt durch zwei hydraulische Hebezylinder, die ständig unter Akkumulatorendruck stehen. Die Steuerung der Presse ist äußerst einfach. Das Preßwasser liefert eine besonders kräftige hydraulische Preßpumpe, von welcher zwei Kolben diese Presse direkt und zwei Kolben den hydraulischen Akkumulator speisen.

Nach vollendeter Pressung wird der Wagen aus der Presse ausgefahren und die Platten werden mit den Blechen von dem Wagen weg im Magazin aufgeschichtet, wo sie einige Tage auf den Stahlblechen liegen bleiben. Später werden sie dann umgeschichtet, damit man die Stahlbleche wieder frei bekommt. Die Platten bleiben dann zum Ablagern im Magazin, die Stahlbleche wandern, nachdem sie eine Art Putzmaschine passiert haben, wieder zu den Schieferpressen zurück. Ehe die Platten das Magazin verlassen, werden sie auf einer Eckenstutz- und Lochmaschine auf genaues Maß gestutzt und mit Löchern für die Sturmklammern der Dachdeckung versehen. Falls sie auf allen vier Seiten auf das genaue Maß geschnitten werden sollen, müssen sie eine besonders konstruierte Beschneidmaschine passieren.

Die besonderen Vorzüge des „Denggit"-Verfahrens sind:

1. Größte Wirtschaftlichkeit.
2. Einfacher, äußerst übersichtlicher Betrieb mit durchwegs nicht komplizierten Maschinen, so daß man auch weniger geschultes Personal verwenden kann.
3. Verschwindend geringer Abfall.
4. Keine nach kurzer Betriebszeit auszuwechselnden teueren Bestandteile.
5. Geringe Anlagekosten und keine Lizenzgebühren.
6. Geringer Wasserverbrauch.
7. Gute Ware.

Für größere Leistungen wendet die genannte Firma das sogenannte Record-Verfahren an, welches sich von dem Denggit-Verfahren hauptsächlich dadurch unterscheidet, daß an Stelle der Drehtischpressen für die Herstellung des Zwischenproduktes sogenannte Schlittenpressen mit aus- und einfahrbaren Preßwagen verwendet werden, die zunächst Platten von der Größe 800 × 800 mm erzeugen. Diese werden dann in besonderen hydraulischen Ausstanzmaschinen auf vier Platten 400 × 400 mm zerschnitten.

9. Herstellung von Asbestzementplatten nach System Peiseler.

Wenn auch bei dem heutigen Stande der Kunstschieferfabrikation das bisher beste Herstellungsverfahren nach Hatschek eine technisch und wirtschaftlich gut zu nennende Platte liefert, so muß doch bedacht werden, daß es seiner Art nach nicht gleichzeitig Anfang und Abschluß der Entwicklung auf diesem Gebiete darstellen kann, denn noch manche Mängel haften diesem Herstellungsverfahren selbst, als auch der nach ihm hergestellten Platte an. So ist z. B. das Arbeiten mit dem ganz wässerigen Stoff unnötig teuer und nicht für jeden Stoff gut, das Aufwickeln der stark entwässerten dünnen Schichten auf der Pappenmaschine bedingt eine dauernd unterbrochene, viel Raum und viel Arbeitskräfte erfordernde Fabrikation und außerdem eine im Feuer zum Abblättern neigende Platte und dergleichen mehr, sofern die Behandlung nicht sachgemäß erfolgt.

Welch eine große Bedeutung müßte es für die Volkswirtschaft haben, wenn es möglich würde, die jetzt schon unentbehrlich gewordene Kunstschieferplatte wesentlich billiger und dabei noch besser herzustellen. Ein neues, von Dr. Peiseler, Leipzig, angegebenes Verfahren verspricht in dieser Beziehung einen bedeutenden Fortschritt und dürfte zum mindesten alle interessierten Kreise zum Mitarbeiten auf dem neubeschrittenen Wege anregen.

Dr. Peiseler stellt folgende Grundsätze auf, aus denen sich ganz natürlich ein einfaches Herstellungsverfahren mit einfachen Herstellungsmaschinen ergibt:

a) soll mit einem Mindestaufwand an Bedienung, Raum und sonstigen Betriebskosten gearbeitet werden, so muß eine Stoffbahn bei geeigneter Breite in der gewünschten Stärke aus breiigem Stoffgemisch fortlaufend erzeugt werden;
b) um bei den erzeugten Platten das Höchstmaß an Festigkeit bei kleinstem Aufwand an teuren Stoffen zu erzielen, sind die Stoffe ihrer Eigenart gemäß und der Plattenbeanspruchung entsprechend zu schichten; die Beanspruchung erfolgt durchweg auf Biegung durch eine Druckkraft von der außen sichtbaren Seite her;
c) auch gute Farben sind ein die Festigkeit der Platten schädlich beeinflussendes Füllmaterial; die eine auf Zug beanspruchte äußere Schicht ist besonders aus diesem Grunde, dann aber auch wie die wenig beanspruchte Innenschicht aus Sparsamkeitsrücksichten ohne Farbenzusatz auszuführen;
d) um eine ausgedehnte Anwendung der Asbestzementplatten zu ermöglichen, ist der größte Wert auf eine vom Architekten je nach Baustil und Landschaft zu verlangende schöne und haltbare Färbung sowie Oberflächengestaltung und Formgebung zu legen;

e) dem sich stets steigernden Bedarf an großen Platten (1200 × 2400; 1200 × 3600 und noch größer) entsprechend, muß auf deren Herstellung besonders Rücksicht genommen werden; solche Platten müssen allseitig fertig beschnitten in beliebiger Größe von der Maschine kommen.

Das auf Grund dieser Bedingungen sich ergebende Verfahren zur Herstellung der Platten gestaltet sich im Prinzip etwa wie folgt:

Breiiges Stoffgemisch wird auf der oberen Hälfte je zweier gegenläufiger Siebtrommeln aufgegeben (siehe Abb. 50), so daß zwei Stoffbahnen getrennt entstehen, welche aber beim Durchgang zwischen den Trommeln vereinigt werden. Die austretende Stoffbahn wird mittels eines von der Papierbearbeitung her bekannten Längs- und Querschneiders in rechtwinklige oder rhombische Platten zerlegt, welche durch Transportvorrichtungen entweder zusammen mit den selbsttätig untergeschobenen Stahlzwischenlagen, oder auch getrennt aber gleichzeitig mit solchen den hydraulischen Pressen zugeführt werden. Dabei erfolgt die Zubringung der Stahleinlagebleche vom Stapel aus selbsttätig durch Reinigungs- und Ölungsmaschinen und zwar im gleichen Tempo wie das Zerteilen der Asbestzementplatten. Große Platten gelangen auf diese Weise ebenfalls allseitig fertig beschnitten entweder zur Stapelstelle oder auch zur hydraulischen Presse.

Sollen mehr als zwei Schichten zusammengesetzt werden, so vereinigt man mehrere Erzeugungsmaschinen, indem man die auf einer Maschine erzeugte Stoffbahn zwischen die auf der nächstfolgenden Maschine sich bildenden Schichten an der Vereinigungsstelle einlaufen läßt. Soll gemäß Forderung *b*) und *c*) eine etwa 4 mm starke Platte für Dachbedeckung aus einer später sichtbaren gut gefärbten Außenschicht von 1 mm, einer stark beanspruchten ungefärbten unteren Schicht von 1 mm Stärke aus bestem Stoffgemisch mit reichlichem, gutem Faserstoff und einer billigeren ebenfalls ungefärbten Mittelschicht hergestellt werden, so wird man gemäß schematischer Darstellung (Abb. 50) auf einem oberen Trommelpaar 1 und 2 zwei Stoffschichten 3 und 4 geringerer Qualität zusammenbringen und sie dem unteren Trommelpaar 5 und 6 an der Vereinigungstelle der ungefärbten hochwertigen Stoffschicht 7 und der gefärbten Stoffschicht 8 zuführen.

Bei diesem geschilderten Herstellungsverfahren legen sich naturgemäß die Fasern entsprechend der Herstellung auf dem Rundsieb in der Oberflächenrichtung, so daß eine gegen Biegebeanspruchung sehr widerstandsfähige Platte entsteht. Da die

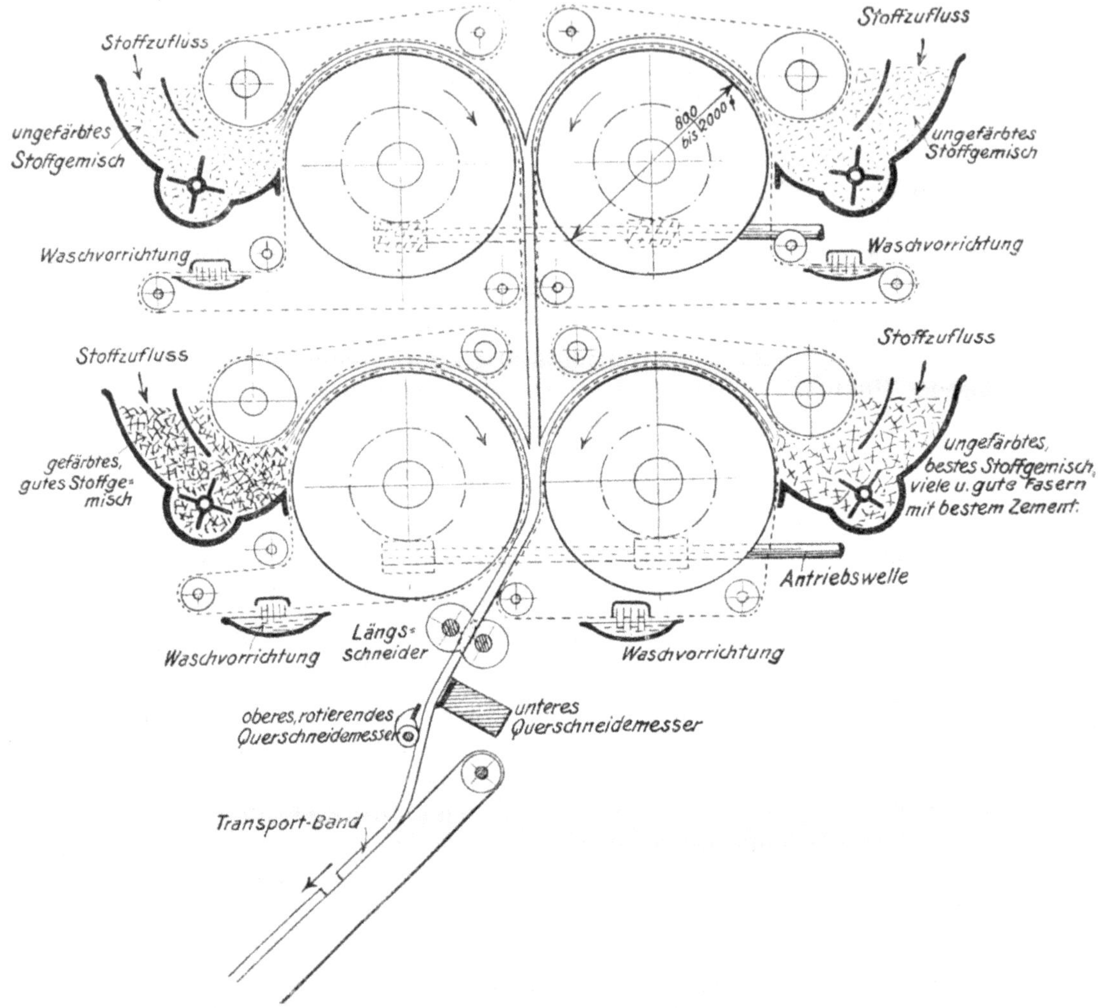

Abb. 50. Asbestzementschiefermaschine, System Peiseler.

Stoffbahn aus gegenläufig erzeugten Schichten entsteht und unter Umständen sogar ganz geradlinig aus der Maschine geführt werden kann, so ist die beim Hatscheksystem auftretende verschiedene Länge der beiden äußeren Stoffschichten und die damit zusammenhängende Neigung zum Krummwerden grundsätzlich vermieden. (Bei einem Trommeldurchmesser von 800 mm und einer Stärke der feuchten Platten von 5 mm ist der äußere Umfang 810, der innere 800, d. h. der äußere Umfang ist bereits 31,4 mm länger als der innere oder auf einer Plattenlänge von 400 mm gerechnet macht der Unterschied der Schichtlänge schon mehr als 5 mm aus!)

Der einstellbare Querschneider liefert die Platten in jeder gewünschten Größe, sowohl rechtwinklig als auch schiefwinklig geschnitten ohne Abfall, was besonders für die Herstellung großer rechtwinkliger als auch kleiner rhombischer Platten von größter Bedeutung ist. Dabei ist hervorzuheben, daß der Schnitt mit Ober- und Untermesser erfolgt, also stets sauber ausfällt. Damit ist prinzipiell die Lösung der gestellten Aufgaben gegeben. Es seien im folgenden noch kurz einige Vergleichsrechnungen aufgemacht.

Nehmen wir an, es werden Trommeln von etwa 2 m Durchmesser gewählt, welche gemäß Abb. 50 auf der oberen Hälfte mit Stoff belegt sind, und sehen wir ferner zur Beschleunigung der Entwässerung auf einem Teil dieses mit Stoff belegten Umfanges eine geringere Saugwirkung vor, welche von außen durch aufgesetzte Saugkästen unterstützt werden kann, so scheint es ohne Schwierigkeiten durchführbar, eine gutentwässerte Stoffbahn fortlaufend mit einer Geschwindigkeit von 10 cm in der Sekunde, gleich 6 m in der Minute herzustellen. Die Breite der Stoffbahn kann an und für sich beliebig gesteigert werden, dürfte aber vielleicht vorteilhaft mit 1,2 m anzunehmen sein. Die Leistungsfähigkeit dieser Maschine wäre dann in 24 Stunden:

$$3 \times 15 \times 60 \times 24 = 64\,800 \text{ Platten } 400 \times 400 \text{ mm.}$$

Setzt man diese Platten gemäß Abb. 50 aus vier Schichten zusammen, und berücksichtigt, daß bei der oben angenommenen Erzeugungsgeschwindigkeit sich bei jeder Schicht eine Entwässerungsdauer von 30 Sekunden für jedes sich am Trommelumfang ansetzende Stoffteilchen ergibt, so folgt daraus, daß im Vergleich zu den Gießverfahren mit einseitiger Absaugung (Pulvermann usw.) bezüglich der Entwässerungszeit mit dem 6- bis 7-fachen der obengenannten Entwässerungszeit, also mit etwa 200 Sekunden, d. i. mit nahezu 3 Minuten Entwässerungsdauer trotz der großen Stoffgeschwindigkeit gerechnet werden kann. Und zwar ergibt sich dies ohne weiteres aus folgender Überlegung:

Bei dem System Peiseler wird:

1. das Stoffgemisch dickflüssiger auf die Trommeln gebracht,

2. die Plattenstärke in vier Schichten zerlegt, von denen jede für sich einseitig, unter Umständen sogar zweiseitig entwässert wird,
3. durch die Zerlegung in Einzelschichten die Stoffhöhe auf ein Viertel herabgemindert, so daß die Wirkung des Vakuums mit geringem Widerstand durch die ganze Schichtstärke wirken kann.

Sollte nach System Hatschek die gleiche Leistung erzielt werden, so müßte bei einer zwanzigfachen Schichtung die Stoffgeschwindigkeit

$$6 \times 20 = 120 \text{ m in der Minute}$$

betragen. Bei den jetzigen Anlagen System Hatschek erzeugt man i. a. in 2 Minuten eine Formatwalzenlänge = 3 × 120 cm Umfang = 27 Platten 400 × 400 mm, d. h. die Stoffgeschwindigkeit beträgt i. a. 1,8 × 20 = 36 m/Min., während dieselbe nach dem neuen Peiseler-System nur 6 m/Min. ausmacht. Dafür ist allerdings jede Stoffschicht fünfmal so stark, so daß der Grad der Entwässerung wie beim Hatschek-System zu erwarten ist, trotzdem die Leistung im Vergleich 6 : 1,8 größer wird, d. h. bei gleichem Wassergehalt der Platten wird die Leistung einer Peiseler-Anlage mehr als dreimal soviel betragen.

Zur Durchführung des letztgenannten Verfahrens werden, abgesehen von den allen Herstellungsverfahren gemeinsamen Aufbereitungsmaschinen, einschließlich Holländer und Rührbütte benötigt:

1. eine kombinierte Erzeugungsmaschine,
2. ein Längs- und Querschneider, direkt gekuppelt mit der Erzeugungsmaschine,
3. eine selbsttätig vom Stapel arbeitende kombinierte Reinigungs- und Ölungsmaschine für die Stahleinschiebebleche,
4. eine selbsttätige, umschaltbare Transportanlage von den vorgenannten Maschinen zu den hydraulischen Pressen,
5. drei hydraulische Pressen mit Pumpen bzw. Akkumulator.

Zur Bedienung dieser unter 1 bis 5 genannten Anlage werden benötigt:

a) ein geschulter Fachmann für die Beobachtung der Erzeugungsmaschine sowie des Querschneiders und der Transportanlage von diesem zu den hydraulischen Pressen,
b) ein Hilfsarbeiter zum Aufstapeln der Stahlbleche und zur Beaufsichtigung der Reinigungs- und Ölungsmaschine nebst Transportanlage,

c) vier Hilfsarbeiter für die hydraulischen Pressen.

Zur Erzeugung der gleichen Plattenanzahl gebraucht man bei System Hatschek

1. drei Erzeugungsmaschinen,
2. drei Stanzmaschinen,
3. drei hydraulische Pressen,
4. zwei Stahlblech-Reinigungs- und Ölungseinrichtungen,
5. eine große Anzahl von Transportwagen und dergleichen, sowie Raum zum Ablegen der Platten zwischen den einzelnen Stationen.

An Bedienungspersonal gebraucht man dafür mindestens:

a) einen geschulten Fachmann zur Beobachtung der Erzeugungsmaschine,

b) drei Hilfsarbeiter zum Abnehmen der großen Platten von der Formatwalze,

c) sechs Hilfsarbeiter zum Stanzen und Zerteilen der großen Platten,

d) sechs Hilfsarbeiter für die hydraulischen Pressen,

e) zwei Hilfsarbeiter für die Reinigungs- und Ölungsmaschinen,

f) drei Hilfsarbeiter für den Transport von einer Maschine zur anderen.

Wenn auch das Peiseler-Verfahren i. a. bei großen Anlagen erst zur vollen Wirtschaftlichkeit gebracht werden kann, so bietet seine Ausbildung naturgemäß auch für kleinere Produktionsmengen bereits großen Nutzen. Eine Herabsetzung des Trommeldurchmessers von etwa 2 m auf 80 cm ermöglicht bei gleicher Entwässerung und der dadurch bedingten Geschwindigkeitsverminderung im Vergleiche 200 : 80 noch eine Tagesleistung von etwa 26000 Platten 400×400 mm, welche mit je einer der oben unter 1 bis 5 genannten Maschinen erzeugt und bearbeitet werden können und an Bedienungsmannschaften einen Fachmann mit drei Hilfsarbeitern verlangen. Also selbst bei dieser großen Leistungseinschränkung ist noch eine große Lohnersparnis zu verzeichnen, während die Farbersparnis prozentual natürlich genau die gleiche bleibt. Begnügt man sich mit zwei verschiedenen Schichten, wobei man etwa $1/3$ der Gesamtplattenstärke aus gefärbtem und die anderen $2/3$ aus ungefärbtem guten Gemisch wählt, so kann man bei nahezu der gleichen Leistung wie vorher mit nur einem Trommelpaar und zweiseitiger Absaugung auskommen. Die erzeugten Platten werden bei gleicher Festigkeit etwas teurer, dafür wird die Gesamtanlage aber wesentlich einfacher und billiger. Es wird also von der Produktionsmenge und dem Anlagekapital, dann auch von dem zur Verfügung stehenden Bedienungspersonal abhängen, welche Ausführung zu wählen ist.

Unter solchen Verhältnissen kann selbst bei sehr gutem Verdienst der Preis der Kunstschieferplatten heruntergesetzt werden, so daß auch in Ländern mit guten natürlichen Schieferlagern die Kunstschieferplatte nicht nur bezüglich der Qualität, sondern auch wirtschaftlich überlegen wird. Außerdem wird man mit Rücksicht auf die geringen Erzeugungskosten mehr Wert auf Färbung, Oberflächengestaltung und allgemeine Formgebung legen können, um so den guten und billigen Kunstschiefer gleichzeitig zu einem schönen und vom Architekten gerne angewandten Baumaterial zu machen, was gleichbedeutend ist mit einer bedeutenden Steigerung der Absatzmöglichkeit.

10. Herstellung von Asbestzementschiefer nach Hloch.

Ein weiteres Gußpreßverfahren ist dasjenige von Herrn Baumeister Hloch in Wien. Die obenerwähnte Firma G. Roth, Aktiengesellschaft Maschinenfabrik vorm. Dengg & Co. in Wien hat fast alle Fabriken nach diesem System maschinell eingerichtet. Das Hloch'sche Patent, dessen Ausführungsrecht zuerst erworben werden mußte, bezieht sich auf eine Maschine zum Pressen von Asbestzementplatten in beweglichen Rahmen mit durchbrochenem Boden, dadurch gekennzeichnet, daß der Preßplunger einen Hohlraum aufweist, in welchem das abgepreßte Zementwasser gesammelt und aus diesem abgeleitet wird. Praktisch wird indessen nach diesem Patent nicht gearbeitet, sondern es ist in anderer Weise für die Ableitung des ausgepreßten Wassers Sorge getragen. An und für sich unterscheidet sich das Hloch'sche Verfahren von dem „Denggit"-Verfahren hauptsächlich dadurch, daß nach dem Hloch'schen System entweder Platten vom Format 1200×1200 mm oder 800×800 mm erzeugt werden, die dann auf kleinere Formate erst zerschnitten werden müssen. Die bei dem Hloch'schen Verfahren verwendeten Maschinen weisen infolgedessen ganz eigentümliche Konstruktionen auf, insbesondere die Formpresse, die mit zwei aus- und einfahrbaren Preßwagen arbeitet. Bei dem Hlochschen System braucht man zum Zerschneiden der vorgepreßten Platten eine mechanische oder hydraulische Ausstanzmaschine.

Wie bei den vorbeschriebenen Verfahren, so besteht auch hier das Fabrikat zum größten Teil aus Zement. Außer geringen

Zusätzen von Farbstoffen für die schwarzen und roten Platten kommen etwas über 4 kg Zement auf 1 kg Asbest. Der Bedarf an Zement stellt sich für eine Garnitur von 3 300 000 Platten auf zirka 300 Waggon Zement im Jahre. Das Hloch'sche Verfahren arbeitet mit verhältnismäßig geringen Wassermengen und infolgedessen mit dickerem Brei, der ausgepreßt wird. Man kann für dieses System weiche und kurze kanadische Asbestfaser verwenden, weil die Platten in Formen gegossen werden. Das Hloch'sche Erzeugnis ist unter dem Namen „Zenit" im Handel.

Asbestzementschieferfabriken nach System Hloch sind in Österreich, Ungarn, Rußland, Frankreich und Amerika im Betriebe und prosperieren gut.

11. Herstellung von Asbestzementschiefer nach Kramer.

Auf eine Asbestzementschiefermaschine (Rohplattenmaschine) hat Albert Kramer in Zwickau D. R. P. Nr. 271 099 erhalten. Die betreffende Maschine nebst den benötigenden Hilfsmaschinen baut die Firma Dr. Bernhardi Sohn, G. E. Draenert in Eilenburg. Die Aufbereitungsmaschinen sind dieselben wie beim Hatschekschen Verfahren. Nach dem Hatschek'schen Patent war nur die Herstellung von Asbestschiefer auf speziellen Papier- bzw. Pappenmaschinen geschützt. Die Vorbereitungsmaschinen, also Holländer, evtl. Kollergang und Rührbütte usw., kommen nicht in Frage und finden auch bei vielen anderen bisher beschriebenen Verfahren Anwendung. Kramer findet, daß sich die einzelnen Lagen der auf der Pappenmaschine erzeugten Asbestschieferplatten im Feuer loslösen, was durch die lagenweise Aufwickelung hervorgerufen wird, denn einzelne zwischen den Stofflagen befindliche Luftbläschen werden selbst durch den hydraulischen Druck nicht ganz aus der Platte entfernt und bei Erhitzung dehnen sich diese Luftpartikelchen aus und führen zur Explosion der Platte.

Die Erzeugung von Asbestzementschiefer nach System Kramer geht in folgender Weise vor sich:

Die Masse (Asbest, Zement und evtl. Farbe) wird in einem Holländer unter Zufluß von Wasser gemischt bzw. aufbereitet und gelangt von hier aus in ein gemauertes Rührwerk, das sich gewöhnlich unter dem Holländer zu ebener Erde befindet. Die in dem Rührwerke vorhandenen Schöpfbecher bringen die breiige Masse in einen mit einer Stellvorrichtung versehenen Schöpfkasten. Durch eine Abflußrinne gelangt hierauf die Masse zur weiteren

Verarbeitung auf die eigentliche Rohplattenmaschine, der Asbestschiefermaschine. Das Wesen dieser patentierten Kramerschen Maschine besteht darin, daß die flüssige Mischung durch einen mittels Hebels in Bewegung gebrachten Zuflußkasten abwechselnd zwei an sich bekannten Rührwerken zugeführt wird und von hier aus über einen schrägen, in wagerechter Richtung bewegten doppelseitigen Abflußtisch zu den Formrahmen gelangt. Während somit auf der einen Seite des Tisches der Formrahmen mit der flüssigen Mischung gefüllt wird, erfolgt auf der anderen Seite die Absaugung des mit flüssiger Mischung gefüllten Formrahmens und umgekehrt. Infolge des hierdurch bedingten ständigen Ablaufens der Masse in die Formen und des wechselseitigen Füllens desselben soll eine gleichmäßige Verteilung der Mischung, sowie eine gute Ausnutzung der gesamten Vorrichtung hinsichtlich ihrer Arbeitsweise erzielt werden. Zur Entfernung der im Gemisch vorhandenen Wassermengen werden die Formrahmen auf eine bereits bekannte Absaugvorrichtung gebracht. Um ferner die geformten Platten auf Unterlagsbleche zu bringen, ist eine in Scharnieren gehende Kippvorrichtung angeordnet und zwar so gedacht, daß der Kipprahmen den Formrahmen in sich aufnimmt, bzw. die beiden an Kipp- und Formrahmen angebrachten Handhaben sich decken und auf diese Weise durch die Halbkreisbewegung des Kipprahmens ein leichtes und schnelles Ablegen der geformten Platten aus dem Formrahmen auf die Unterlagsbleche ermöglicht wird. Soweit die Patentschrift, aus welcher alles weitere zu ersehen ist.

Die auf der patentierten Asbestschiefermaschine hergestellten Platten, welche nun nur noch ganz wenig Feuchtigkeit mehr besitzen, kommen hierauf unter eine hydraulische Presse von 400 Atmosphären Wasserdruck. Nach der hydraulischen Pressung erfolgt die Beschneidung und Lochung der fertigen Platten; dieselben müssen dann bis zum Verdecken noch 6 bis 8 Wochen liegenbleiben.

Das Hauptaugenmerk bis zur Formung der Platten ist darauf gerichtet, das Gemisch in ständiger Bewegung zu halten, um dadurch ein Zubodensetzen des schweren Zementes zu verhindern. Auch bei der patentierten Maschine ist die kontinuierliche Arbeitsweise beibehalten, entgegen anderen Systemen, die periodisch arbeiten. Die Produktion der Rohplattenmaschine System Kramer beträgt pro Tag 3600 bzw. 5000 Stück Asbestschieferplatten.

Asbestschieferfabriken nach System Kramer wurden bisher in Österreich, Rußland und Brasilien errichtet.

Aufstellung der zur Fabrikation benötigten Spezialmaschinen.

1 Holländer zur Aufbereitung des Materials
1 Garnitur Rührbüttenteile
1 Asbestzementschiefermaschine D. R. P. 271 099, komplett mit 2 Saugkästen, Kippvorrichtung und massivem Unterbau
1000 Stück Unterlagsbleche 400 × 400 mm
1000 Stück Unterlagsbleche 300 × 300 mm
1 Vakuumpumpe mit Windkessel
1 hydraulische Presse mit Pumpe 400 Atmosphären Druck
10 Stück Formrahmen für 40 er Platten
10 Stück Formrahmen für 30 er Platten
1 Blechölmaschine
1 Stanze, oder eine Maschine zum Beschneiden der Platten

Bezüglich der Kraftmaschine, Transmissionen usw. gilt im großen und ganzen dasselbe wie bei den vorbeschriebenen Verfahren Systemen Hatschek und Oesterheld Gesagte.

12. Überblick.

Diverse neue Verfahren sind im Werden begriffen. Es zeugt dies davon, daß der Fabrikation von Asbestzementschiefer große Bedeutung beigelegt wird. Ob jedoch alle diese neuen und neuesten Verfahren, zum Teil auch der vorbeschriebenen, wirkliche Vorzüge vor anderen schon bestehenden bieten, darüber vermag nur derjenige ein kompetentes Urteil zu fällen, der praktisch mit den einzelnen Verfahren und deren Erzeugnisse zu tun bekommen hat und das Zukünftige erwarten kann. Tatsache ist, daß die meisten der existierenden Verfahren nur entstanden sind aus dem Gedanken, das älteste Verfahren System Hatschek (Eternit), das in allen Kulturstaaten in Anwendung ist, zu umgehen, wie ich dies schon eingangs erwähnt habe.

Namentlich regen sich in neuerer Zeit auch die Maschinenfabriken der Stein- und Zementindustrie mit eigenen Verfahren auf den Markt zu kommen und zwar im Bewußtsein dessen, daß eine Spezialfirma im Interesse ihrer Existenz mit dieser epochemachenden Neuerung des Asbestschiefers rechnen muß.

Es sei hier noch bemerkt, daß am 1. Dezember 1906 an Ludwig Lukacs in Budapest das österreichische Patent Nr. 30 325 und hierzu das Zusatzpatent Nr. 35 764 erteilt wurde, beide Verfahren zur Herstellung von Kunststeinplatten aus Faserstoffen und hydraulischen Bindemitteln. Herrn Izsó Gedeon in Budapest wurde am 1. März 1912 das österreichische Patent Nr. 54 212 auf Presse zur Herstellung von Kunststeinplatten aus stark wasserhaltigen Materialien erteilt. Außer den bereits genannten Patenten läuft unter dem gleichen Namen des Herrn Izsó Gedeon die Anmeldung A. 6621—12 l. Z. 22 905—13, Klasse 80 d/VI betreffend „Verfahren zur Herstellung von Kunststeinplatten". Auch die Spezialmaschinenfabrik Dr. Gaspary & Co. in Markranstädt bei Leipzig hat ein eigenes Verfahren. Unter Klasse 80 a, Aktenzeichen S 35 086 hat am 24. 11. 1911 Julius Siefken in Hamburg ein Verfahren und Vorrichtung zur Herstellung von Kunststeinen aus Faserstoffen und hydraulischen Bindemitteln unter Anwendung von Kippmulden zur Beschickung der Formen zu D. R.-Patent angemeldet.

In seiner Zusammensetzung ist dem vorbeschriebenen Verfahren von Joseph Beck dasjenige von Eugen Klewitz in Bejitza (Orel, Rußland) ähnlich. Der Unterschied besteht nur darin, daß gemäß der Erfindung der geholländerte Faserstoff, wie z. B. Asbest in ein besonderes Gefäß überführt wird, in welchem man ihn mittels Dampf oder durch Kochen mit Wasser auf eine hohe Temperatur bringt. Durch das Erhitzen des geholländerten Fasermaterials werden die Fasern stark gelockert, so daß das fein verteilte Bindemittel in die dadurch entstandenen Poren eindringen kann. Darauf wird das Bindemittel, wie Zement od. dgl. zugesetzt und die Masse in den besonders stark konstruierten Rührwerken innig gemischt, die man sodann in bekannter Weise auf die Siebe der Pappenmaschine aufbringt und verbreitet.

Die Rundsiebmaschine ist im Prinzip übereinstimmend mit derjenigen von Joseph Beck, nur daß die drei Vorpressen hier keine Anwendung finden. Die Maschine besteht lediglich aus Rundsieb- und Preßpartie, der evtl. auch eine Saugerpartie eingebaut werden kann. Die Aufbereitungs- und Rohplattenmaschinen für das Klewitz'sche Verfahren baut die Firma C. Joachim & Sohn in Schweinfurt a. M. Das Klewitz'sche System war in folgenden Staaten patentiert: Belgien, Deutschland, Frankreich, Dänemark, Schweden, Norwegen, England, Kanada, Japan, Schweiz, Rußland, Finnland und Rumänien. Das Klewitzsche Material dürfte an Güte und Aussehen dem Hatschekschen am nächsten kommen.

Es würde eine undurchführbare Aufgabe sein, alle die existierenden, patentierten oder im Werden begriffenen Verfahren hier zu beschreiben. Alle Verfahren haben jedoch das Gemeinsame, daß sie sich mehr oder weniger eng den vorbeschriebenen anschließen und dürfte somit der Zweck des Buches durch Behandlung der bekanntesten und in der Praxis gut bewährten Systeme, erreicht worden sein. Die Bilder des Buches geben eine klare Darstellung der Mannigfaltigkeit der Systeme, deren Maschinen und ihrer Erzeugnisse. Es war insofern sehr schwierig, das Thema in obigem Sinne zu behandeln, als manche der Herren Patentinhaber diesem Buche von vornherein Mißtrauen entgegenbrachten, weil sie das eine oder andere System vor dem ihrigen bevorzugt glaubten. Ich habe mich jedoch bemüht, auf sachlicher Grundlage und nach eigener persönlicher Überzeugung meine Erfahrungen aufzubauen und ich hoffe somit, auch den betreffenden Interessenten mit der Veröffentlichung dieses Werkes einen Dienst erwiesen zu haben. Nur in diesem Sinne wird die Allgemeinheit Nutzen aus der Arbeit ziehen.

In der Asbestzementschieferfabrikation eignet sich auch Graphit als Ersatz für Braunstein zum Dunkelfärben der Platten vorzüglich, wenn er in der gleichen Mahlfeinheit wie der Zement beigegeben wird, da er mit Erdfarben gute Farbtöne ergibt und die Färbung effektvoller erscheinen läßt. — Amphibol-Asbestpulver wird für die Herstellung von Asbestzement nach dem Ziegelprozeßverfahren, verwendet, wobei als Bindemittel Wasserglas genommen wird. — Talkum (Federweis) wird neuerdings bei der Asbestzementschieferfabrikation verwendet, um die Plastizität, Gleichmäßigkeit, Elastizität und Feuersicherheit der Platten zu erhöhen. — Ich habe bei der Neubearbeitung des vorliegenden Werkes die verschiedenen Rentabilitätsberechnungen der ersten Auflage gestrichen. Die Ursache hierzu ist in der Unsicherheit des Geldes bzgl. seines Wertes zu suchen, wodurch alle diese Kostenaufstellungen wieder illusorisch werden könnten.

D. ASBESTZEMEMTSCHIEFER ALS BEDACHUNGSMATERIAL.
(ETERNIT-DÄCHER.)

Die Asbestzementschiefertafeln werden ihrer Mehrzahl nach zum Bedecken von Dächern verwendet, trotzdem die Mannigfaltigkeit der Verwendung dieses ausgezeichneten Materials von Tag zu Tag zunimmt. In Italien wird z. B. heute der Kunstschiefer zur Herstellung von Särgen benutzt, wie auch in allerneuester Zeit mit glasierten Asbestzementschieferplatten günstige Resultate erreicht wurden.

Von der Deutschen Eternitgesellschaft G. m. b. H., Hamburg, sind mir in liebenswürdiger Weise Klischees über die verschiedenartigsten Dachdeckungen, die mit Kunststeinen vorgenommen werden können, zur Verfügung gestellt worden und sollen an Hand derselben und mit Rücksicht darauf, daß die Eternitplatten als erste und beste auf den Markt und zur Verwendung für Dächer kamen, hier beschrieben sein.

Eternit wird in kleinen Platten bis zu 400 × 400 mm und in großen Tafeln von 1220 × 1200, 1220 × 2440 und 1250 × 2500 mm Größe hergestellt, von denen jene so gut wie ausschließlich als Bedachung, diese vorwiegend zur Bedachung von Hallenbauten, Herstellung und Verkleidung von Wänden und Decken verwandt werden. Die kleinen Platten können in einfacher Deckung oder in Doppeldeckung verlegt werden, und zwar werden die einfachen Deckungen in der Regel mit Steinen von 300 × 300, oder 400 × 400 mm Größe, die Doppeldeckungen dagegen auch mit 400 × 200 oder 300 × 150 mm großen Steinen ausgeführt. Die Eindeckung richtet sich nach den altbekannten Grundsätzen der Naturschiefer-Eindeckung. Sie unterscheidet sich von ihr nur insofern, als die Asbestzementschieferplatten an der unteren Spitze oder Kante noch durch eine kupferne Sturmklammer befestigt werden. Diese besteht aus einem 20 mm langen Stift, der an seinem unteren Ende eine Scheibe von 25 mm Durchmesser trägt. Bei der Eindeckung wird sie jeweils zwischen zwei Asbestzementplatten so eingeschoben, daß ihre runde Scheibe auf der unter ihnen liegenden Platte der vor ihnen eingedeckten Reihe aufliegt. Die neu zu befestigende Platte wird dann so verlegt, daß der aufragende Stift der Sturmklammer durch das dafür angebrachte Loch gleitet. Hierauf wird die Platte mit verzinkten, breitköpfigen Nägeln aufgenagelt und schließlich der Stift der Sturmklammer mit dem Schieferdeckerhammer nach abwärts umgeschlagen. Der Zweck der Sturmklammer ist, die Dächer vor Sturmschäden zu sichern, denen sie wegen der großen Leichtigkeit der Asbestzementplatten sonst viel mehr ausgesetzt wären, als die mit schweren Naturschiefertafeln gedeckten Dächer.

Dachneigungs-Tabelle

ausgedrückt

in Grad in Prozent

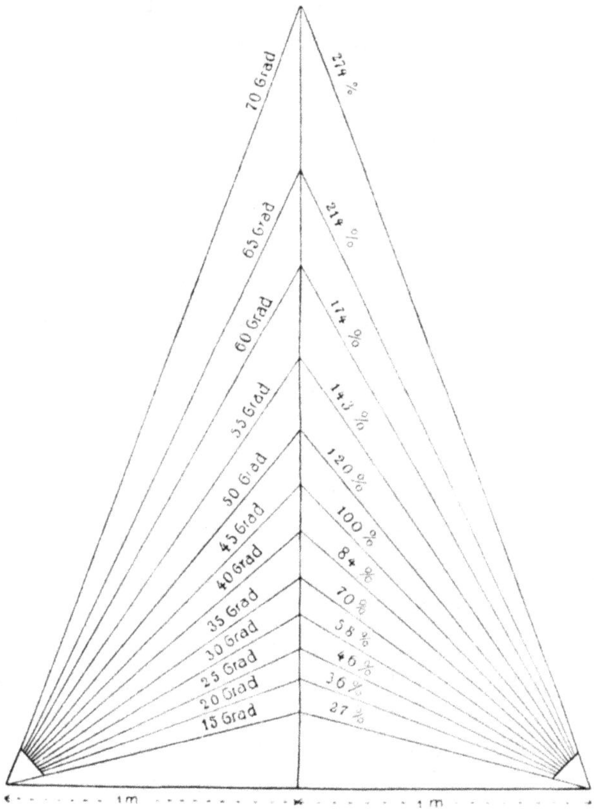

Abb. 51.

Die Überdeckung der Platten richtet sich nach dem Neigungswinkel, der Höhe der Dachflächen, sowie nach den Witterungsverhältnissen am Standort des Gebäudes. Oben ist eine Dach-neigungs-Tabelle ausgedrückt, in Grad und Prozenten gezeichnet. An den Säumen, Firsten und Graten werden, wie bei der Naturschiefer-Eindeckung, Saumsteine verwandt. Die

Firste und Grate können aber auch mit Firstkappen eingedeckt werden, welche an einer hochkant gestellten Latte mit besonderen Firstkappenklammern befestigt werden. Die Ausschieferung der Kehlen mit Kehlsteinen geschieht in derselben Weise wie mit Naturschiefer. Bei Dächern mit geringen Neigungswinkeln, sowie in besonders schneereichen Gegenden empfiehlt es sich, die Kehlen lieber mit Zink auszuschlagen. Als Unterlage und für die Befestigung der Platten dient eine Lattung aus 3×5 oder 4×6 cm starken Latten, oder eine Schalung aus etwa 20 bis 25 mm starken trockenen Brettern. Bei Eindeckungen auf Schalung ist die Verwendung einer Unterlagspappe zwischen Schalung und Asbestzementschiefer zu empfehlen, um ein absolut schnee- und staubdichtes Dach zu erzielen, da eine Verkittung hier nachträglich nicht erfolgen kann. Bei Eindeckungen auf Lattung sind, wenn Staub- und Schneedichtigkeit verlangt werden, die Fugen zwischen den Platten mit Eternitkitt zu verstreichen.

Die Wahl der Deckungsart wird sich nach Zweck, Charakter und Stil des einzudeckenden Gebäudes richten. Sie hängt indessen auch von den für das Dach zur Verfügung stehenden Geldmitteln ab.

Die Asbestzementschieferplatten können in folgenden Deckungen eingedeckt werden:

1. Einfache Deckungen.

1. Deutsche Deckung mit Quardratsteinen (Abb. 52).

Bei Bedeckung auf Lattung verdient diese Deckung aus technischen Gründen den Vorzug, weil sich bei ihr sämtliche Fugen zwischen den Platten besser mit Eternitkitt verstreichen lassen. Sie gibt daher die beste Gewähr für ein vollkommen regen-, schnee- und staubdichtes Dach. Außerdem wird das Asbestzementschieferdach bei dieser Deckung am billigsten. Bei der diagonalen Lattung, die sie voraussetzt, werden nämlich etwa $1/5$ weniger Latten verbraucht, als bei der horizontalen Lattung, die alle anderen Deckungen bedingen.

2. Deutsche Deckung mit abgerundeten Quadratsteinen (Abb. 53).

Diese der alten deutschen Schieferdeckung entsprechende Deckung ist wie diese nur auf Schalung zu empfehlen. Ihrer schönen Wirkung wegen kommt sie in erster Linie für bessere Wohnhäuser, Villen und Prachtbauten in Betracht.

3. Deutsche Deckung mit Schablonen (Abb. 54).

4. Französische Deckung mit Schablonen (Abb. 55).

Sehr empfehlenswert ist es, bei ihr die Schablonen mit 1 cm überhängender Spitze einzudecken; dadurch wird nämlich das

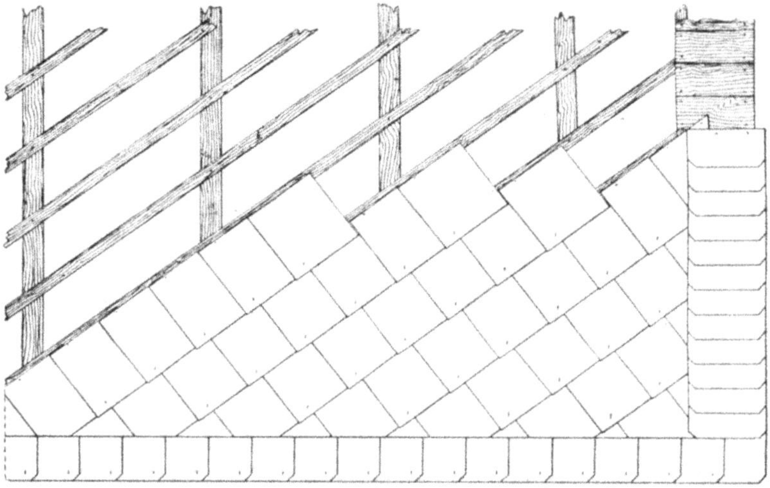

Abb. 52. Deutsche Deckung mit Quadratsteinen.

Abfließen des Regenwassers auf die Mitte der unteren Platten gefördert. Durch die dadurch hervorgerufene Unterbrechung der diagonalen Linienführungen der Platten wirkt das Dach ferner lebendiger und gefälliger.

5. Französische Deckung mit Wabenschablonen (Abb. 56).

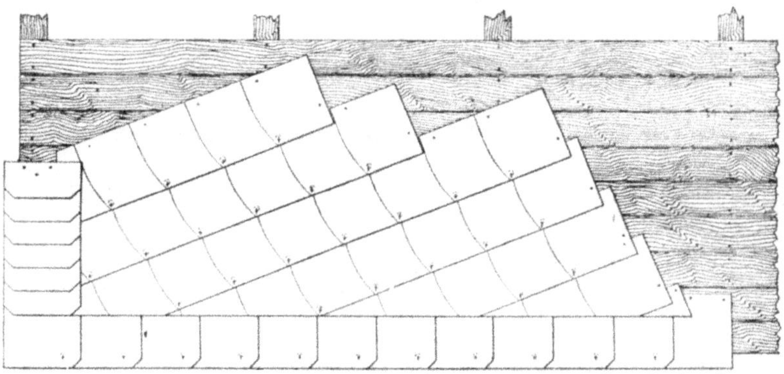

Abb. 53. Deutsche Deckung mit abgerundeten Quadratsteinen.

2. Doppeldeckungen.

Während Asbestzementschieferdächer infolge der technisch überlegenen Eigenschaften des Asbestzementschiefers auch in

Abb. 54. Deutsche Deckung mit Schablonen.

Abb. 55. Französische Deckung mit Schablonen.

einfacher Deckung unter normalen Umständen allen Anforderungen an ein gutes Dach entsprechen, empfehlen sich die Doppeldeckungen besonders für solche Gegenden, in denen die Dächer

Abb. 56. Französische Deckung mit Wabenschablonen.

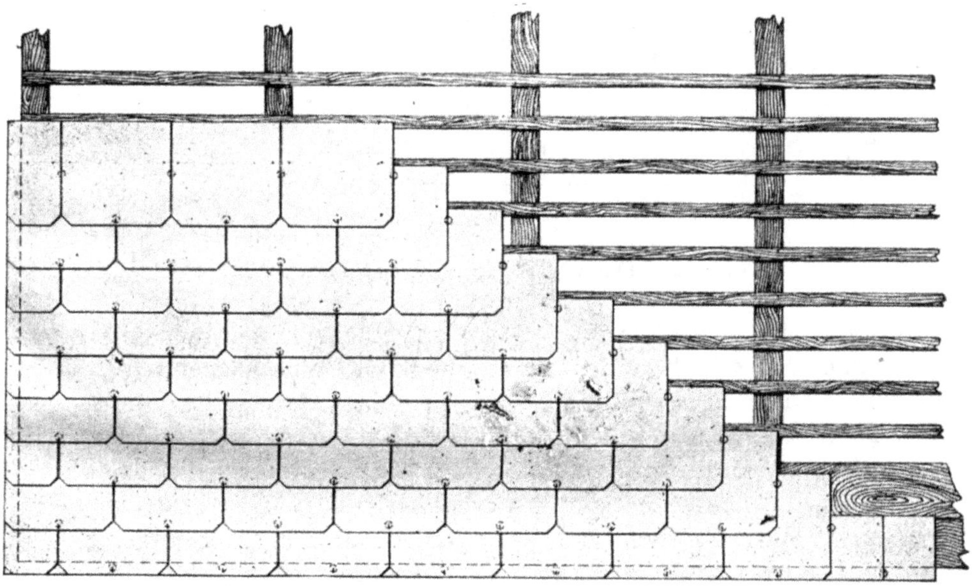

Abb. 57. Doppeldeckung mit Quadratsteinen.

längerer, stärkerer Schneebelastung ausgesetzt sind. Abgesehen davon finden sie vor allem bei solchen Bauten Beachtung, bei denen etwas reichlichere Mittel eine besondere erhöhte Rücksichtnahme auf die ästhetische Wirkung des Daches gestatten.

1. Doppeldeckung mit Quadratsteinen (Abb. 57).

2. Doppeldeckung mit Rechtecksteinen (Abb. 58).

3. Doppeldeckung mit gestutzten Rechtecksteinen (Abb. 59).

4. Doppeldeckung mit Biberschwänzen (Segmentform) (Abb. 60).

5. Doppeldeckung mit Biberschwänzen (Gotische Form) (Abb. 61).

3. Asbestzementschiefer für Mauer-, Giebel-, und Turmverkleidungen.

Leiden Räume unter von außen eindringender Feuchtigkeit (Schlagregen), so ist eine Verkleidung der Wetterseite des Gebäudes zu empfehlen. Die Befestigung der Asbestzementplatten

Abb. 58. Doppeldeckung mit Rechtecksteinen.

erfolgt auf einer Schalung oder auf einem Lattenrost. Diese Verkleidung schafft zwischen Mauerwerk und Asbestzementschiefer einen isolierenden Luftraum, der die Austrocknung des durchfeuchteten Mauerwerkes bewirkt, während die Kunststeinverkleidung die Nässe von außen abhält. Sämtliche für die Dachdeckung erwähnten Deckungsarten können bei der Mauerbekleidung benutzt werden. Ihrer architektonischen Wirkung halber ist die Eindeckung mit Wabenschablonen besonders zu empfehlen. Für kleinere Flächen, Fensterwangen, Türmchen usw., sind Schuppensteine zu verwenden, die der damit verkleideten Fläche ein gefälliges Aussehen verleihen (Abb. 62). Anstriche, insbesondere solche mit gewöhnlichen Fassadenfarben haften auf Kunstschiefer besser, als auf Mörtelputz und brauchen seltener erneuert zu werden.

Abb. 59. Doppeldeckung mit gestutzten Rechtecksteinen.

Abb. 60. Doppeldeckung mit Biberschwänzen (Segmentform).

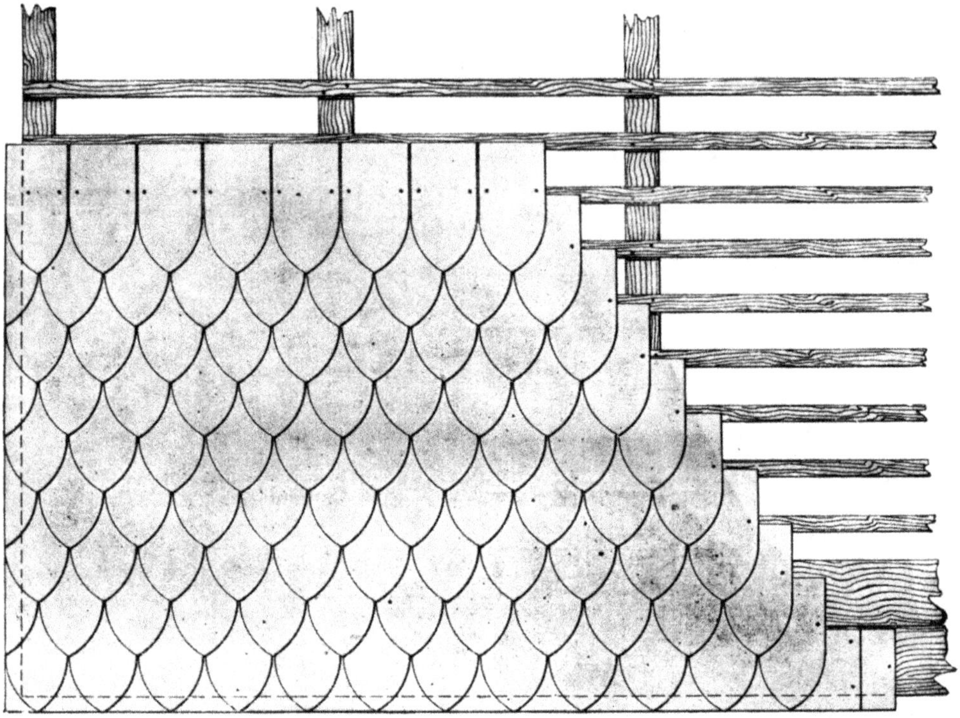

Abb. 61. Doppeldeckung mit Biberschwänzen (Gotische Form).

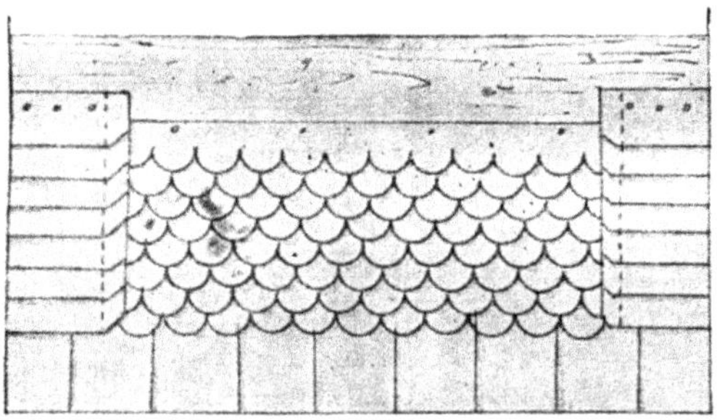

Abb. 62. Schuppensteine für Fensterwangen, Türmchen usw.

4. Asbestzementschiefer auf Eisenkonstruktion.

Wegen seiner außerordentlichen Isolationskraft, seiner Leichtigkeit und seiner Widerstandskraft gegen säurehaltige Atmosphäre

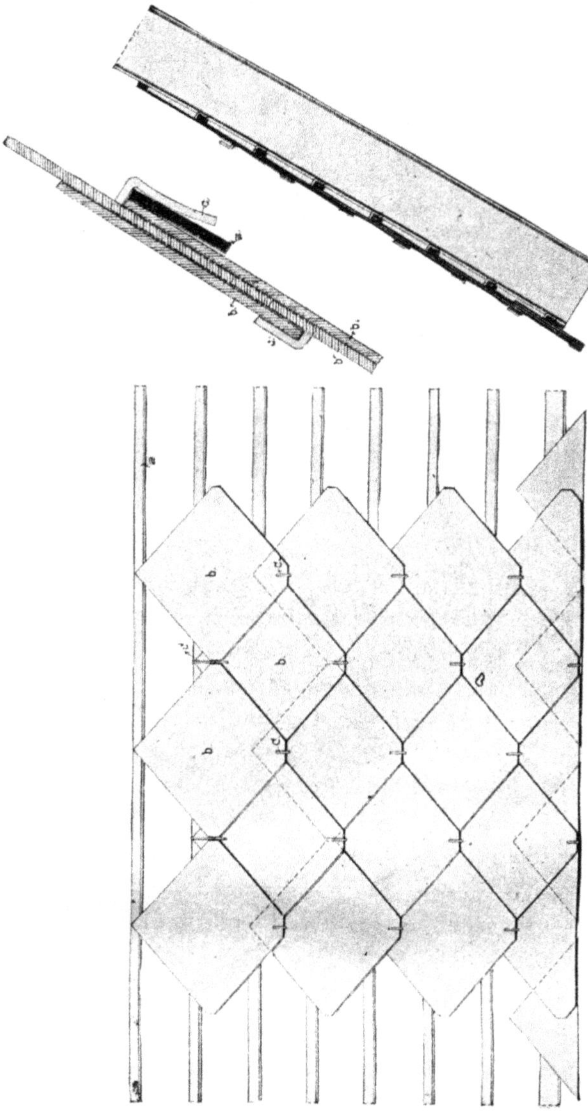

Abb. 63. Befestigung mit verbleiten eisernen Haken.

und Dämpfe eignet sich der Asbestzementschiefer ganz besonders für landwirtschaftliche und industrielle Bauten. Besonders einfach und billig gestaltet sich die Befestigung der Platten auf Eisenkonstruktion. Zu empfehlen sind hierbei folgende Befestigungsarten:

1. Befestigung mit verbleiten eisernen Haken (Abb. 63).

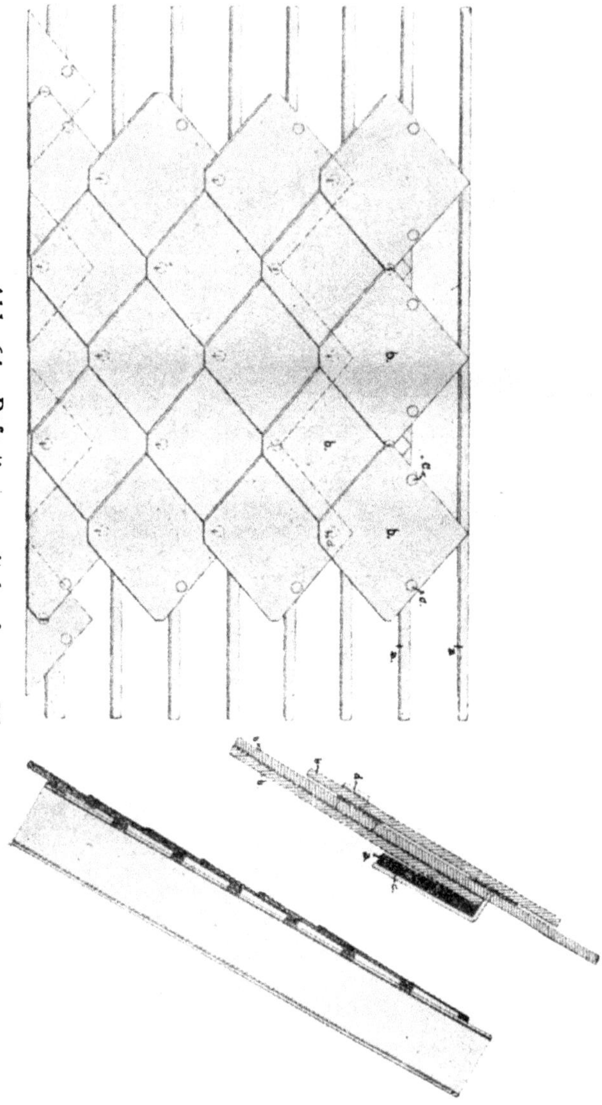

Abb. 64. Befestigung mit kupfernen Klammern.

Dabei können Wabenschablonen oder französische Schablonen Verwendung finden.

2. Befestigung mit kupfernen Klammern (Abb. 64).

Hierbei können französische Schablonen oder Wabenschablonen verwendet werden. Die Eisenplatten können sowohl aus Flacheisen, wie aus stehenden Winkeleisen bestehen.

5. Asbestzementschiefer-Tafeldach.

Außer den bisher erwähnten Asbestzementplatten von höchstens 400×400 mm Größe sind für Dacheindeckungen von Hallenbauten (Luftschiffhallen siehe Abbildung) 122×122, 122×144 und 125×250 cm Größe, 6 bis 10 mm starke Asbestzementschieferplatten zu berücksichtigen. Die Wahl großer Tafeln bietet, verglichen mit den kleinen Platten, den großen Vorteil bedeutender Lattenersparnis, die, zumal, wenn es sich um Eindeckungen auf Eisenkonstruktion handelt, sehr ins Gewicht fällt, weil Eisenplatten sehr teuer sind. Die große Leichtigkeit des Asbestzementschiefers ermöglicht dazu die allgemeine Verkleinerung der Querschnitte der Eisenbinder und Dachpfetten und dann eine wesentliche weitere Verbilligung des ganzen Gebäudes. Gegenüber Pappdächern ist bei Asbestzementschiefer-Tafeldächern die Entbehrlichkeit jedweder Holzschalung, die dadurch zu erzielende absolute Feuersicherheit des ganzen Gebäudes und der Wegfall aller Unterhaltungskosten hervorzuheben. Seine große Isolationsfähigkeit allein macht das Asbestzementschiefer-Tafeldach dem Blechdach absolut überlegen. Da beim Asbestzementschiefer-Tafeldach Platte für Platte unbeschädigt abgedeckt werden kann, läßt das ganze Dach sich zerlegen und an anderer Stelle wieder aufbauen, was für die Landwirtschaft von größter Wichtigkeit ist, die häufig Scheunen von einer Stelle nach der anderen, günstiger gelegenen, zu verlegen hat. Ihr bietet sich jetzt in dem Asbestzementschiefer-Tafeldach die Möglichkeit der Wiederverwertung des gesamten Bedachungsmaterials; dieser Vorzug des Eternittafeldaches kommt auch für Ausstellungshallen ganz besonders zur Geltung. Das Verwendungsgebiet des Asbestzementschiefer-Tafeldaches umfaßt vor allem Hallenbauten jeglicher Art, insbesondere:

Industrie-Hallen, Bahnsteig-Hallen, Ballon-Hallen, Turnhallen u. dgl., es kommt aber auch für alle anderen Nutzbauten in Betracht, wie:

Kasernen, Krankenhäuser, Schutzhütten, Lokomotivschuppen, Scheunen und Baracken aller Art (Abb. 65).

Verlegt werden die Asbestzementschiefertafeln mit ihrer Längsrichtung senkrecht zur Traufe. Zur Unterstützung an den

Stoßstellen dienen sogenannte Ideal-Rinnensprossen. Bei Eindeckung mit 6 mm starken Platten wird mitten zwischen den Idealsprossen noch ein U-Eisen zur Verstärkung angebracht, da 6 mm-Platten sich nicht weiter frei tragen. Bei Verwendung von 10 mm starken Platten kommt die U-Eisensprosse in Fortfall. Die Stoßfugen der Platten werden durch Deckleisten aus verzinktem Eisen-

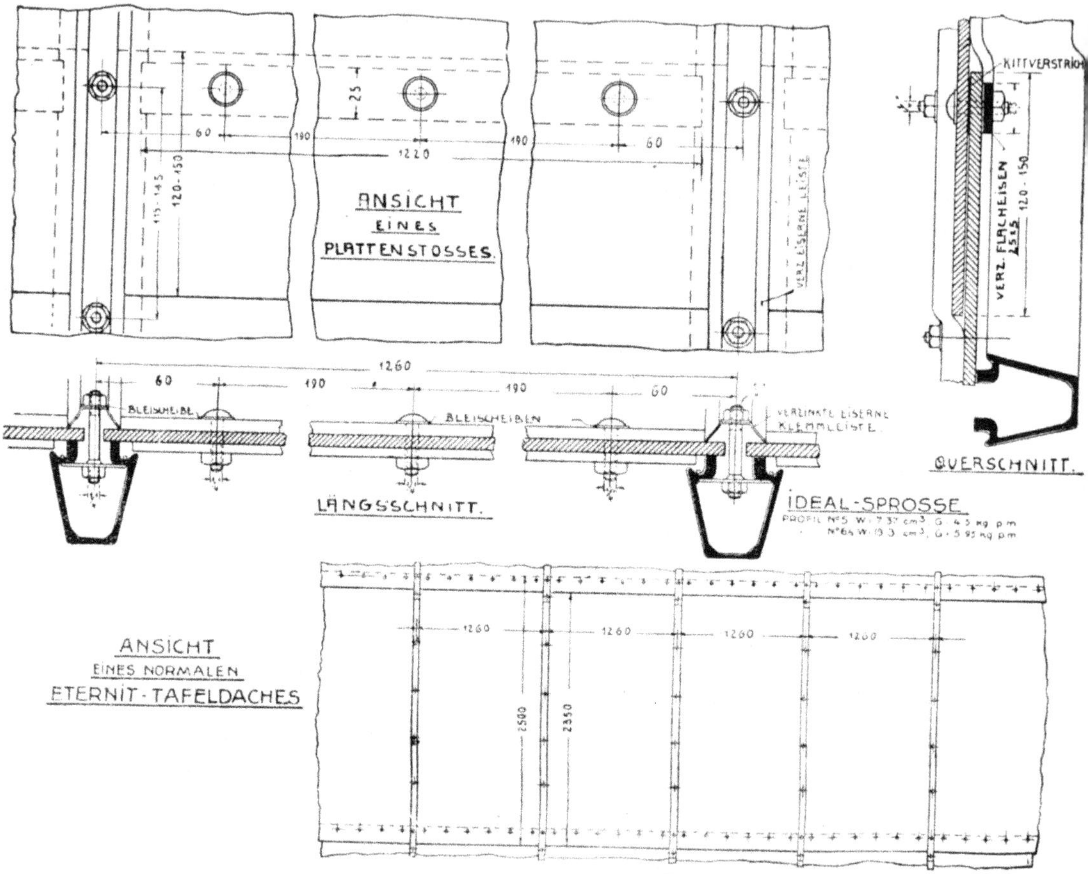

Abb. 65. Eternit-Tafeldach auf Ideal-Rinnensprossen.

blech überdeckt. Diese Deckleisten werden durch besondere Halter, welche in den Schweißwasser-Rinnen der Idealsprossen befestigt sind, festgeschraubt. Unter den wagerechten Stößen der Platten wird ein verzinktes Flacheisen angebracht, welches durch verzinkte Bolzen mit den Platten verbunden wird. Die Eindeckung der Firste erfolgt mit einer verzinkten Eisenblechkappe. Das Eternittafeldach auf Rinnensprossen hat den Vorzug,

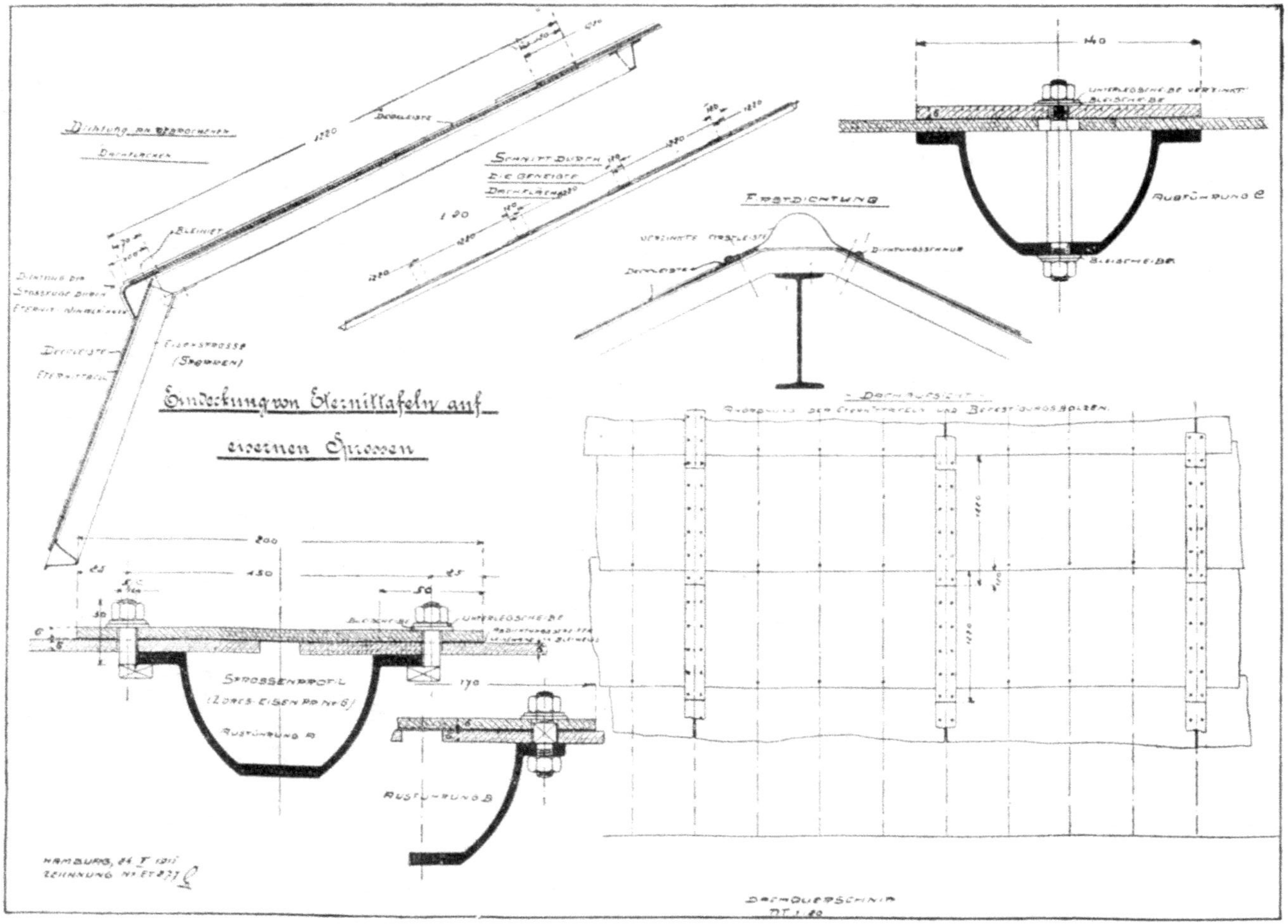

Abb. 65a. Eternit-Tafeldach auf eisernen Sprossen.

daß Oberlichte an beliebigen Stellen hergestellt werden können, ohne besondere Konstruktionsänderungen. Statt der Eternittafeln werden einfach Drahtglastafeln von 62 bis 63 cm Breite verlegt. Die Sprossenentfernung muß selbstverständlich an diesen Stellen den Glastafeln angepaßt sein.

Eternittafeldächer aus 10 mm starken Eternitplatten sind ohne weiteres begehbar (Abb. 65 a).

6. Asbestzementschieferdecke und Asbestzementschieferwände.

Die großen Asbestzementschiefertafeln sind außer zur Dachbedeckung vor allem auch zur Herstellung und Verkleidung von Decken und Innenwänden geeignet (Abb. 66). Da sie feuersicher sind, verdienen sie besonders in solchen Fällen Beachtung, in denen nach den Vorschriften der Behörden bisher verputzte Decken, massive Scheidewände, Rabitzwände oder ähnliche feuersichere Konstruktionen angewendet werden mußten, weil sie diesen Materialien wegen der dem Asbestschiefer anhaftenden Vorzüge weit überlegen sind; denn da Asbestzementschieferdecken und -wände im Gegensatz zu ihnen aus ganz festen Tafeln bestehen, ist ein Abbröckeln von kleinen Teilen ausgeschlossen, was bei Mörtel mit der Zeit nicht ausbleibt und namentlich in Räumen, in denen sehr empfindliche Maschinen arbeiten, wie in Spinnereien, Webereien und anderen Fabriken großen Schaden anrichtet und erhebliche Störungen verursacht. Asbestzementschieferdecken sind daher viel sauberer als Putzdecken aller Art. Dank seiner Widerstandsfähigkeit gegen säurehaltige Atmosphäre und Dämpfe, denen Mörtelputz nicht standhält, ist Asbestzementschiefer ferner für Färbereien, Mälzereien, Seifenfabriken, Waschanstalten u. dgl. das gegebene Material zur Verkleidung der Räume. Dazu treten aber auch hier seine Isolationsfähigkeit, Leichtigkeit und Billigkeit, sowie seine schalldämpfende Wirkung und seine helle Farbe, die im Innern der Gebäude günstige Lichtverhältnisse schafft, als besondere Vorteile hinzu. Gegenüber Holzdecken und Holzwänden ist hervorzuheben, daß Asbestzementschieferdecken und -wände wegen ihrer Volumenbeständigkeit nicht schwinden oder reißen, wodurch Verunstaltungen der Flächen und Undichtigkeiten vermieden werden. Ferner bilden Asbestzementschieferdecken und -wände glatte Flächen, während Holzwände und -decken durch Fugen und Risse Staubansammlungen ermöglichen. Asbestzementschiefertafeln nehmen gut die Farbe an, bedürfen jedoch keines Anstriches. Der ästhetische Eindruck ist sehr zart und elegant. Werden die Stoßstellen der

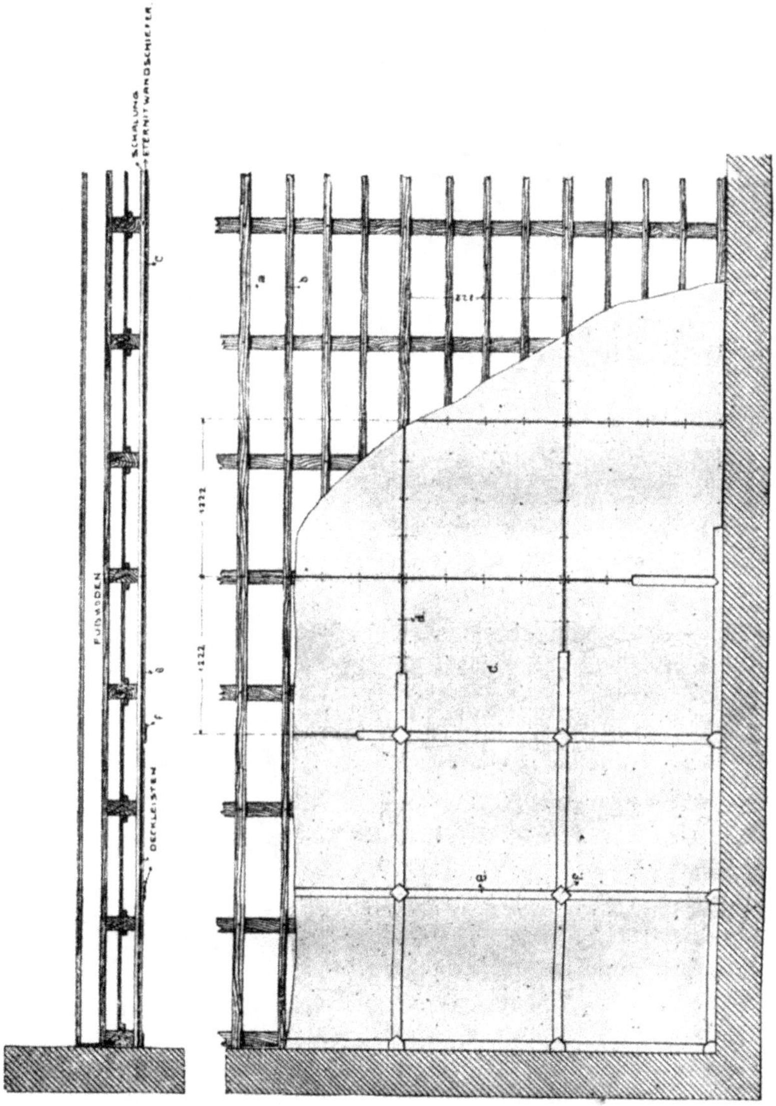

Abb. 66. Dachbedeckung und Verkleidung von Decken und Innenwänden.

Tafeln mit Deckleisten aus Asbestzementschiefer überdeckt, so gewinnen Wände und Decken ein lebhaftes plastisches Aussehen, das verstärkt wird, wenn bei silbergrauen Tafeln schwarze Deckleisten verwendet werden. Für diese Zwecke wird Asbestzement-

Abb. 67. Ehemalige Militär-Luftschiffhalle, Königsberg i. Pr.

schiefer in Tafeln von 122×122, 122×244 und 125×250 cm Größe bei einer Stärke von 4 bis 20 mm hergestellt. Zur Befestigung der Tafeln ist auf dem Mauerwerk resp. unter der Decke ein Lattenrost aus 3×5 cm starken Latten (Abb. 66) anzubringen. Die Tafeln werden mit 30 mm langen Kupfernägeln, verzinkten Nägeln oder verzinkten Nagelschrauben befestigt. Werden Deckleisten verwandt, so sind am Tafelrand breitköpfige, verzinkte Nägel zu verwenden; die Leisten selbst sind mit 55 mm

Abb. 68. Bootshaus in Nonnenhorn bei Lindau (Bodensee).

langen Kupfernägeln oder 35 mm langen verzinkten Nagelschrauben zu befestigen, sonst können die Fugen auch durch Verstreichen mit Eternitkitt gedichtet werden. Wird die Tafelverkleidung unmittelbar unter den Sparren, die nicht weiter als zirka 61 cm von Mitte zu Mitte auseinander liegen sollten, angebracht, so entsteht in Verbindung mit der unter den Dacheindeckungen an erster Stelle genannten deutschen Deckung auf Lattung mit Innenverstrich gewissermaßen ein doppeltes Dach aus Asbestzementschiefer. Die zwischen dem Asbestzement befindliche Luftschicht ist dabei von großer isolierender Wirkung. Diese Kombination von Asbestzementdach und Asbestzementdecke ist für Hallenbauten jeder Art, speziell für Viehställe und überall

Abb. 69. Montagehalle der Firma Polysius, Dessau.

Abb. 70. Kanalpumpstation Posen.

Abb. 71. Schloß Maxlrein des Grafen Arev-Zinneberg bei Bad Aibling.

Abb. 72. Luftschiffhalle Frankfurt a. M., im Bau.

Abb. 73. Hotel Feldbergerhof, auf dem Feldberg im Schwarzwald.

Abb. 74. Fabrikgebäude, bedeckt mit Ternolitschiefer (Komnick, Elbing).

da zu empfehlen, wo die Bildung von Schwitzwasser vermieden werden soll.

Bei Eindeckungen auf Eisenkonstruktion sind je nach Dachform und Dachneigung die geeignetsten Deckungs- und Befestigungsarten zu bestimmen.

Es wiegt:

1	Quadratmeter	Holzzementdach mit 7 cm Kieslage	ca.	130	kg
1	„	Ziegeldeckung je nach Art · ·	„	45—80	„
1	„	Naturschiefer, englisch gedeckt ·	„	30—40	„
1	„	Naturschiefer, deutsch gedeckt ·	„	20—30	„
1	„	Wellblech mittlerer Stärke · · ·	„	18	„
1	„	Zinkblechdeckung · · · · · · ·	„	12	„
1	„	Asbestzementschiefer nur · · ·	„	8—12	„

Die Hauptvorzüge des Asbestzementschiefers sind kurzgefaßt demnach:

1. Außerordentlich große Festigkeit gegen Biegung, Zug, Druck und Stoß.
2. Bedeutende Elastizität.
3. Sehr geringes spezifisches Gewicht.
4. Hohe Frost- und Wetterbeständigkeit.
5. Vollkommene Wasserundurchlässigkeit.
6. Große Feuerfestigkeit.
7. Sehr geringes Wärmeleitungsvermögen.
8. Gleiche Dicke und vollkommen glatte Oberfläche.
9. Sehr schönes Aussehen.
10. Leichter Transport.
11. Billiger Preis.

7. Herstellung von Asbestzementschieferplatten in gewellter Form.

Die Fabrikation von gewellten Asbestzementschieferplatten ist ein Zweig der Kunstschieferfabrikation, der das Interesse der betreffenden Fachleute und auch der Baufachmänner in hohem Maße findet. Gewellte Asbestzementschieferplatten haben eine große Absatzmöglichkeit nach den Kolonien und nach solchen Ländern, in denen das Wellblech als Dachdeckungsmaterial eine Rolle spielt, denn sie sind ein vollwertiger Ersatz für Wellblech und weisen letzterem gegenüber noch Vorteile auf, die das Dachdeckungsmaterial für Bauten in der heißen Zone besonders wertvoll macht. Wellasbestzementplatten sind leicht im Gewicht, können in großen Stücken hergestellt werden, sind feuersicher und schützen besser vor Sonnenstrahlen, als Wellblech. Die größte Schwierigkeit bestand bisher in der Herstellung der Platten. Es gelang bis vor kurzem noch nicht, große Wellplatten maschinell ohne Risse zu fabrizieren. Nach jahrelangen Versuchen ist es der Maschinenfabrik Dr. Gaspary & Co., Markranstädt bei Leipzig gelungen, eine Pressenkonstruktion zu finden, die einwandfreie Wellasbestzementplatten in der Größe bis 710×3000 mm liefert.

Nach Bedarf kann die Presse auch noch für größere Formate konstruiert werden. Bei der Breite von 710 mm besitzt die Platte 11 Wellen, jede in der Normalgröße von 2,5 engl. Zoll.

Abb. 75. Maschine zur Herstellung von gewellten Asbestzementschieferplatten.

Unser Bild (Abb. 75) zeigt die der Firma Dr. Gaspary & Co. geschützte Fabrikationseinrichtung für Wellasbestzement-Kunstschieferplatten. Es ist ein hydraulischer Betrieb. Eine Hochdruck-Preßpumpe drückt ihr Druckwasser in einen Akkumulator, von dem die Presse ihr Wasser erhält. Die Presse wird mit Hilfe eines automatischen Steuerapparates gesteuert. Der Druckstempel der Presse ist sovielteilig, als die Platte Wellen erhalten soll. Die Teilstempel arbeiten nacheinander, und zwar derart, daß der mittelste Teilstempel allein und die folgenden sich rechts und links anschließenden Stempel paarweise niedergehen.

Die auf beliebige Art vorgeformte, noch weiche, ebene Asbestzementplatte wird, auf dem Preßtuch liegend, auf den gewellten Amboß der Presse gezogen, wobei naturgemäß sämtliche Stempel in ihrer Höchststellung unter hydraulischem Druck stehen. Durch Einschalten des Steuerapparates gehen die Stempel, wie oben beschrieben, nieder und drücken auf die Platte mit einem Gesamtdruck von zirka 25 000 kg. Das Arbeiten mit Teilstempeln bietet die Gewähr, daß die erst ebene Platte durch das Wellen nicht rissig wird. Infolge des Nacheinanderarbeitens der Stempel hat die ebene Platte Zeit, von außen her jeweilig soviel nach der Mitte zu gleiten, als für eine Welle nötig ist. Da die Stempel dicht aneinander schließen, kann die Asbestplatte nicht ausweichen und muß ganz bleiben. Nach erfolgtem Druck gehen sämtliche Stempel gleichzeitig hoch. Eine wesentliche Rolle zur Sicherung eines rationellen, fehlerfreien Betriebes spielt die automatische Steuerung. Durch rotierende Nockenscheiben werden die unter Federdruck stehenden Ventile der Zu- und Ableitung geöffnet oder geschlossen. Die sinnreiche Konstruktion des Apparates gestattet es, auch die niedergegangenen Stempel sofort hochzudrücken, wenn eine unvorhergesehene Störung eintritt. Der Apparat selbst ist stabil gebaut und nicht empfindlich, so daß ein Dauerbetrieb gewährleistet ist. Die ganze Einrichtung hat sich in der Praxis in jahrelangem Betrieb gut bewährt.

Die Herstellung der gewellten Asbestzementschieferplatten geschieht in primitiver Weise auch dadurch, daß die von der Formatwalze abgenommene Platte auf ein bereit liegendes starkes Wellblech gelegt und dann mit einem gleich großen und starken Wellbleche bedeckt wird, so daß sich die Wellen decken. Das obere Blech wird nun mit Balken, Brettern, Steinen usw. belastet und die Platte in der Blechform so lange dem Drucke ausgesetzt, bis diese derartig erhärtet ist, daß eine Formänderung nicht mehr eintreten kann.

Eine andere Art der Anfertigung von Asbestzementschieferwellplatten ist folgende:

Die von der Maschine abgenommenen Platten werden auf polierte Stahlwellbleche gelegt, die Asbestzementplatten auf diesen abgerollt, indem man gleich hinterher eine Walze führt, deren Oberfläche der Wellblechform entspricht, abgerechnet die Dicke der aufzulegenden Platte. Man kann auch die Form massiv aus Holz herstellen, die dann zweckmäßig mit dünnem Blech beschlagen sein muß. Diese Fabrikationsart fordert geschicktes Personal und viel Platz, damit nicht zuviel Ausschuß entsteht; deshalb ist die Erfindung der Firma Dr. Gaspary, die praktisch erprobt ist, für diejenigen Werke von besonderem Nutzen, die mit weniger gut geschultem Personal zu rechnen haben und Wellplatten im großen herstellen wollen.

8. Asbestzementschiefer-Dachpfannen.

Nach dem „Baumaterialien-Markt“ ist eine neue Dacheindeckungsart von Asbestzementschiefer Hugo Bonome, Hamburg 36, geschützt worden. Die Erfindung betrifft eine Dachpfanne, die mit Fußleisten versehen ist, mit denen sie mit Hilfe eines geeigneten Verbindungsmaterials derart auf der Dachunterlage aufgesetzt wird, daß die Pfannen je einer Reihe an den Enden offene Luftkanäle bilden. Die vordere und hintere Stoßfläche bilden einen Neigungswinkel derart, daß zwischen den Stoßflächen zweier Dachpfannen einer Reihe ein Raum für das sie verbindende Material verbleibt, während die Stoßkanten lückenlos zusammenstoßen. Die Dachpfanne ist auf beiden Seiten nach außen abgeschrägt. Durch die Deckleisten werden auf der Oberfläche des Daches von oben bis unten durchgehende Rinnen gebildet. in denen das Regenwasser in die Dachrinne fortgeleitet wird.

Die Dachpfanne besteht aus einer Platte *a*, welche mit Fußleisten *b* und auf der einen Seite mit einer Deckleiste *c* versehen ist. Die Deckleisten besitzen nach außen und nach innen abgeschrägte Stoßflächen *d* und *e*, mit denen sie lückenlos zusammenstoßen. An der Platte *a* ist eine Stoßfuge *g* und eine Stoßleiste *f* vorgesehen, welche beim Auseinanderlegen der Pfannen ineinander greifen. Die Platte *a* ist an dem einen Ende mit einer Stoßfläche *h*, am anderen Ende mit einer Stoßfläche *i* versehen, welche einen verschiedenen Neigungswinkel besitzen, so daß zwischen ihnen ein Raum zur Aufnahme des verbindenden Materials verbleibt. Das gleiche gilt für die abgeschrägten Längsseiten der Pfannen, zwischen denen beim Zusammensetzen ein Raum *k* sich bildet. Die Dachpfanne ist auf einer Seite mit einem Stiftloch *l* versehen, durch welches ein Stift hindurchgeschlagen werden kann, wenn die Pfannen auf verschalten oder auf Lattendächern gelegt werden. In letzterem Falle besitzt die Dachpfanne einen Boden *m*, der sich über ihre ganze Länge und Breite erstreckt. Die Pfanne ermöglicht bei Betonbauten durch Wegfall der Dachlatten eine wirklich feuersichere Dacheindeckung. Das Legen und Verbinden der Dachpfannen geschieht nur von oben; ein Verstreichen der Fugen von unten wie bisher, fällt fort. Untenstehende Abb. 76 zeigt die Asbestzementschiefer-Dachpfanne.

9. Bersten des Asbestzementschiefers.

Über die Unempfindlichkeit gewisser Asbestzementschieferplatten gegenüber dem Feuer sind schon die widersprechendsten

Urteile gefällt worden und es wird hier gewiß Anerkennung finden, ein sachverständiges und unparteiisches Gutachten über das Bersten von Asbestzementschiefer in Stichflammen notiert zu sehen. Das Gutachten stützt sich auf Versuche, die vorgenommen wurden an besonders aufgebauten kleinen Häuschen, welche mit den verschiedensten Arten von Asbestzementschieferplatten gedeckt bzw. verkleidet waren.

Ich zitiere zuvorderst noch ein Urteil einer österreichischen Behörde über den Brand eines Schlosses, das in seiner Urschrift wie folgt lautet:

„Am 5. Juni, um 1 Uhr nachmittags, brannte infolge eines Defektes in der Reinigung des Rauchfanges der ganze Dachstuhl

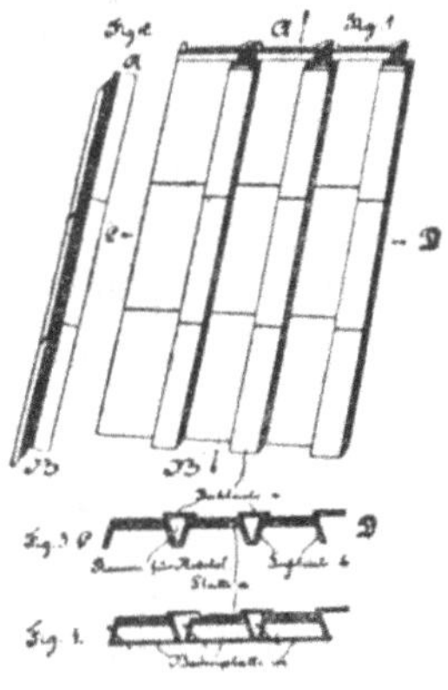

Abb. 76. Asbestzementschiefer-Dachpfanne.

des dem Karl Freiherrn von Gensau gehörigen Schlosses zu Engelstein nieder.

Das Schloß war mit Schindeln bedeckt, ein Trakt des neuen Schlosses seit 1909 mit Eternit.

Der ergebenst Gefertigte hat gestern die Brandstätte besichtigt; über die schlechten Erfahrungen, die bei diesem Brande mit dem Eternitdache gemacht wurden, berichtet der Gefertigte der k. k. Zentralkommission kurz folgendes: Da das Feuer im Dachinnern weitergriff, bildeten sich an der Außenseite des Daches im Eternit ganze Blasen, welche eine nach der anderen mit kanonenschußartigem Knalle explodierten und die Tausende von Eternittrümmern bis auf 70 m in die Umgebung des Daches schleuderten. Infolge dieser Explosionen konnte die Löschmannschaft schwer in den Schloßhof eindringen, sie war nahezu zwei Stunden an der freien Entwicklung ihrer Tätigkeit verhindert.

So sagten auf Befragen einstimmig der Schloßherr und die beteiligten Feuerwehrmänner der Feuerwehr Groß-Schönau aus. Die gleichen Aussagen vernahm auch der gleichzeitig zur Besichtigung anwesende k. k. Bezirkshauptmann Ritschel von Gemünd.

Stift Zwettl, am 7. Juni 1910.

gez.: P. Benedict Hammerl,
Konservator.

Es ist heute erwiesen, daß bei dem oben erwähnten Brande die Feuersbrunst derart vorgeschritten war, daß der intensiven Glühhitze kein Material, welcher Art es auch gewesen wäre, mehr widerstanden hätte. — Das Schloß war also mit Eternit bedeckt und man findet nun häufig, daß dieses Vorkommnis zur Herabsetzung der Güte dieses vorzüglichen Materials benutzt wird. Jedoch mit Unrecht; denn die oben erwähnten Versuche von fachmännischer und kompetenter Seite haben ergeben, daß jeder Kunstschiefer berstet, sobald er mit Stichflammen in Berührung kommt. Die Berstung ist eine mechanische Spannungsdifferenz zwischen Asbest und Zement. Ist der Schiefer von großer Festigkeit, so ist die Nebenerscheinung beim Bersten ein lautes Knallen, während nicht fester Schiefer lautlos Risse erhält. Je älter und erhärteter ein Asbestschiefer ist, desto mehr ist die Annahme gegeben, daß er um so lauter knallt, weil eben alter Schiefer stets fester ist als junger. Die Kunstschiefer, die auf der Pappenmaschine erzeugt wurden, blättern beim Bersten schichtenweise ab, während Asbestschiefer, den das Gußpreßverfahren produzierte, durch Ausspringen eines großen Stückes berstet, wodurch ein Loch in der Mitte der Platte entsteht. Die Stücke, die nun von Schieferplatten abspringen, die auf der Pappenmaschine erzeugt wurden, sind von dünner, leichter, papierfetzenartiger Beschaffenheit, während die Stücke der nach dem Gußpreßverfahren hergestellten Platten runde Stücke in Plattenform aufweisen, daher schwerer sind, als die erst geschilderten Stücke. Wenn nun ein Kunstschiefererzeuger behauptet, daß sein Schiefer beim Einflusse von Stichflammen nicht springt, dann behauptet er bewußt oder unbewußt eine Unrichtigkeit. Dem Springen im allgemeinen ist jedoch keine Bedeutung beizulegen. Tatsache ist es, daß jeder Kunstschiefer dem Feuer länger Widerstand leisten kann, als jedes andere Dachdeckmittel. Blech z. B. schmilzt sehr bald oder rollt sich in tückischer Weise lautlos auf. Schindeln verhalten sich im Feuer äußerst ungünstig und brennen sehr rasch.

Strohdächer, welche ungeknotet sich am Dache befinden, gehen ebenfalls sehr rasch in Flammen auf, weil jeder Strohhalm eine Esse bildet. Strohdächer, bei welchen das Stroh geknotet ist, gehen nicht in Flammen auf, sondern kohlen. Ziegeldächer sind dadurch im Feuer sehr rasch vergänglich, weil bei Verkohlung der Latten und Sparren die Dächer infolge des großen Ziegelgewichtes sehr bald einstürzen. Der Naturschiefer springt diagonal und werden die gleichen Hälften, welche ein großes Gewicht besitzen, nach der Seite geschleudert, können somit die Löschaktion behindern. Erwiesen ist, daß Asbestzementschiefer dem Feuer am längsten Widerstand leistet und bleiben infolge der Verwendung der Sturmklammern die Schiefer selbst dann noch im Zusammenhange, wenn die Holzteile des Dachstuhles teilweise verkohlt sind. Infolge des leichten Gewichtes von Asbestzementschiefer ist es schon vorgekommen, daß ganze Flächen von Asbestzementschiefer auf den Mauern gestützt, im Zusammenhange als eine Decke liegen bleiben. Wenn einmal Asbestzementschiefer zum Bersten kommt, so muß die Feuersbrunst bereits im äußersten Stadium angelangt sein, so daß Stichflammen auf die Platten direkt Einfluß haben. Zu diesem Zeitpunkt ist aber an und für sich bei den berstenden Stellen keine Löschaktion möglich. Die Stücke, welche vom Asbestzementschiefer abspringen, fallen normal zur Dachfläche ab, so daß diese Teile zuerst aufwärts und dann wieder im Bogen abwärts fliegen. Somit kann durch herabgeschleuderte Asbestzementstücke eine Aktion nicht behindert werden, weil diese Stücke dem Wehrmann auf den Helm fallen. Die Knallerscheinung hierbei erregt instinktiv ein Angstgefühl, wie etwa ein Schuß, welcher aus einer Miniaturpistole abgegeben wird. In Wirklichkeit hat dieser Knall keine Bedeutung. Nach bisheriger Wahrnehmung knallen jene Asbestzementschiefer, die auf der Pappenmaschine hergestellt wurden, sehr laut, dies ist jedoch nur ein Zeichen, daß der Schiefer fest ist. Ferner liegt die Begründung dieses lauten Knalles darin, daß die berstenden Stücke flach und die Berstung die Lostrennung zweier großer Flächen hervorruft. Gußpreßschiefer hat laut Versuchen eine kranzförmige Berststelle und obgleich die abspringenden Stücke als solche größer sind, so ist die Berstfläche jedoch kleiner, weil die Berstfläche sich im Umfange der Stücke befindet. Erwiesen ist es, daß schlechte Kunstschieferplatten meist nach der Austrennung durch Einwirkung der Hitze so leicht wie Mörtel sich zerbröckeln. Als Sachverständiger wirkte bei den oben zitierten Versuchen im Auftrage der österreichischen Feuerwehrbehörde Ingenieur Robert Keller in Weißenbach a. d. Triesting (N.-Österreich).

Von den Firmitwerken Ges. m. b. H. in Weißenbach a. d. Tr., welche Asbestzementschiefer nach dem Osterheld'schen Verfahren fabriziert, liegt mir ein Zeugnis vor, das ich wegen seines gegenteiligen Inhaltes zum vorhergehenden den Lesern nicht vorenthalten darf und das die Güte der auf Rundsiebmaschinen hergestellten Asbestzementplatten zur Genüge motiviert. Untenstehendes Zeugnis dürfte überhaupt ein Dokument der Vorzüglichkeit und Leistungsfähigkeit des Asbestzementschiefers im allgemeinen sein und lautet dasselbe im Original:

Architekt M. D. G., D. W. B.,
Robert Örley
Wien I, Brandstätte 7.

Wien, 15. Jänner 1913.

An die
Firmitwerke Ges. m. b. H.
Weißenbach a. d. Triesting.

Am 3. November 1912 brannte durch Unvorsichtigkeit des Bauwächters ein Teil des Dachstuhles vom Hause Auhofstraße 17a im XIII. Bezirk ab.

Die Dacheindeckung wurde an diesem Hause mit Firmit aus Ihrer Fabrik hergestellt. Der Brand wurde durch die Feuerwehr gelöscht.

Es war interessant, beobachten zu können und es gereicht mir zum Vergnügen, Ihnen dies mitzuteilen, daß sich Ihre Firmitschiefer außerordentlich gut bewährt haben. Es war hierbei folgendes zu beobachten: Die dem Feuer ausgesetzt gewesenen Schieferplatten sind nicht verändert oder zerstört worden, selbst diejenigen nicht, welche im heißen Zustande vom Wasserstrahl getroffen wurden. Die Feuerwehr, welche einen Teil des Daches abräumte und naturgemäß auf Schonung des Schiefers nicht bedacht war, hat eine Anzahl Platten abgehoben, ohne dieselben zu zerstören. So konnte auch der größte Teil der Schieferplatten zur Wiederverwendung gelangen.

Hochachtungsvoll
gez. Robert Örley m. p.

10. Asbestzement-Kettendach.

System Adolf Oesterheld.

Die Möglichkeit, auf der Pappenmaschine hergestellte, mit einem hydraulischen Bindemittel gebundene Asbestschieferplatten in hochgepreßtem Zustande zur Bedachung von Hallen mit großer Spannweite auszunutzen, wurde bald in die Tat umgesetzt, und es wurden die verschiedenartigsten Wege gegangen, um dieser Möglichkeit praktische Gestalt zu verleihen. Zu guter Letzt fand sich immer noch, daß die freitragenden Längen der Asbestschiefer-

Abb. 77. Asbestzement-Kettendach, System Oesterheld.

platten nicht groß genug waren, um eine Reduktion der Dachlatten, Zoreseisen usw., welche zur Unterstützung der Platten dienten, eintreten zu lassen. Auch zeigten sich Schwierigkeiten in der Befestigungsart, welche einen Hauptgrund in den verschiedenartigen Ausdehnungskoeffizienten der zum Hallenbau verwendeten Materialien bildeten. Wenn auch diese Schwierigkeiten im Laufe der Zeit mehr und mehr überwunden worden sind, so zeigte sich doch, daß ein Dach mit dem geringsten Eigengewicht nur nach der Adolf Oesterheld, Eichriede-Luthe bei Hannover, patentierten Kettendachkonstruktion möglich war. Dieses Dach hat neben der Feuersicherheit den Vorzug der absoluten Leichtigkeit, der vollständigen Sturmsicherheit und ist in der Lage, sich jeder beliebigen Ausdehnung der zur Verwendung gebrachten Konstruktionsmaterialien anzupassen. Außerdem behält dasselbe auch nach einer etwaigen Demontage stets seinen vollen Wert und kann dieses Dach zum Beispiel für Kesselhäuser, Gießereien, Montagehallen, Luftschiffhallen, Ausstellungshallen, neben jedem anderen vornehmen Bau, praktisch umfangreiche Verwendung finden.

Für Barackenbauten, Fliegerschuppen, Ausstellungsbauten und sonstige Gebäulichkeiten, von welchen von vornherein angenommen wird, daß sie nach einer bestimmten Zeit abgerissen und an einem anderen Orte wieder aufgebaut werden sollen, ist der Vorteil einer Kettenkonstruktion von vornherein einleuchtend. In erster Linie wird also durch das geringe Eigengewicht des Asbestschiefers die Möglichkeit gegeben, eine Dachdeckung in geringen Millimeterstärken auszuführen und durch die Art der Kettendachkonstruktion wird dieser vorher genannte Vorteil erst zu einem greifbaren, in die Praxis umsetzbaren gemacht.

Ein Quadratmeter Kettendach, ausgeführt mit Platten 1200×1200×6 mm, hat ein Eigengewicht einschließlich Ketten und sämtlicher Befestigungsteile von zirka 19 kg.

Um der großen Öffentlichkeit ein passendes Beispiel für den weiten Verwendungszweck eines Asbestzementschieferdaches zu geben, hatten die Fulguritwerke Seelze und Eichriede Adolf Oesterheld in Luthe bei Hannover auf der Internationalen Baufach-Ausstellung 1913 in Leipzig die zweite Maschinenhalle mit einigen 1000 qm Kettendach überspannt. Die Konstruktion dieser oben (Abb. 77) veranschaulichten Ausstellungshalle läßt an Einfachheit nichts zu wünschen übrig und ist darauf Rücksicht genommen, jeden unnützen Materialaufwand an der Unterkonstruktion auszuscheiden. Die Halle besteht mithin nur aus Bindern und den der Konstruktion des Kettendaches angepaßten Pfetten, über welche in geeigneter Weise Ketten senkrecht zur First gespannt sind. Die Art dieser Anordnung ermöglicht es, mit geringen Verstrebungen in den äußeren Feldern den durch die Kettenspannung eingebrachten Zug aufzunehmen und werden bei dieser Anordnung sämtliche Dachsparren durch gespannte Ketten zweckdienlich ersetzt. Die Dachdeckung selbst erfolgt in der Weise, daß durch geeignete Binde- und Sturmklammern die Platten auf den Ketten befestigt und in geeigneter Weise miteinander zu einer einheitlichen Dachfläche verbunden werden.

Die Vorzüge eines solchen Daches liegen also auf der Hand; es gibt kein Dach, welches ein geringeres Eigengewicht aufzuweisen hätte und welches neben Feuersicherheit eine solche enorme Isolierfähigkeit aufweist. Hierzu kommt noch, daß durch dieses geringe Eigengewicht und durch den Wegfall sämtlicher Dachlatten an Eigengewicht der Unterkonstruktion und gegebenenfalls der Widerlager gespart wird.

Es werden diese Kettendächer auch in anderer Form und auch als Kettenwände ausgeführt. Diese haben in der letzten Zeit eine außerordentlich willige Aufnahme bei der Projektierung von drehbaren und feststehenden Luftschiffhallen erfahren. Die Ersparnisse an Eigengewicht bei einer solchen durchgerechneten Konstruktion haben die Kleinigkeit von zirka 400 000 kg Mindergewicht einer aus Kettendach und Kettenwände projektierten drehbaren Halle ergeben.

E. DER MARMOR-ASBESTZEMENT.

Verfahren zur Herstellung von Glanzbekleidungsplatten aus Asbestzement.

Patentiert im Deutschen Reiche vom 13. Dezember 1921 ab. Für diese Anmeldung ist gemäß dem Unionsvertrage vom 2. Juni 1911 die Priorität auf Grund der Anmeldung in der Schweiz vom 25. Januar 1921 beansprucht.

Man hat schon verschiedentlich versucht, bei der Herstellung von Glanzbekleidungsplatten aus Asbestzement diesem eine glatte, glänzende Oberfläche von marmorartigem Aussehen zu geben, ohne indessen nennenswerte Erfolge zu erzielen, insbesondere was die Haltbarkeit der Glanzoberfläche und deren Färbbarkeit anbelangt. Es ist auch schon ein Verfahren vorgeschlagen worden, um Zementflächen eine glatte, glänzende Beschaffenheit zu verleihen, indem man auf den Zement in mehr oder weniger frischem Zustande eine feine Schicht aus gleicher Masse aufbrachte und diese unter Zugabe von irgendeinem schlüpfrigen Stoff, z. B. Talkum, mit Glättwerkzeugen behandelte, bis der Glanz erzielt war. Indessen lassen sich diese Verfahren nicht ohne weiteres auf die Behandlung von Asbestzement anwenden, da dieser schon an und für sich eine von gewöhnlichem Zement grundverschiedene Masse darstellt, die natürlich auch anders behandelt werden muß.

Gemäß der Erfindung wird nun als Überzug zuerst eine mit dem noch frischen Plattenmaterial abbindende Kalkfarbmischung auf die frische Platte aufgebracht und glattgestrichen, und nach deren Abbinden wird eine zweite mit der zuerst aufgebrachten sich verbindende Kalkfarbmischung aufgetragen und die Plattenfläche mittels glühender Eisen geglättet.

Dank diesem Verfahren kann man auf der behandelten Asbestzementplatte eine äußerst haltbare, nicht abblätternde Hochglanzschicht erhalten, die mit der Platte selbst innig abgebunden ist und je nach dem Farbzusatz der Plattenfläche ein poliertem Marmor täuschend ähnliches Aussehen verleihen kann. Die Poren der Oberfläche sind gänzlich geschlossen, und eine Zerstörung der Glanzschicht durch äußere oder Witterungseinflüsse ist hierdurch mit Sicherheit vermieden.

Das Verfahren kann beispielsweise wie folgt ausgeführt werden: Die neuhergestellten, noch im nassen, weichen Zustande befindlichen Asbestzementplatten werden auf einem

Arbeitstisch eben ausgebreitet und mit einer dünnen Lage einer Mischung von Kalkfarbe, und zwar Kalkbrei und Marmormehl, etwa im Volumenverhältnis von fünf Teilen Kalkbrei zu einem Teil Marmormehl mit Hilfe eines großen Streichpinsels gleichmäßig überzogen. Nach dem Auftragen genannter Mischung wird dieselbe mittels eines Glätteeisens oder einer Glättekelle auf der Platte glattgestrichen, bis dieselbe genügend glatt erscheint.

Da die Mischung auf die Platten aufgetragen wird, während diese noch in feuchtem, weichem Zustande sich befinden, geht die Kalkfarbe mit dem Zement der Unterlage in bekannter Weise eine chemische Verbindung ein, so daß sie vollständig fest haftet und nach dem Abbinden, welches gleichzeitig mit dem des Asbestzements erfolgt, nicht abblättert.

Sobald dies getan ist, wird mit einem Streichpinsel eine zweite Mischung von Kalkfarbe, bestehend aus vier Volumenteilen Kalkmilch und eineinhalb Volumenteilen sodafreier Seifenlösung, auf die Platte über die erste Mischung gleichmäßig aufgetragen.

Zur Herstellung der Seifenlösung wird sodafreie Seife verwendet, beispielsweise ein Gewichtsteil venezianische Seife auf etwa fünf Gewichtsteile Wasser. Um den Lösungsprozeß zu beschleunigen, kann man die Seife in feinverteiltem Zustande mit dem Wasser mischen und die Lösung erwärmen.

Nach dem Auftragen der zweiten Mischung wird dieselbe etwa 15 bis 20 Minuten auf der Platte trocknen gelassen, wonach die Platte mit einem glühenden Eisen, etwa in Form eines Glätteisens od. dgl. überfahren und geglättet wird. Mit dem Glätten wird fortgefahren, bis die Platte eine vollständig glatte und glasurähnliche Oberfläche erhält.

Je nach der verwendeten Farbmischung können die Platten eine dekorative Oberfläche, z. B. ein marmoriertes, holzfaseriges, majolikaähnliches Aussehen erhalten.

Die nach dem beschriebenen Verfahren hergestellten Platten können je nach der Verwendung, zu welcher sie kommen sollen, in der gleichen Größe, in welcher sie hergestellt werden, belassen oder auch nach dem Trocknen in bekannter Weise wie gewöhnliche Asbestzementplatten in beliebige Stücke zersägt werden. Beispielsweise können sie für Täfelung von Küchen- und Badezimmerwänden, für Kachelöfen, für Bedachungen, für Waschtischplatten usw. Anwendung finden. Dazu kommt noch, daß die Platten elektrisch isolierend wirken, so daß sie mit Vorteil als Schalttafeln und für Verkleidungen in Zentralen usw. Verwendung finden können.

Patent-Anspruch.

Verfahren zur Herstellung von Glanzbekleidungsplatten aus Asbestzement durch Aufbringen eines Überzuges auf die Platten in frischem Zustande und glätten der Plattenoberfläche mittels Glättwerkzeugen, dadurch gekennzeichnet, daß als Überzug zuerst eine mit dem noch frischen Plattenmaterial abbindende Kalkfarbmischung aufgebracht und glattgestrichen wird, nach deren Abbinden eine zweite mit der zuerst aufgebrachten sich verbindende Kalkfarbmischung aufgetragen und die Plattenfläche mittels glühenden Eisens geglättet wird.

Die Firma Carl Streckfuß, Süddeutsche Asbestschiefer- und Plattenwerke in Neuershausen (Baden), ist alleinige Inhaberin für Deutschland und die nordischen Staaten für das Patent.

F. DER ASBESTZEMENT UND SEINE VERWENDUNG IN DER ELEKTRISCHEN INDUSTRIE.

Asbest wird in der elektrischen Industrie seit Jahren zu Isolationsmaterialien in großen Mengen verwendet und wir finden denselben in Vermischung mit Gummi, Asphalt, Harzen u. dgl. nach unzähligen Verfahren verarbeitet im Handel. Durch die gesteigerte Anforderung, welche an das Isolationsmaterial infolge Anwendung höherer Ströme in der elektrischen Industrie gestellt werden mußten, wurden Fachleute auf den Asbestzement aufmerksam gemacht.

Das Material hat in seiner Beschaffenheit Eigenschaften, die es für genanntes Gebiet geradezu ideal erscheinen ließen. In Frage kam unter anderen Asbestzementschieferarten „Eternit“, welcher durch seine Homogenität und garantierte Gleichmäßigkeit sich am besten eignete. Von den Eternitwerken wurde nunmehr nach eingehenden Versuchen, welche Hand in Hand mit den ersten Werken der elektrischen Industrie vorgenommen wurden, eine Spezialplatte hergestellt, die sich in unbegrenztem Maße verwenden ließ. — Als Funkenschutzmaterial in Platten, Stäben, Röhren, Kasten und Formstücken aller Art findet Eternit in seiner hochkomprimierten Spezialmarke Verwendung; ferner als Isolationsmaterial in direktem Sinne nach entsprechender Trocknung und Imprägnierung.

Die Möglichkeit, den Asbestzementschiefer als Isolationsmaterial beliebig zu bearbeiten, mit Gewinde zu versehen, durch Drehen, Fräsen, Hobeln u. dgl. in die gewünschte Form zu bringen, erweitert die angeführte Verwendbarkeit und zwingt bei Herstellung von Einzelstücken nicht zur Beschaffung teurer Matrizen, wie dies bei den meisten anderen Isolationsmaterialien der Fall ist. Auch ist in der absoluten Feuerbeständigkeit und großen mechanischen Festigkeit des Materials für die Lebensdauer der Apparate und Maschinen, in denen Asbestschiefer als Isolationsmaterial verwendet wird, die größte Garantie gegeben.

Neben der Verwendung des Spezial-Asbestschiefers zu elektrischen Maschinen und Apparaten ist noch diejenige zu Trennwandanlagen besonders zu erwähnen. Was für einen gewaltigen Unterbau machen oft Trennwandanlagen aus Beton notwendig, und wie schwer und hindernd wirkten diese Anlagen, wogegen Asbestzementwände in bezug auf Raum und Gewicht großen Vorteil brachten.

Die Isolationswerte, welche bei dem aus Spezial-Eternit bestehenden „Marmorit“ nach dem Verfahren von Rudolf Kuhn im Auftrage der A.-G. für elektr. Isoliermaterial und Papierprodukte, Altdorf, von der technischen Prüfungsanstalt des schweizerischen elektrotechnischen Vereins Zürich festgestellt wurden, zeigen folgende zwei Attest-Abschriften:

Prüfungsattest über Versuche mit einer Isolierplatte „Marmorit“.

Kennzeichnung der Platte durch den Auftraggeber „a“.

Beschaffenheit der Platte: Farbe: Schwarz; Spezifisches Gewicht: zirka 1,85; Fläche: 40 × 40 cm; mittlere Dicke: 3,7 mm.

I. Bestimmung des Isolationswiderstandes in trockenem und nassem Zustande.

Meßmethode: Mit direktem Ausschlag bei abgefangenen Oberflächenströmen.

Untere Elektrode: Staniolunterlage.

Obere Elektrode: Quecksilber mit einer Berührungsfläche von 25 cm^2.

Meßergebnis.

a) Prüfung in trockenem Zustande.

Temperatur	Feuchtigkeitsgehalt der Luft	Isolationswiderstand in Meghom für 1 cm^3 bei		
		100 Volt	500 Volt	1000 Volt
23° C	58 %	40 10^5	31 × 10^5	35 × 10^5

b) Prüfung in nassem Zustande.

Nach 24stündiger Aufbewahrung in Wasser von Zimmertemperatur.

Temperatur	Feuchtigkeitsgehalt der Luft	Isolationswiderstand in Meghom für 1 cm^3 bei		
		100 Volt	500 Volt	1000 Volt
26° C	—	30 × 10^5	31 × 10^5	31 × 10^5

II. Durchschlags- und Dauerprüfung in trockenem und nassem Zustande.

Stromart: Wechselstrom von 50 Perioden.

Untere Elektrode: Staniolunterlage.

Obere Elektrode: Metallgewicht von 50 kg und 1 cm^2 Berührungsfläche.

Meßergebnis.

a) Prüfung in trockenem Zustande.

Temperatur	Feuchtigkeitsgehalt der Luft	Durchschlagsspannung
23° C	58 %	25 000 – 25 500 Volt

b) Prüfung in nassem Zustande.

Nach 24stündiger Aufbewahrung in Wasser von Zimmertemperatur.

Temperatur	Feuchtigkeitsgehalt der Luft	Durchschlagsspannung
26° C	58 %	25 000 – 25 500 Volt

Bemerkung: Sowohl bei der trockenen als bei der nassen Prüfung trat vor Erreichung der Durchschlagsspannung direkter Stromdurchgang auf, verbunden mit ziemlich starker Erwärmung der Platte und Herausquillen des Imprägniermittels an der exponierten Stelle.

Die Dauerprüfung wurde bei 5000 Volt in nassem Zustande vorgenommen.

Die Platte hielt bei einstündiger Einwirkung dieser Spannung aus und wurde bei der darauf vorgenommenen Erhöhung der Spannung bei 20 000 Volt durchschlagen.

Feuchtigkeitsprobe.

Aus der Platte wurde ein 3×4 cm großes Stück herausgeschnitten und die Gewichtszunahmen desselben nach 24stündigem Aufbewahren in Wasser von Zimmertemperatur ermittelt.

Die Gewichtszunahme betrug 0,4 %.

Zürich, den 24. Juli 1907.

gez.: Technische Prüfanstalten des Schweizer. elektrotechn. Vereins.

Materialprüfungsanstalt:

Der Oberingenieur: gez. Fr. Gerwer.

Prüfungsattest

über Versuche mit zwei Isolierplatten „Marmorit“, vorgenommen von den Technischen Prüfanstalten des S. E. V.

Zur Prüfung wurden zwei 40×40 cm große Platten von den verschiedenen Dicken 7, 3 und 10,4 mm eingesandt. Die Platten bestehen aus imprägniertem Asbestschiefer (spezifisches Gewicht = 2,0). Die Prüfung bestand in der Bestimmung des Isolationswiderstandes, der Durchschlagsfestigkeit und ferner in der Feuchtigkeits- und Brennbarkeitsprobe.

Resultate.

I. Isolationswiderstand

bestimmt nach der Methode des direkten Ausschlages bei abgefangenen Oberflächenströmen.

a) Prüfung in trockenem Zustande.

Prüf.-Nr.	Mittlere Dicke	Feuchtigkeitsgehalt der Luft	Temperatur	Isolationswiderstand in Meghom für 1 cm^3 bei 1000 Volt
1	7,3 mm	65 %	20° C	ca. 18.10^6
2	10,4 mm	65 %	20° C	ca. 17.10^6

b) Prüfung in nassem Zustande.

Prüf.-Nr.	Mittlere Dicke	Feuchtigkeitsgehalt der Luft	Temperatur	Isolationswiderstand in Meghom für 1 cm^3 bei 1000 Volt
1	7,3 mm	—	17° C	
2	10,4 mm	—	17° C	größer als 20.10^6

II. Durchschlagsspannung.

Die Prüfung wurde mit einer Wechselspannung von 50 Perioden vorgenommen. Als untere Elektrode diente ein Staniolbelag, als obere ein Metallgewicht von 50 kg und einer Berührungsfläche von 1 cm^2.

a) Prüfung in trockenem Zustande.

Prüf.-Nr.	Mittlere Dicke	Feuchtigkeitsgehalt der Luft	Temperatur	Durchschlagsspannung
1	7,3 mm	65 %	20° C	22 000 – 25 000 Volt

Bemerkung: Bei 3000 Volt wurde ein Knistern hörbar, welches mit wachsender Spannung an Intensität zunahm. An der exponierten Stelle der Platte trat, bevor der Durchschlag erreicht war, eine ziemlich starke Erwärmung auf.

b) Prüfung in nassem Zustande.

Nach 24 stündiger Aufbewahrung in Wasser von Zimmertemperatur.

Prüf.-Nr.	Mittlere Dicke	Temperatur	Durchschlagsspannung
1	7,3 mm	17° C	27 000—31 000 Volt
2	10.4 mm	17° C	72 000—75 000 Volt

Bemerkung: Für Prüf. Nr. 1 gilt dieselbe Bemerkung wie unter a.

Bei Prüf. Nr. 2 trat das Knistern bei 12 000 Volt auf, bei deutlich fühlbar werdender Erwärmung und Herausquillen des Imprägniermittels.

III. Dauerprobe.

Prüf. Nr. 1 wurde in trockenem und nassem Zustande zwischen zwei Elektroden von 1 cm^2 Berührungsfläche einer einstündigen Einwirkung von 10 000 Volt Wechselspannung unterworfen. Die Platte hielt in beiden Fällen die Probe aus. An den exponierten Stellen der Platte war am Ende des Dauerversuchs eine Temperaturerhöhung von zirka 20 bis 30° konstatierbar.

Prüf. Nr. 2 wurde unter den gleichen Versuchsbedingungen in nassem Zustande einer Spannung von 35 000 Volt ausgesetzt, bei welcher Spannung die Platte nach 25 Minuten durchschlagen wurde. Die weiterhin vorgenommene Dauerprüfung bei 25 000 Volt hielt die Platte ohne Durchschlag während einer Stunde aus, bei ziemlich starker Erwärmung an der exponierten Stelle und Herausquillen des Imprägniermittels.

IV. Feuchtigkeitsprobe.

Es wurde die Gewichtszunahme ermittelt, welche ein aus der Versuchsplatte Nr. 1 herausgeschnittenes Stück „Marmorit“ durch 24 stündige Aufbewahrung in Wasser von Zimmertemperatur erfährt. Es ergab sich das Gewicht der Probe:

Vor dem Einlegen ins Wasser zu 42,340 g, nach 24 stündiger Aufbewahrung ins Wasser zu 42,419 g, was einer Gewichtszunahme von 0,18 % entspricht.

V. Brennbarkeitsprobe.

Eine Stelle der Platte 1 wurde während einiger Minuten im Gasgebläse auf Rotglut erhitzt. Dabei quoll das Imprägniermittel der Platte heraus und brannte nach Entfernung der Flamme von selbst weiter. Die mechanische Festigkeit ging an der erhitzten Stelle nur wenig zurück.

Zürich, den 5. Juli 1907.

Für die Materialprüfanstalt
gez. Fr. Gerwer.

Die Asbestzementschieferplatte, die als Isoliermaterial in der Elektrotechnik verwendet wird, läßt sich genau wie Fiber bearbeiten. Durch Fräsen, Drehen, Bohren usw., lassen sich alle möglichen Formen und Gegenstände herstellen, welche im Gegensatz zu anderen Isoliermaterialien sehr hohe mechanische Festigkeit zeigen. Der Asbestzementschiefer ist vollständig ölbeständig und wird von Öl auch bei sehr hohen Temperaturen nicht angegriffen oder gar zerstört. — Als Schalttafeln lassen sich die Platten infolge ihrer Bruchfestigkeit in der halben Stärke einer Marmorschalttafel ohne Bruchgefahr benutzen. Da die Asbestzementschieferplatten poliert werden können, stehen dieselben auch in bezug auf Schönheit dem Marmor wenig nach. Die Hygroskopität der Platten ist sehr minimal im Verhältnis zu anderen Isoliermitteln und läßt sich durch Imprägnierung auf Null reduzieren.

G. PRÜFUNGSERGEBNISSE ÜBER ASBESTZEMENTSCHIEFER.

Ich habe schon beim Oesterheldschen Verfahren einige hervorragende Prüfungsresultate zitiert, die ergeben haben, daß das Asbestschiefermaterial ein Erzeugnis von ganz hervorragend guten Eigenschaften ist. Um das, was ich mit den früher erwähnten Resultaten sagte, zu ergänzen, seien untenstehend weitere Prüfungsergebnisse notiert, die im Auftrage der deutschen Eternitgesellschaft in Hamburg vom Königlichen Materialprüfungsamte der Technischen Hochschule Berlin in Groß-Lichterfelde-West an Asbestzementschiefer Marke „Eternit" festgestellt würden.

Die deutsche Eternitgesellschaft mit beschränkter Haftung zu Hamburg beantragte am 13. Juni 1908 die Prüfung ihres Asbestzementschiefers. Dreißig graue Platten mit den mittleren Abmessungen 40 × 20 × 0,36 cm gingen am 22. Juni 1908 in einer Kiste, gezeichnet „D. E. G. 1182 Groß-Lichterfelde" ein.

Prüfung von Asbestzementschieferplatten.

A. Inhalt des Antrages.

Nach dem Antrage sollte sich die Prüfung des Asbestzementschiefers auf die Ermittlung folgender Eigenschaften erstrecken:

1. Gewicht eines Quadratmeters der wassersatten Platten,
2. Wasseraufnahme bei Anlieferung und trocken,
3. Wasserdurchlässigkeit bei Anlieferung,
4. Zugfestigkeit bei Anlieferung,
5. Biegefestigkeit bei Anlieferung und wassersatt.

B. Prüfungsergebnisse.

1. Gewicht.

Mittleres Gewicht eines Quadratmeters Asbestzementschiefer, wassersatt = 8,538 kg.

2. Wasseraufnahme.

Probenform und Abmessungen: Platten, mittlere Abmessungen $40 \times 20 \times 0{,}36$ cm.

Versuch Nr.	Gewicht der Platten: nach dem Eintreffen G kg	nach dem Trocknen G_1 kg	nachdem die Proben 24 Stunden unter Wasser gelegen kg	96 kg	120 G_2 kg	Feuchtigkeitsgehalt der Platten bei Anlieferung berechnet a. d. Trockengew. %	Wasseraufnahme bezogen auf das Gewicht der Platten beim Eintreffen: der Probe G_2-G kg	in Gewichtsprozent $W_g = \frac{(G_2-G)\times 100}{G}$ %	der trockenen Platten: der Probe G_2-G_1 kg	in Gewichtsprozent $k_g = \frac{(G_2-G_1)\times 100}{G_1}$ %
1	0,606	0,577	0,615	0,640	0,640		0,034		0,063	
2	0,602	0,571	0,612	0,635	0,635		0,033		0,064	
3	0,665	0,634	0,672	0,693	0,693		0,028		0,059	
4	0,725	0,687	0,718	0,757	0,757		0,032		0,070	
5	0,705	0,670	0,710	0,740	0,740		0,035		0,070	
6	0,622	0,588	0,630	0,658	0,658		0,036		0,070	
7	0,685	0,650	0,690	0,719	0,719		0,034		0,069	
8	0,664	0,631	0,671	0,699	0,699		0,035		0,068	
9	0,609	0,574	0,615	0,644	0,644		0,035		0,070	
10	0,615	0,579	0,622	0,649	0,649		0,034		0,070	
Mittel	0,650	0,616	0,656	0,683	0,683	5,5	0,033	5,1	0,067	10,9

3. Wasserdurchlässigkeit.

(Im Anlieferungszustande.)

Versuchsergebnis.

Versuch Nr.	Aufgesaugtes Wasser in ccm nach Stunden: 1	2	3	4	5	24	48	72	96
1	0	0	0	0	0	1	3	5	7
2	0	0	0	0	0	1	3	5	7
3	0	0	0	0	0	1	3	6	8
4	0	0	0	0	0	1	2	4	6
5	0	0	0	0	0	2	4	6	8
Mittel	0	0	0	0	0	1	3	5	7

Dunklere Färbung und Tropfenbildung trat bis zu 36stündiger Beobachtung bei keiner Probe ein.

4. Zugfestigkeit.

(Im Anlieferungszustande.)

Ausgeführt in der Abteilung 1 für Metallprüfung.

Versuch Nr.	Abmessungen Dicke cm	Breite cm	Querschnitt qcm	Bruchspannung kg/qcm	Dehnung in % auf 1 = 20 cm Maßlänge
1	0,34	2,99	1,017	192	0,2
2	0,36	3,00	1,080	278	0,1
3	0,39	2,99	1,166	189	0,1
4	0,38	2,99	1,136	247	0,2
5	0,36	2,98	1,073	384	0,1
Mittel	—	—	—	238	0,14

5. Biegefestigkeit.

Probenform und Abmessungen: Platten, mittlere Abmessungen $40 \times 20 \times 0{,}36$ cm.

Zustand der Platten	Anlieferungszustand			Wassermatt			
Versuch Nr.	Gewicht der Platten kg	Bestand in kg bei Bruch	Zerstörung	Versuch Nr.	Gewicht der Platte kg	Belastung in kg bei Bruch	Zerstörung
1		Der Bruch erfolgte annähernd in der Mitte	30,3	1		Der Bruch erfolgte annähernd in der Mitte	30,5
2			30,0	2			28,3
3			32,0	3			26,4
4			36,6	4			27,8
5			37,0	5			30,8
6			28,0	6			28,3
7			35,3	7			27,8
8			35,4	8			29,5
9			41,4	9			24,5
10			34,5	10			25,8
Mittel	0,669		34,0	—	0,683	—	28,0
Mittlere Biegefestigkeit 6 — B kg qcm	}	—	689	—	—	—	567

Groß-Lichterfelde-West, den 9. Juli 1908.

Königliches Materialprüfungsamt

Stempel. gez. Rudeloff. gez. Gary.

Direktor. Abteilungsvorsteher.

H. EINIGES ÜBER AUSKALKUNG VON ASBESTZEMENTSCHIEFERPLATTEN

Das sogenannte Auskalken von Asbestzementschieferplatten, das hauptsächlich im Frühjahr und im Herbst, sowie sonst auch bei vehementen Wetterumstürzen auftritt, hat seine Ursache in dem Sulfat- oder Alkaliengehalt des Zementes oder der Farbe. Chemische Untersuchungen haben ergeben, daß der Ausschlag aus Natriumsulfat oder Natriumkarbonat gebildet wird. Diese Salze sind vornehmlich im Zement enthalten und rühren von Kohlenasche her, die beim Brennen des Zementes verwendet wird, oder aber auch von dem Gipszusatz, der bei Zement bis zu einer Beimengung von 3 % gestattet ist.

Ein Moment, das sehr wenig beachtet wird, ist das, daß die Farben oft nicht frei von Alkalien oder anderen löslichen Salzen sind. Farben, die derart gewaschen und getrocknet wurden, daß sie vollkommen frei von Alkalien sind, kosten viel Geld und kommen bei der Kunstschieferfabrikation der Lukrativität halber nicht in Anwendung. Die günstigsten Farben sind Eisenoxyduloxydfarben; denn dieselben geben einen satten Ton und verbinden sich auch gut mit Zement. Farben, die Sulfate oder Alkalien enthalten, setzen sich gern mit den im Zement enthaltenen Sulfaten oder Alkalien durch Wechselwirkung um und dringen als weiße Flecken an die Oberfläche. Dieses sogenannte Ausblühen geschieht insbesondere stark dann, wenn bei der Frischfabrikation nicht dafür Sorge getragen wird, daß die Platten langsam austrocknen können. Eine wirksame Maßnahme ist es, wenn man die Luft in den Fabrikationsräumen feucht erhält, ferner man darauf Bedacht legt, daß kein Zug entsteht und schließlich auch noch Sorge trägt, daß die Staubbildung verhindert wird. Die frische Ware soll nämlich die ihr innewohnende Feuchtigkeit möglichst lange in sich behalten, damit sich der Zement völlig abbinden kann. Dieses Moment ist gerade beim Oesterheldschen Verfahren zu beachten, da ja der Zement am Anfang der Produktion nicht völlig aufgelöst werden kann.

Bei den Lagerräumen ist darauf zu sehen, daß die Temperatur immer eine gleichmäßige bleibt, damit Dunstbildungen hintan gehalten werden; denn sobald sich Schweißwasser bei den Platten ansetzt und diese durch irgendeine Zugluft abgetrocknet wird, so werden ebenfalls die noch ungelösten Alkalien zur Wirkung gebracht.

Staubbildungen haben zur Folge, daß sich der ansetzende Staub bindet und einen Schleier über der Platte bildet. Dieser Umstand macht sich mit Vorliebe beim roten Material auffallend bemerkbar. Wird also darauf gesehen, daß die Fabrikationsräume feucht und gleichmäßig trocken gehalten werden, so wird das Aussehen der Platten ein sehr günstiges werden. Bei Neuinvestierungen ist somit der Appretierungsraum größer anzulegen, damit das Material eine Vorlagerung in demselben erfahren kann. Eine Oberflächenfärbung ist nicht geeignet, das Auskalken der Platten endgültig zu beseitigen.

Es ist also zur Verminderung der Auskalkung der Asbestzementplatten auf die zweckmäßige Lagerung des Materials besonders zu achten. Nach der hydraulischen Pressung gelangt das Erzeugnis beim Naßverfahren (Hatschek, auch Komnick, Bermig usw.) in eine Trockenkammer, in welcher es 24 Stunden lagert. Die Temperatur in diesem Raume wird am besten gleichmäßig auf einer Höhe von 18 bis 24° C gehalten. Bei dem Trockenverfahren, wie z. B. bei dem Oesterheldschen, muß die Trockenkammer als Wärmefeuchtkammer ausgebildet sein, d. h. die Kammer muß mit einer gewissen Feuchtigkeit geschwängert sein. Die weitere Lagerung erfolgt durch abwechselnde luftige Schichtung des Fertigproduktes, während einer Zeitdauer von vier bis sechs Wochen. Diese Schichtung verfolgt den Zweck, ein etwaiges Stocken der Asbestschieferplatten zu verhindern und das Aussehen der Oberflächen zu verbessern.

I. DER ASBESTZEMENTZIEGEL MIT METALLVERKLEIDUNG.

Um die Frostbeständigkeit der Asbestzementschieferplatten und insbesondere solcher für die Dachbedeckung zu steigern, versieht man neuerdings die Platten mit einer Metallbedeckung, die Henry Welte in Znaim (Mähren) patentiert wurde.

Die vollständige Frostbeständigkeit der von Welte hergestellten Platten wurde nach Friedr. Huth durch Gutachten der Versuchsanstalt des technologischen Gewerbe-Museums in Wien, wie des chemischen Laboratoriums für Tonindustrie, Professor Dr. H. Seger und E. Cramer G. m. b. H. in Berlin, nachgewiesen.

Das technologische Gewerbemuseum in Wien unterwarf sechs Platten mit Einkerbungen, teils mit rohem und geschliffenem Metallbelag, teils mit galvanischem Zink-, Nickel-, Kupfer- und Messingbelag, der Prüfung auf Frostbeständigkeit. Die nassen Platten wurden in den Gefrierschrank gebracht, in welchem eine Temperatur bis minus 18° C herrschte. Nachdem jede Platte vier Stunden lang dem Froste ausgesetzt war, wurde sie im Wasser zum Auftauen gebracht und dann der Frostversuch erneuert. Nach 25maligem Gefrieren und Auftauen zeigten fünf Platten keine durch den Frost hervorgerufene Beschädigung, nur der Messingbelag der Platte 6, die mit sechs Einkerbungen versehen war, hatte sich an zwei Ecken und einer Kante ein wenig gelöst.

Das chemische Laboratorium für Tonindustrie kommt nach Mitteilung aller Einzelheiten über die bewirkten Versuche zu folgendem Ergebnis:

Auf Grund der Feststellungen sind die geprüften Platten als wenig wassersaugend und gut wasserdicht, sowie frostbeständig zu bezeichnen. Bei geringem Druck tritt überhaupt kein Wasser durch, nur gegenüber sehr hohen Drücken zeigt sich etwas Durchlässigkeit.

Die Herstellung des Metallüberzuges aus Asbestzementschiefer paßt sich den gebräuchlichen Arbeitsmethoden zur Erzeugung von Asbestzementplatten an.

Zur Pressung und Entwässerung von Asbestzementplatten ist es notwendig, zwischen je zwei Lagen ein Stahlblech zu bringen.

Bevor dies zur Ausführung des Verfahrens von Welte geschieht, wird jede einzelne Asbestplatte mit feinkörnigem Blei oder einer feinkörnigen Legierung aus Blei derart übersiebt, so daß die ganze Fläche der Masse bedeckt ist. Die Körnchen haben kugelige oder zackige Form von etwa einem halben Millimeter Durchmesser. Nun wird die Pressung und Entwässerung in der üblichen Weise vorgenommen, und dann der Asbestzement mit der aufgepreßten Bleibedeckung der Erhärtung überlassen. Durch den hohen Druck haben sich die Metallkörperchen an der Oberfläche breit gedrückt, so daß sie eine geschlossene Metallfläche bilden, während die der plastischen Masse zugekehrten Teile keine Deformierung erlitten, so daß die Asbestzementmasse unter dem hohen Druck in die Zwischenräume der Metallkörperchen eindrang. So ergibt sich nach erfolgter Erhärtung des Zementes eine feste Verbindung zwischen Metalldecke und abgebundenem Asbestzement.

Die so geschaffene Bleidecke bildet aber auch eine geeignete Unterlage zur weiteren metallischen Bekleidung der Verzierung der Platten. Es können auf galvanischem Wege andere Metalle, wie Kupfer, Messing, Eisen, Stahl, Zinn, Zink usw. aufgebracht werden. Für die Dachbedeckung ist das galvanische Verkupfern heute von besonderer Bedeutung, zumal galvanisch verkupferte Asbestzementplatten in jeder Größe hergestellt werden können, und somit die teueren Kupferdächer, Kuppeln usw. in zweckmäßiger Weise ersetzen.

Galvanisierte Asbestzementplatten.

Das D. R. P. Nr. 267 125 von Albert Göppert, Blumenbach (Mähren), besteht in einem Verfahren, nach welchem Asbestzementplatten oder Kunststeine leitend gemacht werden, so daß sie mit einem gut haftenden metallischem Überzug auf galvanischem Wege versehen werden können. Zu diesem Zwecke wird der zur Herstellung der künstlichen Platten verwendeten Asbestzementmasse ein elektrisch leitendes Mittel, wie z. B. Graphit, Metallpulver u. dgl. zugegeben, welches mit abgebunden wird und dadurch die ganze Masse elektrisch leitend macht, so daß die aus dieser hergestellten Platten in üblicher Weise galvanisch überzogen werden können. Derselbe Zweck wird erreicht, wenn auf die zur Herstellung der Platten dienenden Walzen, Formen od. dgl. das elektrisch leitende Material durch Bestäubung, Bestreichung od. dgl. aufgebracht wird, so daß es bei der Herstellung der Platten in deren Oberfläche eingepreßt und eingebunden wird und diese leitend macht. Oder es können die schon hergestellten Platten, aber immer vor ihrem Erhärten, mit dem leitenden Material bestäubt, überstrichen oder ähnlich überzogen werden, so daß sich dieses mit der Masse an der Oberfläche der Platten verbindet. Bei der Herstellung der Asbestzementplatten auf der Langsiebmaschine oder Formpresse kann die Asbestzementbahn mit dem leitenden Material durch Bestäuben, Ueberstreichen od. dgl. versehen werden.

K. DER TERRAMENT-ASBESTFASER-FUSSBODEN.

Es ist bekannt, daß gerade die Bautechnik die hervorragenden Eigenschaften des Asbests sich besonders zunutze gezogen hat und Bauten aus Asbest in allen Arten sind errichtet worden, die sich bis auf den heutigen Tag in jeder Weise bewährt haben.

Während man die Bauten bisher ganz aus Asbest ausführte, ist man in letzter Zeit dazu übergegangen, Asbest auch bei Steinbauten zu verwenden. Es ist dies mit überraschendem Erfolg und unübertrefflich namentlich beim Linoleumbelag oder Asbestkorkestrich, bei Steinfußböden, deren untere Schicht mit Asbest durchsetzt ist, und bei Parkettunterdeckung, gelungen. Die Terramentasbestfaserfußböden haben nach dem Urteil der Fachleute sich nicht nur glänzend bewährt, sondern auch bezüglich Preis und Hygiene sich als unübertrefflich erwiesen.

Der Terramentasbestfaserfußboden ist nicht zu verwechseln mit dem Sägemehlfußboden, der bekanntlich zu weich ist und dann den Nachteil besitzt, daß er viel zu viel Wasser in sich aufnimmt. Auch sind die Terramentasbestfaserfußböden nicht zu verwechseln mit den Steinmehlfußböden, die wegen ihrer Kälte und Härte mit Recht so gefürchtet sind.

Der Terramentboden ist ein äußerst elastischer, fußwarmer, mit Asbest und anderen überseeischen Faserstoffen hergestellter Fußboden, der an Stabilität selbst von Eichenholz nicht übertroffen wird. Mit diesen Faserstoffen ist der ganze Fußboden durchsetzt und dadurch wird eine fast unbegrenzte Dauer und Widerstandsfähigkeit erzielt, die selbst den größten Beanspruchungen stand hält.

Der Terramentfußboden ist fugenlos. Da der Boden mit den Fasern durchweg zweischichtig verlegt wird, ist derselbe schalldämpfend und elastisch und es wird diese Wirkung durch die Korkisolierschicht, die unter dem eigentlichen Terramentbelag liegt, erzielt. Der Boden ist vollkommen feuersicher, schwammsicher und wasserundurchlässig. Falls entlang der Wände ein dichter, fugenloser Abschluß verlangt wird, so können aus dem Terramentmaterial kleine Sockel von 100 mm Höhe gezogen werden. Hierdurch wird erreicht, daß beim Abwaschen des Fußbodens kein Wasser an die Wände gelangt und keine Fugen bleiben, die dem Ungeziefer Schutz bieten, wie es bei den sonst üblichen Holzfußleisten der Fall ist.

Der Treppenbelag aus Terrament begeht sich geräuschlos und sicher und ist infolge seiner Feuersicherheit und großer Haltbarkeit jeder Holztreppe vorzuziehen. Dieser Belag findet neuerdings auch Verwendung für ausgetretene Holz- und Steintreppen.

Der Terramentasbestfaserfußbodenbelag wird in allen gewünschten Unifarben, wie auch in Marmor- und Granitimitation, ebenfalls mit Friesen durchlegt und schließlich wie Terrazzo gemischt ausgeführt. Da nur echte Oxydfarben zur Anwendung gelangen, wird für Farbenechtheit garantiert. Bei zeitweisem Bohnern oder Ölen wird der Asbestfaserboden im Ansehen mit der Zeit immer schöner, da die winzigen Poren des neuen Belages sich durch das Ölen schließen und eine spiegelblanke Fläche mit sattem Farbenton hervorrufen.

Der Asbestfaserfußboden wird in der Hauptsache für Räume von Krankenhäuser, Theater, Verwaltungsgebäude, Schulen, Kirchen, Hotels, Fabriken, Kinos, Geschäftshäuser, Korridore, Konzerthäuser usw. verwendet.

Für jeden Linoleumbelag braucht man einen festen Unterboden, Estrich genannt, der fugenlos, elastisch, schalldämpfend, fußwarm, feuer- und schwammsicher sein soll. Dazu eignet sich insbesondere der mit Asbestfasern durchsetzte Korkestrich. Dadurch, daß er fugenlos, eben und fest ist, liegt der Linoleum gut auf, ohne die lästigen Blasen zu bilden und es verringert sich die Abnutzung des Linoleums. Durch seine Lufttrockenheit verhindert dieser Estrich das häufig vorkommende Faulen des Linoleums. Nach sechs bis acht Tagen ist der Boden vollständig trocken und es kann das Linoleum verlegt werden, was bei Zement z. B. erst nach drei Monaten erfolgen kann.

Wir sehen auch hier die Asbestfaser in ähnlicher Weise wie beim Asbestzementschiefer in Anwendung, nur wird diese hier nicht gepreßt, sondern mit anderen Faserstoffen gemischt, geknetet und dann auf den Böden wie Terrazzo aufgetragen. Da dieser Bodenbelag eine gewisse Verwandtnis mit dem Asbestzementschiefer aufweist, soll derselbe hier Erwähnung finden.

L. ROHRE AUS ASBESTZEMENTSCHIEFER.

Nach Ingenieur G. Janata ist das Verfahren zur Herstellung von Rohren aus Asbestzementschiefer eine italienische Erfindung und aus der Asbestzementplattenindustrie hervorgegangen.

Der Gedanke ist ja naheliegend, die auf der Rundsiebmaschine erzeugten Asbestzementplatten nicht flachliegend abzunehmen, sondern in Form von Wickelpappen auf der Formatwalze der Maschine ein Rohr bilden zu lassen, das von dieser dann abgezogen werden kann.

Freilich muß die Rundsiebmaschine diesen besonderen Anforderungen entsprechend eingerichtet werden, was auch tatsächlich von einer Firma geschehen ist. Die Bauart der Rundsiebmaschine entspricht bis auf die Abnahmepresse dem für die Erzeugung von Asbestzementplatten verwendeten Typ. Das Hauptaugenmerk ist auf die Abnahmepresse gerichtet. Die untere Preßwalze ist wie gewöhnlich gelagert, während die obere Formatwalze zwei interessante Einrichtungen aufweist.

Zunächst ist sie möglicht leicht gebaut und ihr Umfang je nach dem gewünschten Rohrdurchmesser durch Aufschieben oder Abnehmen von zylindrischen Walzenmänteln zu vergrößern oder zu verringern. Ferner ist die Maschine mit zwei dieser Formatwalzen ausgerüstet, und zwar so, daß eine dieser Walzen nach der Führerseite, die andere nach der Antriebsseite ausschwenkbar ist. Während die eine Formatwalze in normaler Arbeitslage in der Maschine liegt, ist die andere derart ausgeschwenkt, daß ihre Achse die Verlängerung der Stuhlung bildet, also parallel zur Maschinenachse gelagert ist.

Ist ein Rohr von gewünschter Wandstärke gebildet, die Formatwalze in beschriebener Weise ausgeschwenkt, so wird die andere Formatwalze in die Arbeitslage gebracht und der Fabrikationsgang geht weiter. Die Arbeitsweise der Maschine ist also eine intermittierende, doch, da das Aufheben der Formatwalze, das Pressen, das Ausschwenken und die Rückbewegung auf hydraulischem Wege geschieht, da ferner diese Vorgänge mit der Abstellung und dem Anlauf derart kombiniert werden können, daß ein einziger Handgriff alle diese Bewegungen veranlaßt, so ist der jeweilige Stillstand der Maschine derart auf ein Minimum von Zeit beschränkt, so daß er keinen Einfluß auf den Stoffzulauf und somit auf den Fabrikationsgang und das Erzeugnis hat.

Das auf der ausgeschwenkten Formatwalze sitzende neugebildete Rohr wird nun abgenommen dadurch, daß ein Muldenwagen unter diese fährt und angehoben wird, bis seine rauhe Auflegefläche mit dem Rohr in Kontakt kommt. Beim Zurückfahren des Wagens wird das Asbestzementrohr von der Formatwalze abgezogen und in dieses gleichzeitig eine leicht federnde Metallhülse eingeführt, die dem Rohre während des Trockenprozesses als Unterstützung dient und dessen Zusammensinken oder Verziehen in nassem Zustande verhindert.

Mit der Einführung dieser Rohre ist derselbe Schritt getan, wie die von den Zementplatten zu den Asbestplatten. Die Faser des Asbestes gibt dem Zementrohre eine derartige Festigkeit, daß es für hohe Drücke verwendbar ist und so in vielen Fällen, in denen sich Zementrohre nicht eignen und Eisenrohre sich zu teuer stellen, als Ersatz dienen kann.

Die Asbestzementrohre stellen sich im Preise verhältnismäßig billig, sind widerstandsfähig gegen jegliche atmosphärischen Einflüsse, rosten also nicht, wie Eisenrohre, sind bruchsicher, also von Vorteil gegenüber Gußeisenrohre und lassen sich leicht auf die gewünschten Längen schneiden oder sägen.

Es ist ein Zeichen der Zeit, daß man heute Asbestzementschiefer in den verschiedensten Formen auch im Karosseriebau für Autos und nicht nur für den Garagebau vorfindet. Ein besseres Material für den Garagebau als Asbestzementschiefer läßt sich kaum denken, zumal Asbestschiefer allen Witterungseinflüssen Trotz bietet und isolierend wirkt.

Ing. Fritz Göbel, techn. Direktor einer Asbestzementschieferfabrik, hat ein Patent zur Erzeugung von Muffenrohren angemeldet. Diese Muffenrohre eignen sich für fast jede Verwendung, sogar bis zu einem Druck von 10 Atm. Diese Rohre weisen im Gegensatz zu den Rohren, wie diese z. B. von der Eternit-Genua hergestellt werden, den Vorteil auf, daß die Verwendung von Metallkupplungen, die in der Erde stark oxydieren, fortfällt.

Bis zu den Längen von 1200 mm können diese Rohre auf jeder Pappenmaschine mittels einer geschützten Vorrichtung hergestellt, für größere Längen auf einer eigens hierfür gebauten Maschine erzeugt werden.

M. ASBEST-DAMPF-ISOLIERUNGEN

Die Vorteile der Dampfisolation dürften heute jedem in der Industrie Stehenden klar sein, zumal die Brennmaterialien gegenüber der Vorkriegszeit und insbesondere die Frachtensätze eine bedeutende Preissteigerung erfahren haben, so daß ein Betrieb, gleich welcher Art, auf die Dauer nur erfolgversprechend arbeiten kann, wenn er nach wissenschaftlichen und praktischen Gesetzen ausgesprochen „Wärmeökonomie" betreibt.

Zu dieser Wärmeökonomie gehört die Dampfisolation, die heute immer noch stiefmütterliche Behandlung erfährt. Die Dampfisolierungen finden aber nicht nur aus rein wärmeökonomischen Gründen Anwendung, sondern auch aus sanitären, indem man die ausstrahlende Hitze isoliert, um das Bedienungspersonal vor derselben zu schützen und eine zu trockene Luft im Arbeitssaal oder Warteräumen, auch Wohnräumen usw. zu verhindern.

Zur Isolation des Dampfes gibt es nun eine ganze Reihe von natürlichen und künstlichen Mitteln, wie Schlackenwolle, Kork, Kieselgur, Flachs, Holzwolle, Wolle, Seide, Sägemehl, Torf usw., doch als bestes Isoliermittel hat sich immer noch der Asbest bewährt, denn dieser ist nicht nur feuerbeständig, sondern bis zu einem gewissen Grade auch säurewiderstandsfähig. Der Asbest besitzt ferner die Fähigkeit, allen Einwirkungen, wie Hitze, Kälte, Dampf, Wasser, Gasen, Feuer, dann starker Erschütterungen usw. erfolgreich und ohne Beschädigung zu widerstehen.

Als Isolierung von grundlegender Bedeutung ist zunächst diejenige für Dampfrohrleitungen und Dampfkessel zu nennen, da bei diesen Isolationskraft und Dauerhaftigkeit ganz besonders in Frage kommen. Es ist bekannt, daß zu einer Dampfisolation Kork, Kieselgur, getrennt oder gemischt, dann Schlackenwolle, Filz und auch Seide verwendet wird. Aber die Erfahrung lehrte, daß diese Isolationsmittel als nicht vollkommene bezeichnet werden mußten, und daß der Asbest bis heute tatsächlich unersetzbar war.

Als Asbest hat sich mit der Zeit wiederum eine Sonderasbestsorte als Isolierungsmasse als am besten erwiesen und dieser Sonderasbest ist der Blauasbest. Bisher hat man alle Isolationsvorzüge dem Weißasbest zugeschrieben, welcher bekanntlich aus Kanada, Finnland, Sibirien, Tirol und Italien stammt. Diesen Weißasbest finden wir schon seit den 80er Jahren des vorigen Jahrhunderts in der Industrie als Isoliermittel in Anwendung, während der Blauasbest erst in den 90er Jahren in Erscheinung tritt. Der Blauasbest kommt aus den Minen am Orangefluß im Kapland und wird daher „Kapasbest" genannt. Er ist in diesen Minen in großen Mengen vorhanden. — Trotz seiner Vorzüge hat der Kapasbest auch Nachteile. Der Weißasbest hat die große und hervorragende Eigenschaft, außer der Isolation noch eine natürliche Schmierfähigkeit zu besitzen, was der Kapasbest nicht hat. Seine Faser ist geschmeidig und weich und hat sich als Stopfbüchsenverpackung für Dampfmaschinen für alle Drücke und bei überhitztem Dampf besonders gut bewährt. Der Blauasbest ist gegenüber dem Weißasbest dampf- und wasserbeständiger, stärker und elastischer, sowie säurebeständiger. Die große Isolierkraft des Blauasbestes erklärt sich dadurch, daß sein Gefüge eine verhältnismäßig große Zahl von Luftzellen in der Füllung aufzuweisen hat, wodurch die Ableitung der Wärme verhindert wird. Die Isolierungen werden als Matratzen in den Handel gebracht.

Um sich ein genaues Bild über die Isolationskraft des Blauasbestes und des Weißasbestes zu machen, sei hier das Resultat eines eingehenden Versuches wiedergegeben.

Der Wärmeverlust in Wärmeeinheiten (WE.) bezogen auf 1 qm der unbedeckten Fläche und bei 14 Atm. Dampfdruck betrug stündlich für:

Blauasbestmatratzen	38 mm stark = 282 WE.
Weißasbestmatratzen	38 mm stark = 562 WE.

oder die zurückgehaltene Wärme in Prozenten ausgedrückt betrug:

Blauasbestmatratzen	38 mm stark = 75 %
Weißasbestmatratzen	38 mm stark = 49 %.

Prof. Dr. Rietschel, Charlottenburg, führte den Nachweis, daß der Blauasbest gegenüber Weißasbest bei einer ganz geringen Stärke von nur 17 mm einen zirka 25 % höheren Isolierwert besitzt. Die beste Ausnutzung der Asbestmatratzen wird erreicht, wenn diese direkt auf den zu isolierenden Teil gelegt und befestigt wird.

Der Blauasbest hat bekanntlich die hohe Hitzebeständigkeit nicht, wodurch seine Verwendungsmöglichkeit nicht so groß sein kann, wie diejenige des Weißasbestes. Bei Isolierungen wird jedoch der hohe und für den Blauasbest gefährliche Hitzegrad nicht erreicht, weshalb seiner Verwendung als Dampfisolation keine Grenzen gesetzt zu werden brauchen. Die Zerreißfestigkeit des Blauasbestes ist um 50 % höher als bei Weißasbest, außerdem sind Blauasbestisolierungen um zirka 30 % leichter als solche aus Weißasbest, was bei Lokomotiven, Schiffen, Flugzeugen usw. oft als besonderer Vorteil angesehen wird.

In der chemischen Industrie ist es aber von ganz besonderer Bedeutung, daß der Asbest eine möglichst hohe Säurebeständigkeit aufweist. Eine Untersuchung der beiden Asbestarten durch Dr. Ulex, Hamburg, ergab folgendes Resultat:

Die zur Untersuchung auf Säurebeständigkeit übersandten drei Proben Asbest, die für Filterzwecke besonders aufbereitet worden sind, sind wie folgt geprüft worden:

10 g jeder Probe wurden mit 100 ccm Salzsäure vom spezifischen Gewicht 1,125 übergossen und 72 Stunden sich selbst überlassen. Nach dieser Zeit wurde die Säure abgesogen und der Asbest bis zur Säurefreiheit mit destilliertem Wasser ausgewaschen, bei 110° C getrocknet und abgewogen. Außerdem wurde der Verlust des Asbestes an Gewicht beim Erhitzen auf 110° C bestimmt und als Feuchtigkeit angegeben. Nach der Prüfung enthielt:

Südafrik. Blau-Kap-Asbest = 0,6 % Feuchtigkeit, 2,6 % in Salzsäure lösliche Teile;

Kanadischer Weißasbest = 1,2 % Feuchtigkeit, 36,7 % in Salzsäure lösliche Teile;

Sibirischer Weißasbest = 2,2 % Feuchtigkeit, 33 % in Salzsäure lösliche Teile.

Aus der vorstehenden Untersuchung ergibt sich, daß man nur den südafrikanischen Blauasbest als „säurebeständig“ bezeichnen kann.

Die Versuche, die die Firma National Boiler & General Insurance Co. Ltd., Manchester, zur Ermittelung der Isolierkraft von Blauasbestmatratzen und Blauasbest-Isolierschnüren für Dampfkessel- und Dampfrohrverkleidungen vorgenommen hatte, resumierten:

Bei einem Dampfdruck von 11¼ Atm. wird durch Isolierung mit Blauasbestmatratze pro Quadratmeter und pro Stunde 5,432 kg Dampf erspart. Bei 3000 Arbeitsstunden ergibt dies jährlich pro Quadratmeter Oberfläche 16 296 kg Dampf.

Da wir annehmen können, daß zirka 1 kg bester Steinkohle zur Erzeugung von 8 kg Dampf erforderlich sind, so bedeutet dies eine jährliche Kohlenersparnis pro Quadratmeter Heizfläche von 2000 kg. Wenn man diese Summe mit der Quadratmeterzahl der Oberfläche einer Anlage multipliziert und dann den Kostenpreis der Kohle entsprechend einsetzt, so wird man feststellen können, welche enorme Ersparnis durch Isolation mit Asbest und insbesondere mit Blauasbest erzielt werden kann.

Die Asbestmatratzen werden, wie bereits gesagt, aber nicht allein zur Isolation von Dampfkesseln und Dampfrohren benutzt, sondern auch als Wärmeschutz bei Lokomotiven und es sind diese u. a. auch bei den badischen Eisenbahnen seit längerer Zeit in Anwendung. Wohl ist der Preis für das Isolationsmaterial ein ziemlich hoher, aber wenn man mit diesem den Kohlenersparnisbetrag vergleicht, so wird man finden, daß sich die Auslagen bereits in einem Jahre vollkommen bezahlt gemacht haben werden.

Man würdigt den Nutzen der Asbestisolation in der Industrie und namentlich im Dampfkesselbau selbst noch viel zu wenig, sonst müßte jeder Dampfkesselingenieur die Asbestisolierung bei Aufstellung eines Dampfkessels zur Bedingung machen. Eine Unterlassung schädigt nicht nur den Dampfkesselbesitzer, sondern richtet nationalökonomische Werte zugrunde und es stellt sich hier die Frage, ob nicht vielleicht die Dampfkesselrevisionsvereine die berufensten Stellen wären, die Aufstellung und Inbetriebsetzung des Dampfkessels von einer guten Asbestisolierung abhängig zu machen.

Große Wärmeverluste entstehen durch mangelhaft angeordnete und schlecht isolierte Dampfrohrleitungen, wodurch häufig starkes Schwanken und Schlagen in der Leitung entsteht. Durch dieses Schlagen fällt eine nicht gute Isolationsmasse ab und dauernde Wärmeverluste sind die Folge. Auch den Flanschenverbindungen, Aufhängungen und Unterstützungen der Rohrleitungen ist in bezug auf gute Isolation vollste Aufmerksamkeit zu schenken, auf keinen Fall darf die Rohrleitungsisolation durch derartige Unterbrechungen beeinflußt werden.

Falsch ist es, den Durchmesser der Rohrleitung nach den Querschnitten der Kessel oder Maschinenanschlüsse zu bestimmen. Diese sind gewöhnlich aus bestimmten Gründen etwas reichlich gehalten. Man sei nicht zu ängstlich bei der Bestimmung der Dampfgeschwindigkeit. Der Wärmeverlust verhält sich nahezu umgekehrt im Verhältnis zur Dampfgeschwindigkeit. Geschwindigkeiten von 20 bis 30 m/Sek. bei Sattdampf und 30 bis 60 m/Sek. bei Heißdampf sind durchaus zulässig. Man vermeide scharfkantige Abweichungen, plötzliche Uebergänge und Reduzierungen. Schieber mit glatten Durchgängen sind Ventilen immer vorzuziehen. Letztere haben fast einen zwanzigmal höheren Wärmeverlust als Schieber.

Besondere Aufmerksamkeit sind den Rohrleitungen im Freien zu schenken, die Wind und Wetter ausgesetzt sind. Um die Isolation vor den Witterungseinflüssen zu schützen, werden die Rohre mit der Isolation mit einer besonderen Umhüllung aus Asbestzementschiefer versehen. Diese Umhüllung kann jeweils aus vierkantigen oder runden zusammenschraubbaren Rohren oder aus Einzelstücken bestehen, wie z. B. bei Uebergängen, Bogenstücken, Winkeln usw. Da man dem Asbestzementschiefer durch Matritzen, Stempeln, Pressen jegliche Form zu geben imstande ist, so ist der Asbestzementschiefer das zum Schutze von Isolationen einzig gegebene Material, zumal dieses gegenüber Holz oder Blech, welche bisher zu diesem Zwecke Verwendung gefunden hatten, bedeutend leichter und wärmeisolierender ist.

Zum Schlusse sei noch ein Beispiel gebracht, welches zeigt, welche Mengen Kohlen jährlich erspart werden können, wenn Rohrleitungen für Dampf nach gewissen technischen Regeln und Grundsätzen angelegt werden.

Eine Rohrleitung von 125 mm lichter Weite und 300 m Gesamtlänge werde von einer stündlichen Dampfmenge von 3000 kg bei 10 Atm. Überdruck und 300° C durchströmt. Die Leitung besitzt zwei Ventile, fünf kurzschenklige Krümmer, zwei Wasserabscheider, und einen scharfen Dichtungswechsel durch ein normales, gerades Stück. Die Leitung verläuft im Freien. Die Nachrechnung dieser Leitung ergibt einen stündlichen Kraftverlust von 130 800 WE. durch Spannungsabfall und Abkühlung bei 80 % Wärmeersparnis durch die Isolation. Würde die Leitung nun geschützt verlegt, die Dampfgeschwindigkeit durch Einbau eines engeren Rohres verdoppelt, ferner würden die kurzen Krümmer und das normale T-Stück durch schlanke Bogen ersetzt, an Stelle der Ventile Schieber eingebaut und die mittelmäßige Isolation durch eine Qualitätsisolation durch Blauasbestmatratze von 87 bis 90 % Wärmeschutz ersetzt, so ergäbe sich ein stündlicher Kraftverlust von nur 67 100 WE. Der Wärmegewinn gegenüber der früheren Anlage würde sich also auf 63 700 WE in der Stunde beziffern. Das entspricht bei Tag- und Nachtbetrieb einer Kohlenmenge von 100 tons jährlich.

Die Güte einer Isolationsmasse hängt ab von dem Leitungskoeffizienten derselben. Von vielen Körpern ist derselbe ermittelt worden, und besonders von den die Wärme schlecht leitenden Körpern hat Péclet eine ganze Anzahl bestimmt. Péclet hat auf Grund seiner Versuche Formeln aufgestellt, nach welchen der Wärmeverlust für verschieden dicke Umhüllungen und verschiedene Temperaturen berechnet werden kann. Ein erwärmter Körper verliert seine Wärme auf zwei Arten, durch direkte Berührung mit der Luft und durch Ausstrahlung der Oberfläche.

Mag der Dampf zu Heiz-, Koch- oder Betriebszwecke dienen, immer ist die durch Abkühlung in längeren Leitungen bewirkte Kondensation lästig. Gegen diese Übelstände kann man sich nur durch Wasserabschneider und durch gute Isolationen schützen.

N. DIE KRAFTMASCHINEN IN DER ASBESTZEMENTSCHIEFERFABRIK.

Daß der Elektromotor für die Asbestzementschieferfabrikation als Antriebsmotor von besonderer Bedeutung ist, dürfte daraus ersichtlich sein, daß man für diesen eigenartigen Betrieb außer der Heizung der Fabrikräumlichkeiten im Winter keinen Dampf benötigt, so auch keinen Trockendampf für das nasse Asbestschiefermaterial. Zweifelsohne liefert die billigste Antriebskraft eine mit möglichst konstantem Wasser arbeitende Turbine. Wo diese jedoch nicht vorhanden und elektrische Energie auch nicht zu erhalten ist, dürfte es sich empfehlen, eine stationäre Lokomobile anzuschaffen und zwar eine Patent-Heißdampf-Verbund-Lokomobile mit ausziehbarem Röhrenkessel, Wellrohrfeuerbüchse, Röhrenvorwärmer und Einspritzkondensation. Diese Lokomobilen arbeiten am vorteilhaftesten mit Kondensationseinrichtung, weil dadurch eine Mehrleistung der Maschine von etwa 25 % und eine Ersparnis an Brennmaterial von 25 bis 30 % erzielt wird. An Einspritzwasser sind ungefähr 180 Liter für die gebremste Pferdestärke und Stunde erforderlich. Der Kohlenverbrauch beträgt zirka 0,67 kg und der Dampfverbrauch zirka 5,4 kg pro effektive Pferdekraft und Stunde, bei normaler Dauerleistung von etwa 120 PS und Verfeuerung guter Steinkohle von mindestens 7500 Kalorien Heizwert. Mit Vorteil verwendet man Steinkohlenbriketts (zirka 3 kg schwer) erster westfälischer Zechen. Rechnet man eine durchschnittliche Betriebsdauer für die Lokomobile von 10 bis 12 Monaten bei 120 PS, so würde sich der Gesamtkohlenverbrauch einschließlich Anheizen auf ungefähr 4600 bis 5600 Mark stellen. Der besseren Ausnutzung wegen ist darauf zu achten, daß der Antrieb, d. h. die Riemenlänge von der Mitte der Transmission bis zur Mitte der Scheibe auf der Lokomobile nicht zu kurz ist und mindestens 7 m beträgt, da sonst viel Kraft verlorengeht, ein Fehler, der häufig gemacht wird. Lokomobile als Kraftmaschine findet man in den existierenden Asbestschieferfabriken am meisten. Weniger zu empfehlen ist eine Dampfmaschine mit den teueren Dampfkesseln, die nebenbei noch eine Menge Platz beanspruchen. Nur bei einer recht großen Anlage, mit einer größeren Anzahl von Asbestzementschiefermaschinen, ist eine solche in Betracht zu ziehen und vorteilhaft, oder auch evtl. dann, wenn einem ein günstiger Kauf (Gelegenheitskauf) geboten wird. Auch Sauggasanlagen sind zulässig. Eine besonders günstige Kraftmaschine ist der Dieselmotor. Allerdings ist der Anschaffungspreis einer Dieselmotorenanlage wesentlich höher, als diejenige irgendeiner anderen Kraftanlage, außer der Dampfmaschine.

Das entscheidende Wort, welcher Kraftmaschine nun der Vorzug gebührt, werden aber in den meisten Fällen die örtlichen Verhältnisse selbst sprechen; denn es muß berücksichtigt werden, ob Wasserkraft vorhanden, elektrische Energie billig zu bekommen ist, oder die Bodenbeschaffenheit eine reichliche und billige Quelle für das Brennmaterial bietet.

Der große Vorteil, den nun eine elektrische Kraftanlage vor allen anderen besitzt, liegt in der Anwendung des Einzelantriebes der Arbeitsmaschinen. Man hat es auf diese Weise in der Hand, sich allen, selbst den schwierigsten Betriebsverhältnissen, leicht anzupassen. Derartig schwierige Verhältnisse liegen aber besonders im Antriebe von Maschinen für die Asbestzementschieferfabrikation, wo mit Rundsiebmaschinen gearbeitet wird und hier ist der Elektromotor als Einzelantrieb besonders am Platze. Wenn trotzdem bisher der Einzelantrieb der Rundsiebmaschinen durch Elektromotore noch nicht die ihm zukommende Verbreitung gefunden hat, so lag der Grund hierfür darin, daß die zur Anwendung gelangten Elektromotore noch nicht allen Ansprüchen genügten, namentlich nicht bezüglich der Regulierfähigkeit der Geschwindigkeit. Erst mit Einführung der Regulier-Elektromotore war es möglich, auch nach dieser Richtung hin den Wünschen Rechnung zu tragen und somit dem Einzelantrieb durch Elektromotore neue Bahnen zu eröffnen. Die für Gleichstrom konstruierten Regulier-Elektromotore gestatten durch einfaches Verstellen der sogenannten Nebenschluß-Regulatorkurbel eine beliebige Änderung der Stromstärke in den Feldmagneten des Regulier-Elektromotors und damit eine beliebige Änderung der Geschwindigkeit des Motors ohne Energieverluste. Jede Stellung der Regulatorkurbel zeigt eine bestimmte auch bei verschiedener Belastung gleichbleibende Tourenzahl des Motors an. Die auf diese Weise hervorgerufene Regulierung läßt eine Variation zu, von 1:2, 1:3, 1:4, 1:5 usw. Die mechanischen und teilweise recht komplizierten und teuren Hilfsmittel, wie Riemenantriebe, Kupplungen, Stufengetriebe, Zahnradgetriebe usw., werden durch Anwendung des Regulier-Elektromotors entbehrlich, zumal dieser letztere nur ein Zahnrädergetriebe für die Übersetzung der Tourenzahl des Reguliermotors zu der an der

Rundsiebmaschine benötigt. Bei dieser einfachen Anordnung kann jede beliebige, zwischen den festgesetzten Grenzwerten liegende Geschwindigkeit ohne Anhalten der Rundsiebmaschine, also während des Ganges, ohne jede Erschütterung und ohne jede Gefahr erzielt werden. Die Vorzüge der Anwendung des Einzelantriebes in Asbestzementschieferfabriken mittels der Regulier-Elektromotore sind kurz folgende:

Fortfall der teueren, langen, schweren, Kraftverlust erzeugenden Transmissionen mit Wellen, Lagern, Riemen usw.

Fortfall der vielen teueren Decken- oder Wandvorgelege mit Böcken, Ausrückern, Riemen und der Stufenscheibe.

Hierdurch wird eine bessere Übersicht der Räume erzielt, sowie eine leichtere Konstruktion der sonst die Transmissionen und Vorgelege tragenden Decken und Wände.

Zur allgemeinen Orientierung über die üblichen Benennungen der Stromstärke in der Elektrotechnik bemerke ich folgendes: Den Effekt einer Dynamomaschine, d. h. die sekundlich geleistete Arbeit, mißt man bekanntlich nicht in Pferdestärken, sondern in Volt-Ampère, sogenannten Watt. Es sind z. B. 736 Watt = 1 PS. 1000 Watt nennt man ein Kilowatt, entsprechend 1,36 PS. Liest man z. B. an einem Ampèremeter ab, daß in einem Stromkreise 80 Ampère fließen, die Stromstärke also 80 Ampère beträgt, und werden vom Voltmeter gleichzeitig 110 Volt Spannung (elektrische Kraft) angezeigt, so ist der elektrische Effekt, d. h. die Stundenarbeit $80 \times 110 = 8800$ Watt $= \frac{8800}{1000} = 8{,}8$ Kilowatt $= 8{,}8 \times 1{,}36 = 11{,}96$ PS.

Es sei hier noch etwas über die Akkumulatorenbatterie gesagt. Diese hat nur als Reservebetriebskraft Wert in Werken, welche die elektrische Energie selbst erzeugen. Sie sind vorteilhaft in Fällen, wo der Elektromotor oder evtl. die Dynamomaschine in Reparatur sind, oder auch dann, wenn eine an einer konstanten Wasserkraft hängende Dynamo sozusagen kostenlos nachtsüber betrieben werden kann. Die während der Nacht in der Akkumulatorenbatterie gesammelte Kraft kann dann zur Kraftabgabe an Elektromotore, welche Hilfsmaschinen betreiben, verwendet werden, oder dient auch zu Beleuchtungszwecken. Es sollte bei Benutzung von Akkumulatoren immer eine besondere Kraft, tunlichst Wasser, zur Verfügung stehen, welche die ladende Dynamo treibt, die dann bei Dunkelheit selbst zur Lichterzeugung dient oder Kraft an Motoren zum Betriebe abgibt, wenn die Akkumulatoren nur das Licht spenden. In Asbestzementschieferfabriken, in welchen Tag- und Nachtbetrieb eingeführt ist, ist es richtiger und rationeller (wenn einmal die Kraft vorhanden ist), an Stelle der Batterie lieber noch eine Dynamo aufzustellen, Akkumulatoren jedoch nur dann, wenn die Lichtanlage gefährdet erscheint, und man wenigstens zur Aufrechterhaltung des Betriebes beim Versagen des Lichtes einige Notlampen mit Hilfe der Batterie elektrisch beleuchten kann. Eine Akkumulatorenbatterie wird je nach Beanspruchung und Pflege etwa 8 bis 12 Jahre standhalten.

ANHANG.

Betriebstechnische Berechnungsbeispiele.

Auf vielseitigen Wunsch habe ich der neuen Auflage ein besonderes Kapitel über Berechnungsbeispiele aus der Praxis beigefügt, welche tagtäglich an den Betriebsleiter einer Asbestzementschieferfabrik herantreten können. Es sind in diesem Kapitel 25 Berechnungen der verschiedensten Art durchgeführt, die sich insbesondere auf die Lehre der Wärme, der Mechanik, der Elektrizität und der Festigkeitslehre beziehen. Ich habe es unterlassen, die betreffenden Formeln algebraisch abzuleiten und mich lediglich auf fertige Gleichungen beschränkt, so daß auf Grund der ausgeführten Berechnungen auch der technisch vorgebildete Unternehmer in die Lage versetzt wird, seinen Betrieb technisch zu überwachen und zu kontrollieren.

Man könnte den Vorwurf erheben, daß nachfolgende Berechnungen in das spezielle Arbeitsgebiet des Betriebsingenieurs gehören, durch Bereicherung des vorliegenden Buches mit diesen Berechnungen ist das Buch aber auch für den Betriebsleiter ein Nachschlagebuch geworden und ich hoffe, dadurch den vielfachen Wünschen aus der Praxis Rechnung getragen zu haben. Es ist ein schwieriges Unterfangen, allen Anforderungen gerecht zu werden, mit den Berechnungsbeispielen unter Abschnitt „Pumpenberechnungen“ zusammen bilden diese 35 verschiedenen Beispiele ein abgeschlossenes Ganzes zur Überwachung und Kontrolle einer Asbestschieferfabrik.

1. Berechnung der Heizfläche eines Dampfkessels für eine Asbestschieferfabrik. Zum Antrieb einer Asbestschieferfabrik mit zwei parallel laufenden Maschinen brauchen wir laut Aufstellung des aufzuwendenden Kraftbedarfs eine **Dampfmaschine** von 150 PS. Wie groß muß der Dampfkessel für die Gesamtanlage werden?

Lösung: Zur Erzielung von 1 PS gebraucht eine Dampfmaschine ungefähr 5 bis 6 kg Dampf.

Es werden nach gemachten Erfahrungen in einem Dampfkessel 15 bis 20 kg Dampf pro Quadratmeter Heizfläche erzielt.

Für 150 PS ergibt dies einen Dampfverbrauch von:

$$150 \cdot 5{,}5 = 825 \text{ kg Dampf.}$$

Zur Erzielung von 825 kg Dampf sind also nötig:

$$825 : 15 = 55 \text{ Quadratmeter.}$$

Hierzu käme noch die Dampfmenge, die benötigt wird zur Heizung der Fabrikräumlichkeiten und rechnet man hierzu die Hälfte des Kraftdampfes, so ergibt dies einen Dampfkessel von

$$55 + 25 = 80 \text{ Quadratmeter Heizfläche.}$$

2. Berechnung der PS einer Dampfmaschine. Beträgt in einem Zylinder einer Dampfmaschine der Kolbendruck z. B. 4 Atm., so heißt dies, auf jeden Quadratzentimeter der Kolbenfläche wirkt ein Druck von $1 \cdot 4 = 4$ kg. Nehmen wir an, daß der Kolben einen Durchmesser von 500 mm hat, so ist die Gesamtfläche:

$$F = \frac{d^2 \cdot \pi}{4} = \frac{50 \cdot 50 \cdot 3{,}14}{4} = 1962{,}5 \text{ qcm}$$

Da auf jeden Quadratzentimeter 4 Atm. wirken, so beträgt der Gesamtdruck P auf den Kolben:

$$P = F \cdot 4 \text{ kg} = 1962{,}5 \cdot 4 = 7850 \text{ kg.}$$

Nimmt man an, daß der Kolben in einer Sekunde sich einmal im Zylinder hin- und herbewegt, und daß die Weglänge für den Kolben bei jeder Bewegung 1 m beträgt, so ist der Sekundenweg $v = 2$ m und die theoretische Leistung des Kolbens in der Dampfmaschine:

$$E = 7850 \cdot 2 = 15\,700 \text{ mkg/Sek.}$$

Um diese Leistung in Pferdestärken auszudrücken, muß das obige Ergebnis durch 75 geteilt werden, also:

$$15\,700 : 75 = 209 \text{ PS,}$$

d. h. die Dampfmaschine erzeugt eine theoretische Leistung von 209 PS.

Die wirkliche oder effektive Leistung bleibt indessen wegen der Umsetzung der hin- und hergehenden in eine rotierende Bewegung und wegen der Reibungsverluste nur 0,7 bis 0,8 mal der theoretischen; rechnen wir mit einem Wirkungsgrad von 0,75, so erhält man:

$$N_e = 209 \cdot 0{,}75 = 157 \text{ PS.}$$

Für diese Berechnung ist angenommen, daß 4 Atm. = 4 kg pro Quadratzentimeter sind, die durch Dampfdiagramm und Planimetrierung gefunden wurden und mittlerer Dampfdruck genannt werden.

3. Der 20pferdige Elektromotor, der eine Holländeranlage anzutreiben habe, mache $n = 900$ Umdrehungen minutlich. Die Riemenscheibe auf der Welle des Motors habe einen Durchmesser von $d = 280$ mm. Die Holländerwalze soll mit $n_1 = 160$ Um-

drehungen laufen; wie groß muß die Scheibe des Holländers sein?

$$d \cdot n = d_1 \cdot n_1$$

$$d_1 = ?$$

$$d_1 = \frac{d \cdot n}{n_1} = \frac{280 \cdot 900}{160} = 1575 \text{ mm}$$

Rechnet man mit einem Gleitverlust von 5 %, so muß die Scheibe um 5 % kleiner genommen werden.

$$5\ \% \text{ von } 1575 = 5 \cdot 15{,}75 = 78{,}75$$

$$1575 - 78{,}75 = 1496{,}25 \text{ mm},$$

d. h. die Riemenscheibe auf der Holländerwalze erhält einen Durchmesser von 1500 mm.

4. Eine Riemenscheibe mit 1600 mm Durchmesser hat eine Riemengeschwindigkeit bzw. Umfangsgeschwindigkeit $v = 8$ m. Es ist die minutliche Umlaufzahl der Scheibe zu berechnen.

Es ist $d = 1600$; $v = 8$ m $= 8000$ mm, demnach:

$$n = \frac{60 \cdot 8000}{3{,}14 \cdot 1600} = \frac{300}{3{,}14} = \infty\ 95 \text{ Touren minutl.}$$

5. Das 4000 mm große Schwungrad einer Dampfmaschine macht $n_1 = 100$ Touren und treibt auf eine Riemenscheibe mit 2500 mm Durchmesser die Haupttransmission. Von hier aus wird vermittelst einer 1500 mm großen Scheibe die 320 mm große Scheibe einer Dynamomaschine angetrieben. Wieviel Umdrehungen macht die Dynamo?

Zunächst bestimmt man die Tourenzahl der Haupttransmission n_2,

$$n_2 = \frac{4000 \cdot 100}{2500} = 160 \text{ Touren;}$$

die Scheiben d_2 mit 2500 mm Durchmesser und d_3 mit 1500 mm Durchmesser sind auf der Haupttransmission aufgekeilt, laufen also mit der gleichen Tourenzahl $n_2 = 160$ Umdrehungen minutlich.

Man findet jetzt die Tourenzahl der Dynamo n_4 wie folgt:

$$n_4 = \frac{1500 \cdot 160}{320} = 750 \text{ Touren für den Dynamo.}$$

6. Wieviel PS kann etwa ein Riemen von 65 mm Breite und 4 mm Stärke übertragen, wenn die Riemengeschwindigkeit $v =$ 15 m beträgt und der Belastungskoeffizient $c = 11$ kg/proqcm angenommen werden kann?

Es ist: q = Riemenquerschnitt in qcm nach der Formel $q = b \cdot s$, wobei b = Breite des Riemens in cm, s = Stärke des Riemens in cm; P = Umfangskraft.

$$q = b \cdot s = 6{,}5 \cdot 0{,}4;\; P = b \cdot s \cdot c = 6{,}5 \cdot 0{,}4 \cdot 11.$$

$$N = \frac{b \cdot s \cdot c \cdot v}{75} = \frac{6.5 \cdot 0{,}4 \cdot 11 \cdot 15}{75} = 4{,}62 \text{ PS.}$$

7. Wieviel PS kann ein geschränkter Riemen übertragen, der über Scheiben von 600 mm und 1200 mm läuft, wovon die kleinere Scheibe eine minutliche Umdrehungszahl von 180 hat?

Der Belastungskoeffizient kann zu 7,5 kg/qcm angenommen werden, die Riemenbreite ist 8 cm, die Riemendicke 5 mm.

Aus diesen Angaben kann man die Tourenzahl der größeren Scheibe berechnen zu $\frac{600 \cdot 180}{1200} = 90$ Umdrehungen minutlich.

Die Riemengeschwindigkeit läßt sich aus irgendeiner Scheibe berechnen:

$$v = \frac{1{,}2 \cdot \pi \cdot 90}{60} = \frac{0{,}6 \cdot \pi \cdot 180}{60} = 5{,}652 \text{ m/Sek.}$$

Die Leistung N erhält man nach der Gleichung:

$$N = \frac{b \cdot s \cdot c \cdot d \cdot \pi \cdot n}{60 \cdot 75} =$$

$$N = \frac{8 \cdot 0{,}5 \cdot 7{,}5 \cdot 1{,}2 \cdot 3{,}14 \cdot 90}{60 \cdot 75};$$ für $\frac{1{,}2 \cdot \pi \cdot 90}{60}$ kann man 5,652 m/Sek. setzen, so daß man erhält:

$$N = \frac{8 \cdot 0{,}5 \cdot 7{,}1 \cdot 5{,}652}{75} = 2{,}26 \text{ PS.}$$

8. Gehrckens schlägt für die Berechnung der Riemenbreite b vor, für einfache, offene Riemen folgende Gleichung anzuwenden:

$$N = \frac{p \cdot b \cdot v}{75}, \text{ daraus } b = \frac{75 \cdot N}{p \cdot v}$$

p ist die für den cm Riemenbreite zu übertragende Kraft in kg.

Ein einfacher Riemen soll 12 PS übertragen. Scheibendurchmesser 1000 mm $v = 10$ m/Sek.

Nach Erfahrungen ist $p = 10$ kg/cm. Es ist somit:

$$b = \frac{75 \cdot 12}{10 \cdot 10} = 9 \text{ cm.}$$

9. Bei einer Riemengeschwindigkeit von 15 m/Sek. sollen 20 PS von einer Scheibe mit 2000 mm Durchmesser übertragen werden. Nach Erfahrung ist $p = 13$ kg/cm, somit:

$$b = \frac{75 \cdot 20}{13 \cdot 15} = 62 \text{ mm rund.}$$

10. Ein Zahnrad hat $z = 22$ Zähne und eine Teilung t von 18 mm. Es ist der Umfang und Durchmesser des Teilkreises zu bestimmen.

$$U = t \cdot z, \text{ Werte eingesetzt.}$$
$$U = 18 \cdot 22 = 396 \text{ mm},$$
daraus ergibt sich $d = \frac{U}{3{,}14} = \frac{396}{3{,}14} = 126{,}3$ mm.

11. Es ist die Teilung t eines Zahnrades zu bestimmen, das einen Teilkreisdurchmesser von 360 mm hat und 60 Zähne besitzt.

$$U = d \cdot \pi = 360 \cdot 3{,}14 = 1130{,}40 \text{ mm}.$$

Hieraus erhält man:

$$t = \frac{U}{Z} = \frac{1130{,}40}{60} = 18{,}84 \text{ mm}.$$

12. Die Teilung t ist 21,98 mm, der Teilkreisdurchmesser 455 mm. Wieviel Zähne erhält das Zahnrad?

$$U = d \cdot \pi = 455 \cdot 3{,}14 = 1428{,}70 \text{ mm}$$
$$Z = \frac{u}{t} = \frac{1428{,}70}{21{,}98} = 65 \text{ Zähne.}$$

13. Das Zahnrad A einer Transmissionswelle hat $Z_1 = 120$ Zähne und dreht sich in einer Minute 75 mal. Zahnrad A soll in ein Zahnrad B eingreifen, welches auf einer Welle sitzt, die 125 Touren machen soll. Wieviel Zähne hat B zu bekommen?

$$n_1 = 75; \; Z_1 = 120; \; n_2 = 125; \; Z_2?$$
$$Z_1 \cdot n_1 = Z_2 \cdot n_2$$
$$Z_2 = \frac{Z_1 \cdot n_1}{n_2} = \frac{120 \cdot 75}{125} = 72 \text{ Zähne.}$$

14. Welche elektrische Leistung nimmt ein Motor auf, der bei 110 Volt Klemmenspannung eine Stromstärke von 3 Ampère hat und wie groß ist die elektrische Arbeit in 6 Stunden?

Die Leistung $L = 3 \cdot 110 = 330$ Watt $= 0{,}33$ KW.

Die Arbeit ist $A = 330 \cdot 6 = 1980$ Wattstunden $=$
1,98 Kilowattstunden.

15. Wieviel leistet dieser Motor bei einem Wirkungsgrade von 0,85.

$$\frac{\text{Nutzarbeit}}{\text{theor. Arbeit}} = \text{Wirkungsgrad, somit erhält man:}$$

$$330 \cdot 0{,}85 = 290{,}4 \text{ Watt} = \frac{290{,}4}{736} = \infty \frac{4}{10} \text{ PS.}$$

16. Wieviel PS entwickelt ein Elektromotor, der bei 220 Volt Spannung einen Strom von 25 Ampère verbraucht, wenn der Wirkungsgrad 0,85 ist?

$L = 25 \cdot 220 = 5500$ Watt zugeführte Leistung $\frac{5500}{736} = 7^1/_2$ PS.

demnach ist: $7{,}5 \cdot 0{,}85 = 6{,}4$ PS tatsächlich am Riemen wirksame Nutzarbeit.

17. Mit wieviel Ampère muß ein Motor von 25 PS bei 220 Volt Spannung belastet werden, wenn der Wirkungsgrad 0,8 ist?

$\frac{25}{0{,}8} = 31{,}25$ PS $= 31{,}25 \cdot 736 = 23\,000$ Watt. Also beträgt die Stromstärke $J = \frac{L}{E} = \frac{23000}{220} = 104{,}5$ Ampère.

18. Eine schmiedene Welle von 5 cm Durchmesser wird durch eine Kraft P, welche an einem Hebelarme $R = 65$ cm angreift, auf Drehung beansprucht. Wie groß kann P werden, wenn $k = 600$ kg/qcm angenommen wird?

$$P = \frac{\pi \cdot d^3 \cdot k}{16 \cdot R} = \frac{3{,}14 \cdot 5 \cdot 5 \cdot 5 \cdot 600}{16 \cdot 65} = 226{,}5 \text{ kg.}$$

19. Berechnung des Kohlenverbrauches. Um Wasser in Dampf zu verwandeln, machen sich 760 WE. pro Kilogramm erforderlich. Es hat somit 1 kg beste Steinkohle bei 80 % Nutzeffekt der Feuerung eine achtfache Verdampfung, während Braunkohle bei einem Nutzeffekt von 65 % nur eine viereinhalbfache Verdampfung bewirkt.

Benötigen wir z. B. in einer Stunde 1000 kg Dampf und nehmen eine siebenfache Verdampfung pro Kilogramm Steinkohle an, so ergibt dies pro Stunde einen Kohlenverbrauch von:

$$1000 : 7 = \backsim 150 \text{ kg Steinkohle,}$$

und in 8 Stunden $150 \cdot 8 = 1200$ kg.

20. Welche Blechstärke erfordert ein Druckkessel für 8 Atm. Spannung, welcher einen Durchmesser von 2,4 m = 240 cm besiz, wenn für $k = 800$ kg/qcm zulässig?

$$b = \frac{3r \cdot p}{2k} = \frac{3 \cdot 120 \cdot 8}{2 \cdot 800} = 1{,}8 \text{ cm Blechstärke,}$$

hierbei ist b = Blechdicke, r = Radius, p = Atm.-Druck und k = zulässige Beanspruchung.

21. Ein Gewässer liefert pro Sekunde 0,6 cbm Wasser bei einem nutzbaren Gefälle von 2,40 m; welche Leistung in PS erbringt eine Turbine mit einem Wirkungsgrad von 0,8?

$$N = \frac{1000 \cdot Q \cdot h \cdot k}{75} = \frac{1000 \cdot 0{,}6 \cdot 2{,}4 \cdot 0{,}8}{75} = 15{,}36 \text{ PS.}$$

22. Welche Kraft Q wird durch eine Schraubenmutter auf die Unterlage ausgeübt, wenn das Gewinde 6 mm Steigung hat und mittels eines Schraubenschlüssels von 360 mm Länge mit der

Kraft eines Mannes $P = 50$ kg am Schlüsselende angreifend festgezogen wird?

$$P = \frac{Q \cdot h}{2r \cdot \pi}; \quad Q = \frac{P \cdot 2r \cdot \pi}{h} = \frac{50 \cdot 2 \cdot 360 \cdot 3{,}14}{6} = \sim 18\,000 \text{ kg}$$

23. Welche Zugkraft herrscht in einem Transmissionsriemen, welcher 100 PS zu übertragen hat, bei 200 Touren minutlich der Scheibe und einem Scheibenhalbmesser von 1200 mm?

$$P = \frac{716\,200 \cdot N}{R \cdot n}$$

$$P = \frac{716\,200 \cdot 100}{1200 \cdot 200} = \text{rund } 300 \text{ kg.}$$

Der Riemen muß bei einer zulässigen Beanspruchung von 10 kg pro Quadratzentimeter demnach 30 qcm Querschnitt besitzen, z. B. 400 mm breit und 8 mm stark sein.

24. Welcher Zahndruck herrscht in einem Getriebe, welches bei 400 Touren pro Minute 100 PS überträgt, wenn der Radius des Zahnrades 200 mm beträgt?

$$P = \frac{716\,200 \cdot N}{R \cdot n} = \frac{716\,200 \cdot 100}{200 \cdot 400} = 895 \text{ kg.}$$

Der Zahn muß daher auf Biegung für eine Last von 895 kg berechnet werden, welche im Teilkreis eingreift.

Die Zahnstärke s berechnet sich nach der Formel:

$$s = 0{,}08 \cdot \sqrt{P} = 0{,}08 \cdot \sqrt{895} = 0{,}08 \cdot 29 = 2{,}32 \text{ cm};$$

ergibt eine Zahnstärke von 25 mm.

25. Welchen Durchmesser d muß eine Welle haben, welche bei $n = 300$ Touren 150 PS übertragen soll, wenn für gezogene Wellen $s = 600$ kg/qcm zulässig sind?

$$Wp = \frac{71\,620 \cdot N}{n \cdot s} = \frac{71620 \cdot 150}{300 \cdot 600} = 600 \text{ cm}^3; \quad 0{,}2d^3 = 60;$$

folglich $d = \sqrt[3]{300} = 6{,}7$ cm.

In diesem Falle darf die Welle durch die Riemenzugkraft P nicht besonders auf Biegung beansprucht sein, es ist vielmehr die Scheibe direkt an das Lager zu setzen.

Asbestzementschieferfabrik.

Obiges Bild zeigt eine moderne Asbestzementschieferfabrik der „Koranit" in Karlovac in Jugoslavien. Die Fabrik macht einen äußerst günstigen, sauberen Eindruck. Gerade auf dem Balkan hat sich der Asbestzementschiefer sehr gut eingeführt, und es sind seit dem Friedensschluß hier eine Reihe von Asbestzementschiefer-Fabriken erstanden.

Es gibt heute wohl keinen Industriezweig, in welchem nicht Asbest in irgendeiner Form verwendet wird, und da die einzelnen Länder in ihren Erfahrungen aufeinander angewiesen sind, so hat die Asbestverarbeitung einen internationalen Charakter angenommen, der zum Gedankenaustausch zunächst der Fachleute, dann der Finanzwelt führte, und auch dieser Gedankenaustausch wird dazu berufen sein, die verschiedenen aus der Zeit des Weltkrieges stammenden Gegensätze zu überbrücken.

Der Inhalt der Buches und das obige Bild der „Koranit" sagen uns, daß wir es in der Fabrikation von Asbestzementschiefer mit einem hochwertigen und wichtigen Industriezweig zu tun haben, der sich immer mehr durchsetzen wird, und es gereicht mir zur Freude, daß ich mit der zweiten Auflage das 25 jährige Bestehen der Asbestzementschiefer-Fabriken feiern und zu einem fachwissenschaftlichen Abschluß bringen konnte.

www.ingramcontent.com/pod-product-compliance
Lightning Source LLC
LaVergne TN
LVHW081332011026
849161LV00013BB/2908